|本书出版得到以下项目和机构资助|

国家自然科学基金（41361023、40761027、40961004）

广西哲学社会科学"十一五"规划研究课题（06FJY023）

广西师范学院地理学一级学科博士学位点建设项目

北部湾环境演变与资源利用教育部重点实验室

广西地表过程与智能模拟重点实验室

复合生态系统演变与生态经济发展模式

——以广西大新县湿热岩溶山区为例

Composite Ecosystem and Eco-economic Development Models

—— A case study on Daxin County Damp and Hot Karst Mountainous Area, Guangxi, China

周慧杰 /著

科学出版社

北京

图书在版编目（CIP）数据

复合生态系统演变与生态经济发展模式：以广西大新县湿热岩溶山区为例/周慧杰著. —北京：科学出版社，2015.6

ISBN 978-7-03-045170-5

Ⅰ.①复…　Ⅱ.①周…　Ⅲ.①岩溶区–生态系–研究–大新县②生态经济–经济发展模式–研究–大新县　Ⅳ.①Q147②F127.674

中国版本图书馆 CIP 数据核字（2015）第 150281 号

责任编辑：郭勇斌　肖　雷　孟素英/责任校对：胡小洁
责任印制：赵　博/封面设计：黄华斌

科　学　出　版　社 出版

北京东黄城根北街 16 号
邮政编码：100717
http://www.sciencep.com

新科印刷有限公司　印刷
科学出版社发行　各地新华书店经销

*

2015 年 9 月第　一　版　　开本：720 × 1000　1/16
2015 年 9 月第一次印刷　印张：16
字数：250 000

定价：88.00 元
（如有印装质量问题，我社负责调换）

序

    跨学科研究需要多学科的厚实基础，也需要跨学科的整合能力。复合生态系统与生态经济研究是当今社会发展中的重要科学问题和实践课题，无疑需要跨学科的研究。

    周慧杰博士以广西大新县湿热岩溶山区为例，综合应用地球科学、地理科学、生态经济学、系统科学及可持续发展理论等多学科研究方法，深入探讨了复合生态系统演变与生态经济发展模式，是一部有分量的著作。

    湿热岩溶山区是地球表层中具有独特地质、地理、生态环境的特色区域，同时，生态环境极其脆弱，生态退化与生态贫困并存。生存、生态和可持续发展是必须协调和解决的现实问题，也是这类地区发展的目标和梦想。

    作者出身学者，但不囿于学者，用心、用理性关注研究区域发展的出路。他分析了岩溶山区生态经济复合系统结构特征及其演化机制，构建了岩溶山区面向全面建设小康社会目标的特色指标体系，探讨以行政村级单位作为县域发展规划的基本区划单元，提出湿热岩溶山区特色资源开发与环境保护一体化发展模式框架，提出可资政府决策参考的生态经济发展模式。正因为如此，该书的理论意义和实践价值都是不言而喻的。

    作者读中学时期本是文科重点班的尖子生，但进入大学时却阴差阳错地读了理科，并且从本科到硕士、博士，又跨越了地质学、人文地理学和环境科学三个不同的学科专业，在工作期间曾有过多年的野外调查研究经历。这些因素奠定了他的跨学科视野和务实学风。该书的出版是他跨学科研究成果的一次展示。

    有感而发，是为序。

中山大学博士生导师

前　言

　　中国湿热岩溶山区是世界上连片分布面积最大、发育规模最宏伟的全岩溶类型，也是世界上最为典型的岩溶地区之一。该区岩溶集中连片分布，以联座锥状的峰丛洼地和峰林谷地为主构成的地貌系统为特征，地表和地下岩溶同时强烈发育。

　　湿热岩溶山区是我国经济社会发展、资源禀赋与生态环境独特的地域单元。矿产、农业气候、生物以及旅游等自然资源丰富，但生态环境极其脆弱，经济文化较为落后，是我国典型的生态环境脆弱区和极贫困代表区，人地关系十分紧张。

　　由于人类活动，特别是对岩溶区土地的不合理利用，湿热岩溶山区生态环境问题日益突出，严重地制约了区域经济社会的可持续发展。如何对生态环境问题采取有效的综合治理措施，已经成为科学家面临的一个挑战。

　　本书以湿热岩溶山区典型区域为研究对象，综合运用地质学、地理学、生态经济学、系统科学、可持续发展理论等多学科交叉优势，从复合系统的角度，揭示湿热岩溶山区复合生态系统的结构特征、演变过程及其动力机制，厘定主要限制因子及其对系统的影响，建立湿热岩溶山区生态经济功能分区特色指标体系及区域生态经济发展评价指标体系，并用于评估、预测研究区生态经济发展进程，提出其生态经济发展模式，以期为湿热岩溶山区生态经济建设提供必要的理论依据和决策参考。整个研究过程中，进行了大量的野外实地调查与勘测工作，搜集了大量翔实的研究数据，综合集成相关学科的研究手段与方法。

　　在内容编排方面，全书共分七章：第一章绪论主要介绍了本书的研究背景、研究意义以及国内外研究现状，明确湿热岩溶山区复合生态系统研究的基本内容；第二章明晰湿热岩溶山区复合生态系统的概念、结构框架，分析湿热岩溶山区复合生态系统基本特征及其演化机制，探讨湿热岩溶山区生态经济发展水平综合评价、生态经济区划的理论与方法以及生态经济发展模式框架设计；第三章探讨大新县生态经济复合系统演变及其动力机制；第四章对大新县生态经济发展综合水平进行评价；第五章对大新县生态经济进行功能分区，指明各分区的发展方向；

第六章提出大新县生态经济的发展模式——泛旅游产业联动发展模式；第七章是结论与展望。

本书的撰写完成，得到了各方面的大力支持。特别感谢广西师范学院周兴教授和中国科学院广州地球化学研究所匡耀求研究员以及广东省科技厅厅长、原中国科学院广州分院院长黄宁生研究员，本书从选题、构思、撰写、修改到最终定稿，每一步都得到了他们真诚的关心和指导。

本书还得到了中山大学地球资源与地球环境研究中心主任周永章教授以及广西师范学院胡宝清教授、卢远教授、吴良林教授、林清教授、宋书巧教授和周游游教授的启迪和支持，在此致以衷心的感谢！周永章教授还欣然为书作序，在此深表谢意！王德辉博士、周世武硕士在制图方面给予了大力的帮助，在此表示特别的感谢！本书撰写过程中，参考了大量的相关文献，在此对文献的作者一并表示衷心感谢！

本书的研究成果还先后得到国家自然科学基金（41361023、40761027、40961004）、广西哲学社会科学"十一五"规划研究课题（06FJY023）等科研项目的资助。本书的出版还得到广西师范学院地理学一级学科博士学位点建设项目、广西壮族自治区省级重点学科自然地理学、广西高校人才小高地资源与环境科学创新团队、广西地表过程与智能模拟重点实验室和北部湾环境演变与资源利用教育部重点实验室建设经费的资助，在此对以上各方面的支持表示热忱的感谢！

鉴于湿热岩溶山区复合生态系统研究是一个跨学科、跨专业的庞杂的研究，再者作者的能力与水平有限，书中难免有不足之处，敬请读者不吝赐教并提出宝贵意见。

作　者

2014 年 12 月

目　　录

第一章　绪　　论

第一节　湿热岩溶山区生态经济发展研究的背景与意义

一、研究背景

当前人地关系中最直接的问题就是环境问题与可持续发展问题（王恩涌等，2001）。人类进入工业社会以来，经济飞速发展、社会不断繁荣，但是，随之也带来了一系列的环境问题和社会问题，严重地威胁着人类未来的生存和发展。经验教训迫使人们不得不对传统的单纯追求经济增长的发展模式进行反思，寻求一条既能保证经济增长和社会发展，又能维护生态良性循环的全新发展途径。可持续发展战略就是在此背景下提出，并很快成为社会各界的共识（匡耀求和孙大中，1998），且成为当今世界发展模式的主要潮流（周永章等，2003）。

实现可持续发展过程中的一个核心问题是如何实现人与自然的和谐发展，经济和环境协调发展是保证实现人类社会可持续发展战略目标的必由之路（Jalal，1993）。生态经济建设就是在经济与环境协调发展思想指导下，按照生态学原理，运用现代科学技术，形成生态上和经济上的两个良性循环，实现经济、社会、资源环境协调发展，最终实现经济社会的可持续发展（樊万选等，2004）。生态经济建设是可持续发展的一项重要工程，是可持续发展理念的具体表现，也是实现可持续发展战略的重要环节。

30 多年来，我国不断创造 GDP 发展奇迹。但所付出的代价也十分巨大，主要体现在以高投入、高消耗和高排放"三高"为特征的产业粗放型发展模式，使得全国经济社会总体处于高污染水平运行，多数地区环境污染形势相当严峻，新环境污染问题不断出现。实践证明，我国的经济社会发展，不能再走传统的经济发展道路。我国的基本国情不再是"地大物博"，而是"人多物薄"（廖赤眉等，2003）。走可持续发展之路，发展生态经济，是中国未来发展的自身需要和必然选择。

1994 年，我国颁布了《中国 21 世纪议程——中国 21 世纪人口、环境与发展白皮书》，就可持续发展问题向全世界作出了庄严承诺。以此为标志，可持续发展成为我国的基本国策。生态经济建设工作日益受到国家和地方的重视，并得到许多地区的支持和积极参与。目前，以生态农业县、生态示范区、生态县、生态市、生态省等试点建设为代表的一系列区域生态经济建设活动已在全国范围内广泛开展，并取得了明显的生态、经济和社会的综合性效益，有力地促进了区域的可持续发展（张坤民等，2003；王如松，2008；张昌祥，2001；沈满洪，2003；石山，2005；周慧杰等，2007）。

党的十六大确立了到 2020 年全面建设小康社会的奋斗目标。全面建设小康社会的目标，不仅仅是一个经济目标，还是一个经济社会综合发展目标，是要在建设物质文明、政治文明、精神文明的同时，努力实现"可持续发展能力不断增强，生态环境得到改善，资源利用效率显著提高，促进人与自然的和谐，推动整个社会走上生产发展、生活富裕、生态良好的文明发展道路"。全面小康社会目标涵盖了经济、社会、资源、生态环境等诸多方面的内容，为我国生态经济建设确立了总体目标。

全面建设小康社会，是我国社会主义现代化建设事业的迫切需要，也是我国实施可持续发展战略的必然要求，是今后相当长一段时间内我们党和国家的工作重点和中心任务（江泽民，2002a；胡锦涛，2007；牛文元，2004）。生态经济建设属于经济社会建设的一项核心内容，不能脱离全面建设小康社会这一宏观社会背景，其一切工作，都须体现全面建设小康社会的内在要求，面向全面建设小康社会目标，为全面建设小康社会服务。

湿热岩溶山区是指湿热气候带以岩溶山地地貌为主的区域（万晔，1998）。中国湿热岩溶山区主要分布在西南岩溶区，其中，以广西中部及北部、贵州西南部、湖南西南部、广东西北部、四川东南部和湖北西南部相对比较集中，其余多呈小片或零星分布。

中国湿热岩溶山区是世界上连片分布面积最大、发育规模最宏伟的全岩溶（holekarst）类型，是全球最为典型的热带、亚热带岩溶地貌，是世界上最为典型的岩溶地区之一（周游游等，2004）。该区岩溶集中连片分布，以联座锥状的峰丛洼地和峰林谷地为主构成的地貌系统为特征，地表和地下岩溶同时强烈发育。

湿热岩溶山区是中国经济社会发展、资源禀赋与生态环境独特的地域单元，矿产、农业气候、生物以及旅游等自然资源丰富，但生态环境极其脆弱，经济文化落后，人地关系十分紧张。

诸多研究表明（袁道先，2002；刘再华，2007；刘丛强，2007），岩溶环境是一种较为脆弱的生态环境，极易受到人类活动的影响而出现生态退化。1983 年，在美国科学促进会 149 届年会上，人们将岩溶视为与沙漠边缘一样的脆弱环境。特别是湿热岩溶山区，由于地处热带、亚热带，降水量大，温度高，岩溶强烈，造成纷繁的地表、地下岩溶形态，形成了以"土在楼上，水在楼下"、生态脆弱为基本特征的表层岩溶生态环境系统。

同时，湿热岩溶山区也是世界主要贫困人口分布区，研究资料显示（廖赤眉等，2003；郭来喜和姜德华，1995；周慧杰等，2010），中国典型的极贫困代表区有两大片，一片是"三西"（甘肃中部的河西、定西和宁夏南部的西海固）黄土高原干旱区，另一片是位于滇、桂、黔岩溶地貌区，也就是西南岩溶石山区，该石山区是我国传统的农业作业区，承载的人口多，文化落后，经济极不发达，有 48 个民族聚集于此，生活十分贫困。

由于人类活动，特别是对岩溶区土地的不合理利用，湿热岩溶山区生态环境问题日益突出，严重地制约了区域经济社会的可持续发展。"生态脆弱－贫困－掠夺式资源开发和土地利用－生态环境退化－更加贫困"使湿热岩溶山区陷入了"越贫越垦，越垦越贫"的恶性循环，形成了一个典型的 PPE（poverty，population，environment）怪圈（刘燕华和李秀彬，2001；张殿发等，2001；吴良林，2008），生态系统日益退化，经济社会贫困问题日益突出，引起了我国政府和学术界的高度重视（杜鹰，2011；任继周和黄黔，2008；喻劲松和梁凯，2005）。尤其从 20世纪 80 年代以来，对该区生态环境问题和贫困问题的研究得到了越来越多的关注（何师意等，2001；唐健生等，2001；杨平恒等，2007；罗林等，2009；李阳兵等，2004a；刘伦才，1999；周慧杰等，2010，2011）。

生态经济建设是实现区域可持续发展战略的重要途径。近年来，我国在湿热岩溶山区开展了大量的生态治理和反贫困研究工作,但是,由于对复合生态系统的演化机制把握不足,对生态经济发展的动态预见性不够,特别是缺乏科学有效的生态经济模式作为指导,而导致效果不佳。为了打破生态恶化与民众贫困恶性循环的关键环节,增强岩溶区的自我发展能力,十分有必要将生态经济学的理论和方法引入岩溶山区的生态恢复与重建中,从复合系统的角度出发,研究岩溶山区生态经济复合系统结构特征及其演化机制,科学构建岩溶山区生态经济发展的评价体系和发展模式,用于指导当地生态经济建设,实现生态经济良性循环,以促进岩溶山区资源环境与经济社会的协调发展。

二、研究目的和意义

(一)研究目的

本书以湿热岩溶山区复合生态系统为研究对象,揭示湿热岩溶山区复合生态系统的结构特征、演化过程及其动力机制,厘定主要限制因子及其对系统的影响,建立研究区生态经济功能分区指标体系,划分生态经济功能区和生态经济功能亚区;面向区域全面小康社会建设目标,建立区域生态经济发展特色指标体系,进而评估、预测研究区生态经济发展进程,提出大新县生态经济发展模式,为研究区生态经济建设提供理论支撑和决策参考,同时也为其他石山区全面建设小康社会提供可资借鉴的模式。

(二)研究意义

1. 理论意义

湿热岩溶山区是世界上最为典型的岩溶集中连片分布的地区之一,也是我国最为典型的极贫困代表区域之一,是典型的生态与经济并发的"双重贫困"区(刘丛强,2007),其根源在于湿热岩溶山区生态系统非常脆弱。近年来,虽然我国在该区开展了大量的生态治理和反贫困研究工作,但是,由于研究者所选取的研究地点与方法不同,因此,所得到的认识各异,在此基础上开展的工作因对湿热岩溶山区生态系统缺乏系统的掌握而效果不佳。本书试图揭示湿热岩溶山区生态系统的演化机制，为这些区域的生态建设和经济发展提供科技支撑和决策依据，同时也为其他石山区全面建设小康社会提供借鉴。

湿热岩溶山区生态经济研究涉及的主要科学问题如下。

（1）湿热岩溶山区生态系统的演化机制；

（2）湿热岩溶山区生态经济发展评价指标体系构建；

（3）湿热岩溶山区生态经济功能区划方法；

（4）湿热岩溶山区生态经济发展模式。

2. 实践意义

本书研究的实践意义包括以下两个方面。

（1）科学认识研究湿热岩溶山区复合生态系统的结构特征、演化过程及其成因机制，以期为政府决策提供科学依据，促进该区域的可持续发展，逐步解决湿热岩溶山区生态恶化和经济贫困问题。

（2）区域生态经济发展模式研究成果将为该区生态经济建设提供理论支撑和决策参考，同时也可为周边石山区全面建设小康社会提供可资借鉴的模式。

第二节 国内外相关研究与实践现状

一、区域可持续发展理论

（一）国外可持续发展思想的产生和发展

当代可持续发展概念的提出始于 20 世纪 60 年代末期，其背景是发达国家由工业社会向后工业社会的转型、发展中国家谋求现代化过程中，遇到了大量始料不及的问题和矛盾，如人口激增与资源的有限性、生态平衡问题、伦理道德与市场竞争法则关系等，在进入 70 年代以后则引起了国际社会的普遍关注。可持续发展科学思想的形成与成熟可以以联合国等国际组织发表的 4 个报告划分为 4 个阶段（林幼平等，1997）。

1972 年在斯德哥尔摩召开联合国人类环境会议，共有来自全球 113 个国家和地区的代表参加，共同讨论了环境对人类的影响问题，这是人类第一次将环境问题纳入世界各国政府和国际政治的事务议程中。大会通过了《人类环境宣言》，其中提出："为了当代和将来世世代代，保护和改善人类环境已经成为人类一个紧迫的目标，这个目标将同争取和平和全世界的经济与社会发展这两个既定的基本目标共同和协调地实现。"从而明确提出在环境问题上要实施可持续发展战略。

1980 年国际自然及自然资源保护联盟（International Union for Conservation of Nation，IUCN）、联合国环境规划署（United Nation Environment Programme，UNEP）和世界自然保护基金会（World Wild Fund for Nature or World Wildlife Fun，WWF）联合发表了《世界自然保护大纲》，指出"强调人类利用对生物圈的管理，使生物圈既能满足当代人的最大持续利益，又能保持其满足后代人需求与欲望的能力"，系统阐述了可持续发展思想。

1987 年世界环境与发展委员会（World Commission on Environment and Development，WCED）发表了《我们共同的未来》（*Our Common Future*）（WCED，1987）报告，报告分为"共同的问题"、"共同的挑战"和"共同的未来"三大部分。报告将重点关注人口、粮食、物种，以及遗传资源、能源、工业和人类居住地等方面，在系统探讨了人类面临的一系列重大经济、社会和环境问题之后，提出了可持续发展的概念，把可持续发展定义为"可持续发展是在满足当代人需求的同时，不损害人类后代满足其自身需求的能力"。该报告对可持续发展概念的最终形成和传播，起了极大的推动作用。

1992 年在巴西里约热内卢举行的联合国环境与发展大会（United Nations Conference on Environment and Development，UNCED），共有来自 183 个国家的代表团和 70 个国际组织参加，102 位国家元首或政府首脑到会讲话。会议通过了《里约环境与发展宣言》和《21 世纪议程》两个纲领性文件，各国政府代表还签署了联合国《气候变化公约》等国际文件及有关公约，可持续发展得到了世界最广泛和最高级别的政治承诺，可持续发展的观念得到国际社会的广泛接受。以这次大会为标志，可持续发展由概念、理论走向行动，可持续发展进入了规划、实施阶段，先后被许多国家列为 21 世纪发展战略，成为经济社会、资源环境发展的基本原则和共同目标。

对可持续发展的概念，不同的学者，基于不同的专业角度，有不同的理解（Ahmad et al.，1989；Costanza，1989，2000；Costanza et al.，1996，2001；Angelsen et al.，1994；Barbier，1994；Pretty，1995；Jackson and Stymne，1996；毛汉英，1996；Stockmann，1997；曹凤中，1996；张坤民等，2003；Uphoff et al.，1998；Tisdell，1999；Edwards et al.，2000；沈镭和成升魁，2000；叶文虎，1997；曹淑艳等，2002；Piper，2002；乔家君等，2002；Bell and Morse，2003；Becker and Manstetten，2004；Lenton et al.，2008；Carpenter et al.，2009；Leemans et al.，2009；Young and Steffen，2009；Reid et al.，2010；等）。由于可持续发展自身的复杂性、开放性和综合性，很难对其进行准确和清晰的表达（Lele，1991；Pretty，1995；Kaplan，2000）。到目前为止，还没有一个能够被普遍接受的定义（Stockmann，1997）。据美国学者哈里斯（Harris，1999）统计，国际上可持续发展的基本定义已达 140 多种。以下是几种最具代表性的观点（赵士洞和王礼茂，1996；王关义，2002；曾珍香等，1998）。

（1）以自然为核心的发展观。

以自然为核心的发展观即所谓的生态可持续发展观。1991 年，国际生态学联合会和国际生物科学联合会在可持续发展问题专题研讨会上，将可持续发展定义为"保护和加强环境系统的生产和更新能力"，即不超越环境系统更新能力的发展。福尔曼（Forman，1990）则认为，可持续发展是"寻求一种最佳的生态系统，以支持生态系统的完整性和人类愿望的实现，使人类的生态环境得以可持续"（刘培哲，1994）。缪纳兴哈（Munasingha and Sheerer，1996）等从生态角度给出的定义是："为了当代和后代的经济进步，为将来提供尽可能多的选择，维持或提高地球生命支持系统的完整性。"缪纳兴哈（Munasingha）和麦克米利（Mcmeely）（Munasingha and Mcmeely，1998）的定义是："在经济体系和生态系统的动态作用下，人类生命可以无限延续，人类个体可以充分发展，人类文化可以持续发展。"

（2）以经济为核心的发展观。

以经济为核心的发展观认为可持续发展的核心是经济发展。例如，巴比尔（Barbier，1985）认为，可持续发展是"在保护资源的质量和提供服务的前提下，使经济的净利益增加到最大限度"；皮尔斯等（Pearce et al.，1990，1992）也认为"可持续发展是在自然资本不变的前提下的经济发展"；世界资源研究所（World

Resources Institute，1993）定义可持续发展为"不降低环境质量和不破坏世界自然资源基础的经济发展"。

（3）以人类社会为核心的发展观。

以人类社会为核心的发展观认为可持续发展是人类社会的持续发展，包括生活质量的提高与改善。例如，布朗（Brown，1981）认为，可持续发展是人口趋于平稳、经济稳定、政治安定、社会秩序井然的一种社会发展；1980 年 3 月，联合国环境规划署、世界自然保护基金会、国际自然及自然资源保护联盟三者共同发布的《世界自然保护大纲》中首次正式使用可持续发展概念。并将其定义为："在不超出维持生态系统涵容能力的情况下，改善人类的生活质量。"并特别指出可持续发展的最终落脚点是人类社会，即改进人类的生活质量，创造人类美好的生活（Smith and McDonald，1998）。戴利（Daly，1993）认为，持续发展的基本目标是在尽可能长的人类生存时间内，保证最多人数的生活达到目标的途径是零人口增长和对不可再生资源使用速度和人均消费的控制；《科学》杂志在 2001 年曾刊登了一篇由 23 位世界著名的可持续发展研究者联名发表的题为"环境与发展：可持续性研究"的论文，将可持续发展定义为"可持续发展的本质是在满足人类基本需求的同时维系地球生命维持系统"；大西隆（Takashi，1994）则认为可持续发展就是在环境允许的范围内，现在和将来给社会上所有的人提供充足的生活保障。

（4）以世代伦理为核心的发展观。

挪威前首相布伦特兰夫人（Brundland）及其所主持的世界环境与发展委员会在《我们共同的未来》（*Our Common Future*）中提出，可持续发展是满足当代人的需求，又不损害子孙后代满足其需求能力的发展（WCED，1987）。这个定义，表达了可持续发展的公平性、持续性、共同性原则，在国际社会上得到普遍认可。联合国开发计划署（United Nations Development Programme，UNDP）在宣传《我们共同的未来》主旨报告中指出：如今发展面临政策、市场和来自自然科学的三大危机，必须重新定义发展的内涵。同时，给出的可持续发展定义是：通过社会资本的有效组织，扩展人类的选择机会和能力，以期尽可能平等地满足当代人的需要，同时不损害后代人的需要（Dales，1998）。经济学家皮尔斯等（Pearce and Atkinson，1992）认为"可持续发展是追求代际公平的问题，当发展能够保证当代人的福利增加时，也不会使后代人的福利减少"。

（5）以技术为核心的定义。

海蒂（Heady，1995）从技术角度给出的定义则是：可持续发展就是建立极少生产废料和污染物的工艺或技术系统；斯佩思（Speth，1989）认为"可持续发展就是转向更清洁、更有效的技术，尽可能接近零排放或密闭式工艺方法，尽可能减少能源和其他自然资源的消耗"；世界资源研究所（1993）则认为"可持续发展就是建立极少产生废料和污染物的工艺或技术系统"（刘培哲，1994）；可持续发展就是在人口、资源、环境各个参数的约束下，人均财富不能实现负增长（Solow and Robert，1993）。

（6）以资本为核心的定义。

人类的选择机会依赖于其拥有的资本。塞拉杰尔丁（Sarageldin，1996）认为，人类社会至少存在4种类型的资本：人造资本、自然资本、人力资本和社会资本。因而可持续性可理解为"我们留给后代人的以上4种资本的总和不少于我们这一代人所拥有的资本总和"。

（二）国内可持续发展的研究现状和进展

中国政府积极响应，率先制定并于1994年3月颁布了《中国21世纪议程——中国21世纪人口、环境与发展白皮书》，就可持续发展问题向全世界作出了庄严承诺。我国政府倡导的生态省、生态市、生态县、生态示范区等区域生态建设工程，正是为了探索适合中国特色的可持续发展。

在研究过程中，我国学者对可持续发展经济内涵有以下几种代表性解释。

（1）叶文虎（1997）认为，可持续发展是"不断提高人均生活质量和环境承载力的、满足当代人需求又不损害子孙后代满足其需求能力的、满足一个地区或一个国家人群需求又不损害别的地区和国家满足其需求能力的发展"。

（2）杨开忠（1994）认为，可持续发展既要反映全球、区域和部门的相对独立性，又要反映它们之间的相互作用。空间维是其质的规定，定义应该体现这个规定。他认为持续发展可更好地定义为"既满足当代人需要又不危害后代人满足需要的能力，既符合局部人口利益又符合全球人口利益的发展"，它包括4

个相互联系的重要方面：一般持续发展、部门持续发展、区域持续发展、全球持续发展"。

（3）1995年全国资源环境与经济发展研讨会上，把可持续发展定义为"可持续发展的根本点就是经济社会的发展与资源环境相协调，其核心就是生态与经济相协调"。

（4）刘培哲认为，可持续发展包括生态持续、经济持续和社会持续，它们之间相互联系不可分割。生态持续是基础，经济持续是条件，社会持续是目的（唐建荣，2005）。

（5）周永章（2006）把可持续发展理解为"满足需要，资源有限，环境有价，未来更好"。"满足需要"是致力于地球上各地区公平的一种表达方式，相关问题有贫困、人口、社会公平等；"资源有限"意味着要优化资源配置，以达到投入产出最大化，同时，要不断发展一些新资源，支持进一步发展；"环境有价"是一个经济学外部性问题，是人类认识的创新，人们十分推崇资源环境一体化，基础就在这一认识；"未来更好"是对代际公平的另一表达方式，这涉及可持续发展能力建设问题。

（三）区域可持续发展指标体系研究进展

区域生态经济建设是实施可持续发展战略的一个重要组成部分和具体行动。因此，它的指标体系与可持续发展指标体系是相辅相成的。到目前为止，无论是国际还是国内，可持续发展指标体系还没有形成统一适用的标准（匡耀求和孙大中，1998；关淡珠，2002）。

1. 国外可持续发展指标体系的研究进展

国外可持续发展指标体系可以归纳为以下3种主要类型（乔家君等，2002；刘青松等，2003）。

单体指标：是根据可持续发展的目标、关键领域、关键问题而选择若干指标组成的指标体系。为了反映可持续发展的方方面面，指标一般较多，每个指标对数据的综合程度较低。例如，联合国可持续发展委员会（United Nations Commission

on Sustainable Development，UNCSD）于 1996 年提出的可持续发展指标体系
（DPCSD，1997），由社会、经济、环境、制度四大系统按驱动力（driving force）、
状态（state）、响应（response）模型设计，共由 142 个指标构成；英国可持续发
展的指标体系由经济健康发展、保护人类健康和环境，不可再生资源必须优化利
用，可再生资源必须可持续利用和人类对环境危害的最小化四大目标构成，共 21
个专题 123 个指标（DEUK，1994）；美国可持续发展指标体系由健康与环境、经
济繁荣、平等、保护自然、资源管理、持续发展的社会、公众参与、人口、国际
职责、教育十大目标组成共 54 个指标（曹凤中，1996）。

专题指标：选择具有代表性的某一专题领域制定出相应的指标。例如，环境
问题科学委员会（Scientific Committee on Problems of the Enviroment，SCOPE）于
1995 年创建的指标体系，包括环境、自然资源、自然系统、空气和水污染四个方
面共 25 个指标（朱启贵，2000）；北欧国家指标系列中包括气候变化等 11 个方面，
城市环境质量采用交通作为唯一的压力指标来表示（UNDPC，1997）；荷兰的环
境政策指标包括气候变化、臭氧层耗竭、环境的酸化、环境的富营养化、有毒物
质的扩散、固体废物的处置、对地方环境的干扰、部门指标 8 个方面的内容。

系统性指标：在一个确定的研究框架中，对大量有关信息加以综合和集成，
从而形成一个具有明确含义的指标。它对于信息的集合程度最高，类似于指数。
例如，在 1995 年，被称为新国家财富指标的世界银行发布的可持续发展指标体系
以一种称为"储蓄率"的概念，动态地衡量一个国家或地区的可持续发展能力（王
海燕，1996）。

2. 国内可持续发展指标的研究进展

国内学者对可持续发展指标体系做了大量研究，如中国科学院可持续发展战
略研究组（2004）设计的由总体层、系统层、状态层、变量层和要素层 5 个等级
共 208 个指标组成的中国可持续发展指标体系；中国科学院、国家计划委员会地
理研究所毛汉英（1996）面向特定区域的由经济增长、社会进步、资源环境支持、
可持续发展能力 4 个子系统层组成共 90 个指标的山东省可持续发展指标体系。杨
国华（2006）围绕"满足需要、资源有限、环境有价、未来更好"，建立了一个由

总体层、目标层、状态层、指标层共 4 个层次，93 个指标组成的区域可持续发展评价指标体系。此外，主要的还有如牛文元等的可持续发展度（DSD）指标体系；吴林娣（1995）的环境与社会、经济协调发展评价指标体系；王黎明（1997）的区域可持续发展指标体系；朱孔来（1996）的区域经济社会综合发展实力指标体系等；赵荣雪（2002）的山区县域农业可持续发展指标体系。

二、区域生态经济学理论

（一）国外生态经济学的产生和发展

生态经济学的产生应归功于生态学的发展并向经济社会问题研究领域的渗透。传统的生态学只限于研究生物与环境的关系，而不涉及经济社会问题。1866年，德国生物学家海克尔（Hacekel）在《有机体普通形态学》一书中，就提出生态学（ecology）一词。在 20 世纪 20 年代中期，美国科学家麦肯齐（Mekenzie）首次把植物生态学与动物生态学的概念运用到对人体群落和社会的研究上，提出经济生态学的名词，主张经济分析不能不考虑生态学过程。1935 年，英国生态学家坦斯利（Tansley）提出了生态系统（ecosystem）的概念。1942 年，美国学者林德曼（Lindeman）创立了生物量"十分之一"定律。这些理论成果构成了生态经济学产生的理论基础（唐建荣，2005；迟维韵，1990）。

国外对生态经济问题的研究始于 20 世纪 50 年代。随着当时经济的迅猛发展，环境污染相当严重，西方工业发达国家在 50 年代前后相继出现过"八大公害"事件，引起了各国的重视。1962 年，美国女生物学家蕾切尔·卡逊（Rachel Karson）著述的《寂静的春天》给人类敲响了生态环境危及生存发展的警钟，该书第一次揭示了滥用化肥、农药对生态平衡造成的严重危害。1966 年，美国经济学家肯尼思·博尔丁（Kenneth Boulding）发表一篇著名的论文《即将到来的宇宙飞船经济学》，认为人类如果想获得永久的可持续的经济发展，就需重新定位。同年，他发表重要论文《一门科学——生态经济学》，首次提出关于"生态经济学"的概念，强调运用市场经济机制控制人口，调节消费品分配，合理开发自然资源，防止污染和以国民生产总值衡量人类福利指标等方面作为生态经济学的内容。1972 年，罗马俱乐部（The Club of Rome）成员梅多斯等（Meadows et al.，1972）发表《增长的极限》，指出人口呈指数增长，而地球资源却十分有限；污染呈指数增长，而地球的自净能力却十分有限，再这样下去，全球性灾难将在 21 世纪来临，呼吁要"谨慎地反省"经济增长和人口增长问题。1972 年，联合国斯德哥尔摩人类环境大会是人类认识环境问题的第一座里程碑，促进了世界各国对生态经济问题进一步研究。此后，一大批生态经济学著作相继出版，如查伊采夫的《生态经济学概论》、坂本藤良的《生态经济学》，均从生态经济学的角度，对当今生态、经济问题及学科理论作了探讨。而西方生态经济学真正得以深入研究是以 1989 年国际生态经济学会（International Society for Ecological Economics）的创立和 *Ecological Economics* 杂志的创刊为标志（Robort，1991）。后来，成立了两个著名的生态经济学研究机构，一个是位于美国马里兰大学的国际生态经济学研究所（International Institute for Ecological Economics），另一个是位于瑞典斯德哥尔摩瑞典皇家学会的北界国际生态经济学研究所（Beijer International Institute for Ecological Economics），他们的研究动向总体代表和左右着西方国家生态经济学研究的动向。他们认为生态经济系统状况已由过去相对静止、平衡的状态进入了动态、非平衡的新阶段，重新认识动态系统对经济过程、价格体系的作用和非市场的环境资源配置具有深远的意义。热动力学和生物经济学模型是生态经济学的基础，生态经济系统的结构可能其组成成分在某一时间是不相关的，但在另一时间却是紧密相关，生态经济学研究的重点已放在对可持续性问题的关注上，提出了协同演化的分层系统的时空结构和可恢复性与生态系统演化的关系等问题并进行研究（Roberts，1993）。

国外在生态经济研究中，出现了几种有代表性的理论（李英禹等，2003）。

（1）无重量经济。这是基于知识经济的观点，认为 20 世纪的经济发展类型是"有重量经济"，衡量经济的标准通常是钢铁、汽车等产品的产出与消费。而在 21 世纪，是知识经济的时代，起作用的是"无重量经济"。也就是我国许多学者所提出的"绿色产业"，或者是无污染或轻污染的产业。这类产业追求的是资产高效率、资源低消耗，目标是经济与社会协调发展。

（2）阳光经济。这种理论认为，目前世界经济建立在生物化石能源基础之上，经济的资源载体正在迅速接近枯竭的边缘。同时，由于生物化石能源和原料链条的束缚作用，致使世界经济危机和冲突日益加剧。只有用阳光这一可再生的能源全面取代生化资源，才能满足人类的物质需求，使经济全球化在生态上具有一定的承载力，形成一种持续的、多样性的和公正的发展动力。

（3）循环经济。20 世纪 60 年代，美国经济学家肯尼思·博尔丁提出了"宇宙飞船经济理论"，把污染看作是未得到合理利用的"资源剩余"。为了解决环境污染和资源枯竭问题，提出要以既不耗竭资源，又不污染环境，并能循环利用各种物质的"循环经济"替代"单程经济"的设想。循环经济是一种以资源高效利用和循环利用为核心，以"减量化、再利用、资源化"为原则，以"低消耗、低排放、高效率"为特征的可持续经济增长模式，现已被世界上许多国家采用。

（4）生态农业。生态农业的概念产生于西方。20 世纪中期出现的以化肥、农药、机械化等输入为标志的"石油农业"，使农业得到快速发展。但是，石油农业伴随严重的环境污染、资源退化和能源消耗过高等问题，引起了人们的热切关注，在这种背景下"生态农业"一词应运而生。生态农业是以生态学理论为指导的农业生产，是在重视农业可更新资源利用的前提下，主要通过生物措施来增进土壤肥力，减少石油的投入，在生产发展的同时，保护资源和环境，实现农业的持续发展。

（5）产业结构理论。产业结构理论认为，产业结构低度化的资源配置对环境施加很大的负面影响。一是要遏制自然资源耗竭和环境恶化的趋势，不宜就治理论治理，二是要对产业结构进行升级。产业结构理论强调加速经济发展的重要性，并把生态不可逆阈值作为低水平发展阶段的资源和环境保护的底线。

（二）国内的生态经济研究现状和进展

中国的生态经济研究起步较晚，但发展较快，涉及的领域也十分广泛，一开始就汲取了现代生态学的新成果，并形成自己的特色。其发展可分为 4 个阶段（滕藤，2001；徐中民等，2000；王松霈和徐志辉，1995）。

（1）1980 年以前生态经济研究的酝酿和准备阶段。1973 年，中国第一次环境保护会议确定将环境纳入我国国民经济计划的发展战略。但是，由于对生态系统和人类系统之间的相互关系概念模糊，政府对生态环境问题虽然高度重视，但行动措施仅限于治标措施。由于当时人口的激增，消费需求对环境造成了很大的破坏。事实说明，搞经济建设必须协调好生态环境。于是，一些自然科学家开始从各自的学科角度出发，自发地接触生态经济问题，初步探讨中国的生态环境和经济发展问题。在这时候国外的著名生态经济理论也开始传播到中国，引起了学术界的关注和兴趣。

（2）1980～1984年生态经济学的初创阶段。1980年，著名经济学家许涤新和著名生态学家马世骏，发起召开了我国首次生态经济座谈会，标志着生态经济学在我国的产生。在这个时期，研究思想是发展经济必须遵循经济规律和生态规律。在生态环境预警研究的基础上，进行生态经济建设研究，创立以维护生态平衡为核心的生态经济学。本阶段，由于其偏重于对我国生态平衡严重失调现象进行定性描述和揭露，突出反映我国由于生态平衡遭到破坏给国民经济发展带来的严重损失，在社会上产生了巨大的影响。

（3）1984～1992年生态经济协调发展理论研究阶段。以1984年全国生态经济科学讨论会为标志，我国生态经济学进入了生态经济协调发展理论研究的新阶段。在本阶段生态经济的协调发展成为我国生态经济研究的主流，并以此为贯穿生态经济建设理论的主线，提出了经济社会与自然生态协调发展的原理，建立了生态经济协调发展论的理论。

（4）1992年至今，确立实施生态环境与经济社会可持续发展战略的新阶段。1992年，世界环境与发展大会在巴西里约热内卢召开，提出应把可持续发展作为全球的共同战略，得到了世界各国的积极响应。1994年，我国在世界上率先颁布《中国21世纪议程——中国21世纪人口、环境与发展白皮书》，明确将经济、社会的发展与资源、环境相协调，走可持续发展之路。此后，我国生态经济协调发展理论与实践不断向可持续发展领域渗透与融合，把生态经济协调理论与社会主义市场经济理论研究相结合，将生态经济协调发展的思想由生态领域、经济领域拓展到社会领域，逐步形成了具有中国特色的可持续经济发展理论。

（三）区域生态经济功能区划相关研究进展

生态经济功能区划属于综合性区划，生态经济区划思想的演变是由最初的自然区划、农业区划、生态区划、综合区划发展而来，最终随着生态经济学理论的不断发展而逐渐完善。生态经济功能区划应用生态经济学思维观念体系，以区域生态经济学为指导思想，借鉴其他专项区划的原理与方法，但又不与其完全相同。生态经济功能区划需要将单项的或部门的区划，如自然区划、经济区划及一些农业、林业的生态经济区划、生态功能区划等专项区划相互结合，属于区划研究中较高层次的研究。

我国区划研究始于自然区划。1930 年，竺可桢（1930）发表《中国气候区域论》，标志着我国现代自然地域划分研究的开始。1940 年，黄秉维首次对我国植被进行了区划（郑度等，2005）。1956 年，中国科学院决定成立自然区划工作委员会，由竺可桢、黄秉维等主持，组织各有关学科人员进行中国地貌、气候、水文、潜水、土壤、植被、动物、昆虫的区划及综合自然区划，并由黄秉维（1959）主编，于 1959 年完成《中国综合自然区划（初稿）》（杨勤业等，2002）。该区划以部门自然区划为基础，拟订了适合中国特点又便于与国外比较的区划原则与方法，其采用地理相关法，按照生物气候原则，在中国复杂的自然条件下揭示了自然地理地带性规律，依次表达温度、水分条件和地貌的差别，在理论和方法上均有很大的创新与突破，系统地说明其科学意义及实践应用的前景，初步形成了自然区划的理论体系和相应的方法，是我国最详尽而系统的自然区划专著。自 20 世纪 60 年代起，任美锷、侯学煌、赵松乔、席承藩等先后提出了全国自然区划的各种不同方案，黄秉维也进一步修改完善了原有的区划系统与方案（邓度，1999）。另外，还有很多针对各种经济社会部门的专项区划，它们共同为生态经济综合区划提供了理论基础和方法。

我国生态经济功能区划起步较晚，但有其他专项区划的方法体系可资借鉴，发展较快，目前已取得一定的成果（樊自立等，2010；余凡等，2009；高淑媛和张颖，2005；杜文渊和杨丽，2004）。生态经济功能区划是应区域生态建设与经济发展的要求而发展起来的，一开始就紧扣可持续发展这个主题。随着县域，特别是生态脆弱区的可持续发展问题越来越多地得到国家和学术界的重视，生态经济功能区划已逐渐由国家级大尺度区划深入到县级小尺度，重点研究区域也已向生态脆弱区转移（康瑾瑜和钱智光，2000；胡宝清，1999；王腊春等，2000）。目前，生态脆弱区县级小尺度生态经济功能区划逐渐成为了研究的热点（刘玉龙等，2010；肖燕和钱乐祥，2006a；高慧等，2008）。但是，现阶段县级小尺度的生态经济功能区划多是套用大尺度的区划理论框架，在很大程度上未能体现县级尺度区划的特殊性和具体要求。特别是岩溶山区县域尺度的区划，没能很好地结合岩溶生态经济复合系统的特点。因此，岩溶山区县域生态经济功能区划方法有待进一步探讨。

三、区域生态经济建设实践

（一）国外生态经济建设的起源与研究进展

生态经济建设是在生态建设的基础上发展起来的。生态建设萌芽时期是从 19 世纪到 20 世纪 80 年代之前，在此期间提出了生态建设的早期概念。区域生态建设领域最早的实践是美国乔治·卡特林（George Catlin）于 1832 年提出的建立"国家公园"。20 世纪 60 年代末，联合国教科文组织开始实施"人与生物圈（MAB）计划"，提出了从生态学角度研究城市的项目，并出版了《城市生态学》（*Urban Ecology*）杂志，标志着城市生态学开始了在世界范围的广泛研究。生态农业概念提出较早，是 1970 年由美国土壤学家奥伯特（Alborecht）提出。1975 年，在美国弗吉尼亚工学院首次召开了题为"受损生态系统的恢复"国际会议，讨论了受损生态系统的恢复和重建，并且提出了加速生态恢复和重建的初步设想、规划和展望。到了 20 世纪 80 年代，生态经济建设进入了发展时期，生态经济建设步入了发展轨道。生态旅游经过一段时间的学术酝酿，由国际自然保护联盟特别顾问墨西哥专家拉斯喀瑞（Lascurain）于 1983 年首次提出（杨桂华，2000）。关于自然保护区可持续发展的研究，主要集中在实现可持续发展的途径上（ECPS，1991），阿尔弗雷多和切拉菲纳（Alfredo and Cerafina，1999）强调了一个周密、详细的管理计划对于一个新建自然保护区的重要性。科尔丁和福尔克（Colding and Folke，

2001）认为在倡导生物多样性保护时可以借助于引导人类保护自然环境的社会禁忌的无成本性。1989 年 9 月，美国科普月刊《科学美国人》的"地球的管理"主题专刊中，由罗伯特和尼古拉斯（Robert and Nicolas）合作发表的《可持续工业发展战略》一文中提出生态工业的概念（宗浩等，2004）。

继 1992 年联合国环境与发展大会以后，各国提出了不同的可持续发展的对策，一些国家把生态示范区建设当作实施可持续发展战略的重要措施。联合国环境与发展大会后，瑞典首个制定了全国可持续发展行动计划。其他一些国家也在积极探索和实施可持续发展的适宜模式，如美国正在进行"生物圈 2 号"特殊形式的生态示范区试验和研究工作；俄罗斯在不少地区实施了生态综合规划；东南亚一些发展中国家都在编制各种不同的生态经济规划。这些都代表了当今国际上生态经济建设，推动经济持续发展的趋势与潮流（任建兰，1999）。

1996 年，在土耳其召开的联合国人居环境大会专门制定了人居环境议程，提出城乡人居环境可持续发展的目标，即"将经济社会发展和环境保护相融合，在生态系统承载能力内去改变生产和消费方式、发展政策和生态格局，减少环境压力，促进有效的和持续的自然资源利用"（吴国兵，2001）。

进入 21 世纪，生态经济建设进入了黄金时期，由于早期的农业、工业产业与消费方式发展的不可持续，寻找一种既发展经济又保护资源环境的产业模式成为当务之急，于是生态产业便应运而生（童天湘，1998）。

（二）国内生态经济建设研究现状和进展

我国生态经济建设的研究始于 20 世纪 70 年代末期和 80 年代初期对农业发展道路和生态农业建设的研究，起步较晚，但发展较快。它一开始就吸取了国外生态经济建设研究的较新成果，并同我国区域、尤其城市、农村发展、生态环境问题以及持续发展的主题相结合，在人与生物圈、生物多样性评估、生态价值、生态经济结构和功能、生态经济评价、生态经济区划、生态经济规划、生态经济计量方法等理论方法方面作了大量的研究。

在理论上，马世骏和王如松（1984）提出的复合生态系统理论，认为以人的活动为主体的城乡实际上是一个以人类活动为纽带，由社会、经济与自然三个亚系统形成的具有相互作用与制约的复合生态系统。这一理论丰富了生态经济建设研究的内容，为区域生态经济建设研究提供了有力的系统性支持。王如松（1988）还提出了泛生态规划概念，提出了以生态控制论原理为指导，以调节生态系统的功能为目标，以专家系统为工具，定量和定性相结合对城市生态系统进行规划和调控的决策方法。复合生态系统理论有助于认识区域生态环境相关影响因素的系统性功能，协调区域中的各种生态关系，提高生态经济的整体效率，实现研究的全面性、综合性和高效性。在方法上，还注意吸收相关学科的技术手段，如地理信息系统、遥感、生态承载力评价、景观规划方法等。

生态经济建设的实践也是从 20 世纪 80 年代初期的生态农业试点，至 90 年代初推广实行生态示范区，到 1997 年开始创建环境保护模范城市，接着实施生态城市、生态省的实践这样一个历程。目前，以生态农业、生态林业、流域综合治理、大型建设项目的生态影响和环境影响评价、自然保护区建设、生态示范区建设、生态县建设、生态市建设、生态省建设、可持续发展实验区为代表的一系列区域生态经济建设活动在全国范围内广泛开展，并取得了显著的成绩，积累了宝贵的经验。

（三）区域生态经济建设的发展趋势

生态经济建设发展趋势主要表现在生态经济建设的要求、内容和建设范围上（刘传国，2004）。

（1）从建设的要求上看，更强调生态经济建设的内容和方法的整合性。在内容上，生态经济建设结合本区域长远建设和城市发展建设，如库里蒂巴的生态经济建设就是结合城市建设进行的，目前国内进行的生态示范区、生态县、生态市、生态省建设，均属于区域综合建设，结合区域总体发展进行；在方法上，生态经济建设先后综合吸收了环境学、经济学、系统科学、地学、城市与区域规划等相关科学或学科的理论和方法。

（2）从建设的内容上看，一是更强调社会、经济、环境三大体系的整合，并把产业体系建设作为建设的重点内容；二是建设内容趋向于更加实际和可操作性，如澳大利亚怀阿拉市实施"对安装太阳能热水器给予财政刺激措施"，措施具体，效果明显。

（3）从建设的范围上看，越来越趋向于区域性，如国内目前进行的生态示范区建设和生态县、生态市、生态省建设。

四、全面小康社会的建设指标体系

（一）全面小康社会的内涵

全面建设小康社会是我国经济社会发展史上的一个重要里程碑。2000 年，我国实现了从温饱到小康的历史性跨越，人均 GDP 达到 7086 元，按当年汇率折算约为 856 美元，但总体上还是低水平、不全面、发展不平衡的小康（尹玉洁和周静华，2010）。

2002 年，党的十六大提出了全面建设小康社会的奋斗目标，就是"要在本世纪头 20 年，集中力量，全面建设惠及十几亿人口的更高水平的小康社会，使经济更加发展、民主更加健全、科教更加进步、文化更加繁荣、社会更加和谐、人民生活更加殷实"。

同时，把六个"更加"的总体目标从经济、政治、文化、生态四个方面进一步具体化。一是在优化结构和提高效益的基础上，国内生产总值到 2020 年力争比 2000 年翻两番，综合国力和国际竞争力明显增强。城镇人口的比重较大幅度提高，工农差别、城乡差别和地区差别扩大的趋势逐步扭转，社会保障体系比较健全，社会就业比较充分。二是社会主义民主更加完善，社会主义法制更加完备，依法治国的基本方略得到全面落实，人民的政治、经济和文化权益得到切实尊重和保障。三是全民族的思想道德素质、科学文化素质和健康素质明显提高，形成比较完善的现代国民教育体系、科技和文体创新体系、全民健身和医疗卫生体系。四是可持续发展能力不断增强，生态环境得到改善，资源利用效率显著提高，促进人与自然的和谐，推动整个社会走上生产发展、生活富裕、生态良好的文明发展道路（江泽民，2002b）。

从以上可以看出，十六大提出的全面小康社会，有别于十六大前所说的小康社会。它是一个基于"六个更加"上的"更高水平"的全面小康社会，全面建设小康社会就是从经济、政治、文化和生态等方面建设一个惠及十几亿人口的更高水平的全面小康社会。全面建设小康社会的目标，不仅仅是一个经济目标，而且是一个经济社会综合发展目标，全面小康社会目标涵盖了经济、社会、资源、生态环境等诸多方面内容，所以全面小康社会实质上就是社会主义物质文明、政治文明、精神文明和生态文明协调发展的社会，是一个经济社会和自然环境协调发展的社会。我国是一个发展中国家，全面建设小康社会是我国经济社会可持续战略的必然要求。

2007年，十七大报告中提出了实现全面建设小康社会奋斗目标的新要求，首次提出实现人均GDP到2020年比2000年翻两番，为全面小康社会注入了新内涵。使用"人均"一词，考虑了人口增长的因素，与十六大提出的GDP翻两番相比，其总量GDP增长速度相对更快，是更高要求的全面小康社会标准。

然而，建设全面小康社会的要求并没有得到很好的贯彻，由于长期偏重经济发展，到2010年，我国GDP总量达到40.12万亿元，人均GDP达到29 991元，按市场汇率计算，人均GDP达到4430美元，提前10年实现了比2000年翻两番的目标；而社会、资源、生态环境等方面的问题并没有得到很好的解决。

（二）研究进展

早在十六大提出全面建设小康社会之前，我国一些国家部门、研究机构和学者在1991年针对十六大前的小康社会的指标体系就作了大量的研究，并取得了一定的成果。

国家统计局会同计划、财政、卫生、教育等12个部门提出了小康社会的16项指标，建立了小康社会指标体系。该指标体系由经济水平、物质生活、人口素质、精神生活、生活环境5个部分16项分指标组成，包括人均GDP、人均收入水平（城镇人均可支配收入、农民人均纯收入）、人均居住水平（城镇住房人均使用面积、农村人均钢木结构住房使用面积）、人均蛋白质日摄入量、城乡交通状况（城市每人拥有铺路面积、农村通公路的行政村比重）、恩格尔系数、成人识字率、人均预期寿命、婴儿死亡率、教育娱乐支出比重、电视机普及率、森林覆盖率、农村初级卫生保健基本合格以上县比重，并给出了具体的指标值。

在此基础上，国家统计局（1992）制定了《全国人民小康生活水平的基本标准》、《全国农村小康生活水平的基本标准》和《全国城镇小康生活水平的基本标准》三套小康标准。这些标准基本体现了我国人民生活水平的范畴和程度，具有相当的科学性和可操作性，易于进行国际比较。国家统计局采用综合评分方法进行测算，认为到 2000 年我国人民生活已总体上达到小康水平。

中国社会科学院社会学研究所也提出了小康社会的指标体系，包括社会结构、人口素质、经济效益、生活质量、社会分配结构、社会稳定与社会秩序 6 个领域，共 60 条标准，采用综合指数法进行综合计算。这套指标体系的特点是以生活质量和生活水平为中心，全面反映经济、社会、科技、文化、精神等系统的相互关系，反映以人为中心的全面发展与经济社会的协调发展状况。

在党的十六大提出全面建设小康社会的奋斗目标之后，如何确定全面小康的标准、建立科学的全面小康社会指标体系成为理论界的研究重点。国内许多研究机构、国家部门、省、市及专家学者在小康生活评价指标体系的基础上，对全面小康社会的评价指标体系进行了深入研究。

中央政策研究室和国家发展与改革委员会等中央及国家有关部门认为指标体系应抓住全面建设小康社会的主要方面，从体现经济发展、人民生活、城镇化、文化教育、社会稳定等方面，提出全面建设小康社会的指标体系。

有关省、市则根据十六大提出的全面建设小康社会的奋斗目标，结合本地实际，从经济发展、社会进步、人民生活水平、城镇化进程、文化教育、法制建设、生态环境保护等方面，以经济发展水平为核心，提出衡量全面建设小康社会的指标体系及指标值，使指标体系更为细化，更符合当地实际。例如，广西实现全面小康经济社会目标的对策研究课题组根据未来 20 年经济社会发展态势和国家确定的基本目标，参照小康指标体系和外省全面建设小康的指标体系，确定出广西全面建设小康社会的主要指标，它包括经济发展水平与生活水平、社会发展水平和生态环境三大类，共 18 项 26 个指标。其中经济发展水平是最核心的指标，所占比重较大。

胡鞍钢（2002）对全面小康标准作了具体描述，认为全面小康标准包括人均收入指标、恩格尔系数、人类发展指标（即技术进步、可持续发展指标等）、贫困人口比例等并提出具体的全面小康标准值。

中国科学院可持续发展战略研究组（2004）对全面建设小康社会的战略核心、战略要点、战略目标和战略任务进行了比较深入的研究分析后，在《2004 中国可持续发展战略报告》中，从发展动力、发展质量、发展公平角度出发，提出包括工业化程度、信息化程度、市场全球化程度、城市化、科技创新能力、经济发展质量、集约化程度、社会运行质量、失业率、恩格尔系数、每千人拥有医生数、生态化程度、收入公平、教育公平和就业公平 15 个方面共 39 个指标在内的全面建设小康社会的指标体系，并在有关部门公布的数据和胡鞍钢（2003）、曹玉书（2003）等研究的基础上，分别提出 2010 年、2015 年和 2020 年小康社会目标量化标准。该指标体系综合体现了整个社会演进的动力特征，较全面地反映了小康的内涵，是目前相对比较完备的指标体系。

在 2005 年"首届中国全面小康论坛"上，国家统计局统计科学研究所所长文兼武透露国家统计局正在设计新的全面建设小康指标体系，这一体系包括经济发展、社会和谐、生活质量、民主法制、科教文卫、资源环境等六大板块共 25 个监测指标。并指出经过努力能够在 2020 年达到全面小康目标值的有 12 个，包括人均 GDP 达到 2.5 万元、城乡人均可支配收入达到 1.3 万元、恩格尔系数低于 40%、人均住房使用面积大于 $27m^2$、平均预期寿命大于 75 岁等，而基尼系数高、环境质量差等七大因素是我国到 2020 年实现全面小康的主要障碍（尚晓阳和董文胜，2005）。

2007 年，根据党的十七大提出的新要求，国家统计局正式印发了《全面建设小康社会统计监测方案》（国统字[2008]77 号），方案中的指标体系由经济发展、社会和谐、生活质量、民主法制、文化教育、资源环境 6 个方面 23 项指标组成（见附录 1）。

从现有的研究成果上看，总的特点如下。

（1）都比较普遍认同的指标为人均 GDP、城镇居民人均可支配收入、农民人均纯收入、第三产业比重、恩格尔系数、城镇化率、人均住房面积、人均预期寿命、社会保障覆盖率、大学教育普及率、居民家庭计算机普及率、文教娱乐及生活服务消费支出比重、每千人拥有医生数、刑事犯罪率等重要且易于量化的指标。

（2）不管是国家有关部门，还是各级地方政府，采用可持续发展方面的指标比较少，而研究机构相对来说比较重视这方面的指标。

（3）专家、学者多从自己专业和研究的领域角度来设计。

（4）没有很好地把握好社会主义物质文明、政治文明、精神文明和生态文明协调发展的本质。虽然指导思想是以人的全面发展为主线，但在指标中没有太多体现，自然资源、生态与环境等相关指标较少，过于偏重于经济指标。

五、湿热岩溶山区复合生态系统及其演变

岩溶地区作为地球表层一种具有独特地质-生态环境特征的区域，生态环境极其脆弱且退化严重，一直以来都是科学界关注的热点问题（Meneghel and Bondesan，1991）。特别是湿热岩溶山区，作为一种更为特殊的地域，自然资源独特多样，但生态环境极其脆弱，经济文化落后，人地关系紧张（Zhou et al.，2013）。

目前，国际学术界针对岩溶的发育过程和机制开展了许多研究，特别是岩溶水文地质和地质化学方面的研究最为集中（Lee and Krothe，2001；White，2002；Vesper et al.，2003；Jukic and Denic-Jukic，2004；Katz et al.，2004；Marfia et al.，2004；Boucher et al.，2006；Andreo et al.，2006；El-Hakim and Bakalowicz，2007）。

在我国，也有许多学者分别从环境地质、地表过程、人地关系等不同的角度探讨了湿热岩溶山区的生态环境和可持续发展问题，并取得了不少的成果。

在环境地质方面，以袁道先院士为首的研究群体代表中国参加的联合国教科文组织（United Nations Educational，Scientific and Cultural Organization，UNESCO）和国际地质对比计划（International Geological Correlation Programms，IGCP）连续共同资助的岩溶地区生态环境研究计划，"地质、气候、水文和喀斯特的形成"（IGCP229，1990～1994年）、"喀斯特作用和碳循环"（IGCP379，1995～1999年）和"全球喀斯特生态系统对比"（IGCP448，2000～2004年），IGCP448着重研究喀斯特地区生态系统的运行规律，通过对比全球不同气候条件下的宏观喀斯特生态系统，揭示其形成机制；对比不同地质条件下的微观喀斯特生态系统，揭示其对物种选择的影响，为喀斯特地区石漠化治理、重建良性生态系统探索了新思路，从地理、地质角度研究喀斯特生态系统以及喀斯特生态系统与人类活动的相互作用（袁道先，2001；蒋忠诚等，2010）。中国科学院贵阳地球化学研究所的研究团

体利用放射性核素、稳定同位素和微量元素示踪等研究手段，结合实验模拟和计算机模式分析，揭示了岩溶地区在数十年至数万年期间的演化规律以及碳酸盐岩生态脆弱地区的环境质量变化趋势。例如，白占国和万国江（2002）建立了 ^7Be 示踪表土季节性迁移的研究手段，揭示了喀斯特地区土壤侵蚀受季节性降水和微地形控制的机制；万国江等利用 ^{137}Cs 和 ^{210}Pb 沉积剖面，研究并揭示了云南与贵州不同湖泊流域的沉积速率（万国江等，1990；陈敬安等，2000）；白占国和万国江（1998）通过水化学组分与同位素测定、矿物化学平衡计算及模拟实验，论证了区域的侵蚀速率与水化学组分的不稳定性，定量论证了区域土层处于负增长状态；孙承兴等（2002）论述了在碳酸盐岩风化作用和地球化学作用下，退化喀斯特生态系统（石漠化）的形成机制与修复的基础理论问题；张殿发等（2002）以贵州喀斯特山区为例，探讨了土地石漠化的生态地质环境背景及其驱动机制。这些成果对于科学地评价岩溶生态环境的发展趋势提供了坚实的科学基础。

在地表过程方面，以贵州、广西等各科研团体为代表，从微观和宏观两个层面对石漠化的演替过程、形成机制等方面进行了相关研究。朱守谦等对茂兰喀斯特自然保护区退化喀斯特森林自然恢复过程生物物种组成和各物种种群丰富度的动态规律和特征，进行了较深入的研究（朱守谦，2003；喻理飞等，2000，2002），但目前尚无法解释决定这种规律的内在特征和机制。何师意等（2001）选择 3 个不同类型的喀斯特生态系统作为研究对象，从植被发育状况、群落特征、水化学特征对系统的响应、表层岩溶带功能、系统生态效应及水文效应进行了对比研究。姚长宏和蒋忠诚（2001）从岩溶地区植被演替规律出发，针对不同植被生态条件，通过对比不同表层岩溶泉的水化学特征和表层土壤气的含量，分析了植被的喀斯特效应。区智等（2003）以"空间代替时间"方法对弄岗自然保护区及其周边区域的岩溶植被进行物种多样性调查，结果表明：随着植被演替的进行，草本层由种类较少的阳性草种发展到种类丰富的耐荫草种，物种多样性随着演替的进行而增加，在灌草丛阶段存在一个较小的峰值；不同群落演替阶段各层次物种多样性表现为灌木层＞草本层、灌木层＞乔木层的规律。朱安国等（1994）以流域为单元建立了各项单因素及综合因素与产沙量要素间的关系式；提出旱地垦殖率、人口密度、土壤类型与产沙模数成正比，其中以旱地垦殖率影响最大；在减少产沙模型方面，以森林覆盖率效果为最好。熊康宁等（2002）应用多时相、多波段的多源遥感数据，通过人机交互解译、全球定位系统（global positioning system，GPS）定位和校正，建立石漠化数据库等分析模型，对贵州省石漠化程度进行评价并通过地理信息系统（geographic information system，GIS）制图和分析，查明了贵州喀斯特石漠化现状、分布和发展趋势等的空间分布规律；指出石漠化是在诸多因素的共同作用下发生的，喀斯特强烈发育是石漠化形成的母质基础，人类不合理的开发利用是导致石漠化的主要原因。杨胜天和朱启疆（2000）以贵州省紫云县境内典型喀斯特地区为案例，应用遥感和地面观测方法选用研究区土地覆盖、植被覆盖、生物生产量、生物多样性和土壤理化性质等指标研究了喀斯特环境退化和自然恢复速率，得出研究区环境退化与自然恢复规律及其相应速率。吴秀芹等（2005）还以贵州省西南部喀斯特发育典型的小流域为例，系统研究了流域40多年来的土地利用/覆被变化及其对土壤侵蚀及石漠化过程的影响，并得出结论：相应阶段地表物质状况是喀斯特地区决定土壤侵蚀速率和土壤侵蚀量的关键，而石漠化的阈值相对土壤侵蚀速率的阈值具有滞后性。周游游等（2004）根据可溶岩层组中非可溶夹层的出露情况对西南喀斯特山区峰丛洼地进行了划分，并对不同基岩物质组成的峰丛洼地的土壤、土地类型及植被、坡面形态和地表径流特征及其差异进行了论述，在此基础上，对不同基岩物质组成的峰丛洼地的土地退化过程及其空间差异进行了分析。

在人地关系方面，以北京大学蔡运龙为代表的研究学者着重从人地关系的角度，研究岩溶地区的环境演变及对策，指出喀斯特地区人与环境之间相互作用、相互影响的关系表现十分突出，喀斯特环境的自然条件特点与人的生存和经济活动之间的冲突也十分尖锐，从解决人地关系出发，研究自然环境条件究竟如何影响经济社会发展，人类为了生存又如何适应和改变这种环境，找出打破喀斯特地区的"生态脆弱—贫困—掠夺式土地利用—资源环境退化—进一步贫困"的恶性循环的关键环节，是当前喀斯特地区生态治理和重建研究的主要目的；在人口增长和经济发展的双重压力下，让西南喀斯特退化土地自然恢复的思路已不切实际，必须通过社会投入对退化土地进行生态重建（蔡运龙，1996，1999；张惠远等，1999；张惠远和蔡运龙，2000）。苏维词和朱文孝（2000）通过承担的国家自然科学基金项目"贵州岩溶山区城市地域结构演变及其环境效应",对岩溶地区人地地域关系系统、岩溶生态环境与可持续发展方面作了较深入、系统的研究,并提出了喀斯特地区生态农业持续发展的产业化模式与战略对策。

上述各方面研究为本书研究提供了科学参考,但相对而言,岩溶发育过程和机制、岩溶形态、岩溶石漠化成因方面的研究较为充分,而从统筹人与自然协调发展的生态文明高度,对岩溶山区复合生态系统演变的动力机制及其生态经济发展模式的探索仍然缺乏充分认识(刘建忠等,2007),从而制约区域的可持续发展。当前湿热岩溶山区生态环境建设与经济发展方面研究存在的主要问题表现在以下3个方面。

(1)湿热岩溶山区复合生态系统结构、功能、演变及其动力机制研究较弱。

湿热岩溶山区复合生态系统是一个处于特殊地域的较为独特的人地关系地域系统,一是处于岩溶环境,生态天生脆弱,但矿产资源丰富,旅游资源独特;二是处于湿热气候区,岩溶发育强烈,农业资源、生物资源、水电能源丰富;三是地处山区,人类生境条件恶劣,经济文化落后,经济社会发展、生态环境与资源禀赋极不协调,人地关系高度紧张。目前,对湿热岩溶山区这一独特的复合生态系统还没有明确的定义,对其结构、功能特性认识不足,对其运行机制缺乏系统研究。

(2)从时、空两维的角度对湿热岩溶山区生态经济评判的研究不足。

区域生态经济发展评价是从时间维度上对区域生态经济发展进行评价,有利于把握生态经济发展的进程,判断生态经济系统的协调性,增加生态经济发展的可预见性。目前,对湿热岩溶山区区域生态经济发展评价的定量研究较少,定性分析较多,如何构建具有区域特色的生态经济指标体系和评价模型,以科学评判和预测区域生态经济的发展进程,增加生态经济发展的可预见性,是今后湿热岩溶山区生态经济研究的一个重要课题。

区域生态经济功能区划是从空间维度上对地域生态经济功能的识别和评判,有利于判别地域生态经济的发展方向,是生态经济空间布局的重要依据。认识地域分异规律是区域生态经济功能规划的基础,区域复合生态系统的演变机制有助于对地域分异规律进行准确的把握。但目前,对湿热岩溶山区复合生态系统演变的机制缺乏系统研究。同时，对湿热岩溶山区生态功能区划的方法研究尚需进一步加强，特别是对于湿热岩溶山区这一独特的生态经济复合系统，如何选取区划指标，建立科学的区划指标体系，有待进一步深入研究。

（3）湿热岩溶山区生态经济模式的研究亟须加强。

湿热岩溶山区的生态经济的研究还处在一个较浅的层次。生态经济的研究最深层次的问题是生态经济模式的建立，也就是说如何才能够形成生态与经济的良性循环，这个问题，也是我国生态经济研究面临的重大问题。目前，涉及湿热岩溶山区生态经济研究成果较多，但尚未突破生态与经济性循环这个瓶颈。同时，虽然有许多学者探讨了湿热岩溶山区生态经济发展模式问题，但主要是偏重于石漠化治理或农业发展的模式。从区域层面上提出的生态经济发展模式还较少，特别是能体现出湿热岩溶山区区域特色的生态经济发展模式更为缺乏。结合湿热岩溶山区的实际，探索区域生态与经济协调发展的模式，是今后湿热岩溶山区生态经济研究的重要方向之一。

湿热岩溶山区作为一个独特的复合生态系统，自然资源丰富，但岩溶作用强烈，系统抵抗外界干扰的能力比较弱，经济文化落后，人类活动干扰强烈，人地关系高度紧张。深入揭示湿热岩溶山区复合生态系统的结构与功能特征、演变过程及其动力机制，建立湿热岩溶山区生态经济功能分区特色指标体系及区域生态经济发展指标体系，评估、预测研究区生态经济发展进程，提出湿热岩溶山区科学的生态经济发展模式，增加生态发展的可预见性，对促进湿热岩溶山区可持续发展的深入研究具有重要的理论意义和应用价值。

第三节　全书主要内容与研究方法

一、全书主要内容

（1）研究区复合生态系统发育的区域地质和自然地理基础分析。

采用文献法、野外考察法、GIS/RS（remote sensing）一体化空间分析法，综合分析研究区复合生态系统的本底特征，特别是对区域地质、地貌、气候和水文等自然地理要素的特征及其历史演化的分析，为后续的研究奠定基础。

（2）湿热岩溶山区复合生态系统的结构特征、演变过程及驱动力分析。

运用复合生态系统理论，明晰湿热岩溶山区复合生态系统概念，确立湿热岩溶山区复合生态系统的结构框架；以岩溶地质学、山地系统科学、生态经济学理论为指导，探讨在湿热气候外部条件驱动下，岩溶地质环境、山地环境与人类活动复合作用对湿热岩溶山区复合生态系统的影响机制；对研究区复合生态经济系统的现状、结构、功能、时空演变过程及其动力机制进行深入分析。通过分析，厘定湿热岩溶山区复合生态经济系统的结构与功能特征；揭示湿热岩溶山区复合生态经济系统演变驱动力及其对系统的影响；探讨湿热岩溶山区复合生态经济系统演变过程及其动力机制。

（3）湿热岩溶山区生态经济功能分区特色指标体系及区域生态经济发展指标体系构建。

综合考虑自然地理要素和人文要素，特别是重点考虑决定和体现湿热岩溶山区特殊性的气候、地质、地貌、优势自然资源等重要因子。基于湿热岩溶山区复合生态经济系统演变过程及其动力机制，分析研究区生态经济地域分异规律，明确地域分异的主导因子，确定研究区流域生态经济功能分区指标体系。

为了弥补前人系统性、特色性和可操作性的不足，基于复合生态系统理论和湿热岩溶山区生态经济复合系统特征，突出系统性和地域性特点，辅助专家咨询法，确定湿热岩溶山区生态经济建设的特色指标，构建区域生态经济发展的层次结构指标体系框架。采用改进型系统层次分析模型、专家打分模型、灰色关联分析模型相结合进行生态经济发展水平定量评价。

（4）研究区生态经济功能区划及生态经济发展模式分析。

以突出生态经济系统的区域差异性、内部相似性和完整性为主要原则，采用主导标志法，并通过 GIS 手段，辅以空间叠置法自上而下划分生态经济功能区和生态经济功能亚区；根据岩溶区地貌类型对人类活动和生态发展的限制，结合地形起伏度，综合考虑城镇功能、生态功能对人口分布的影响，估算各区人口承载力；根据各亚区的特点、发展的优势和不利因素，明确各生态经济区的发展方向和布局。

基于区域比较优势理论和资源环境一体化理念，体现因地制宜和突出特色的原则，突显特色优势资源在湿热岩溶山区发展中的作用和地位，探讨特色优势资源的可持续利用，构建湿热岩溶山区生态经济发展模式框架；依据研究区及各生态经济功能区的资源环境特点、经济社会特征及其生态经济发展优势，提出促进其生态经济发展的实践模式及实践的保障措施。

二、研究方法

根据本书研究的特点，综合运用地质学、地理学、山地系统科学、生态经济学、可持续发展理论等相关学科知识，采用资料收集、实地考察、文献查询相结合，辅以 RS 和 GIS 高新技术调查和分析手段，点、面与空间分析相结合，定性和定量分析相结合的研究方法。

（1）文献分析与野外考察方法相结合。在资料收集、实地考察，并对湿热岩溶山区复合生态系统研究的基础理论和方法进行探讨的基础上，综合运用地质学、地理学、山地系统科学、生态经济学、可持续发展等相关学科理论，探讨研究区复合生态经济系统结构、功能、演变过程及其动力机制，把握研究区复合生态系统的特征和演变机制。

（2）辅助 GIS/RS 一体化技术。以遥感数据、实地调研与典型区多年跟踪调研及文献查询的数据资料、地质地貌-生态环境背景为基础，以遥感图像处理和 GIS 数据分析为主要手段，进行数据采集、处理和管理，建立完整的研究区生态环境背景数据库和数据分析系统。

（3）面向全面建成小康社会目标。通过文献查询，把握国内外区域生态经济发展相关理论和实践研究进展。在此基础上，面向全面建设小康社会目标，采用定性和定量分析相结合的方法设计研究区生态经济发展指标体系，确立总体建设目标和各项指标的规划值。

（4）点、面与空间分析相结合。运用 GIS 手段，点、面与空间分析相结合，开展生态经济功能区划研究。在此基础上，运用生态经济学理论、可持续发展理论，基于区域优势比较和资源环境一体化理念，构建湿热岩溶山区生态经济发展模式框架，确定研究区生态经济发展的思路，设计研究区生态经济的发展模式。

三、技术路线

湿热岩溶山区复合系统分析与生态经济发展模式研究的技术路线如图 1-1 所示。

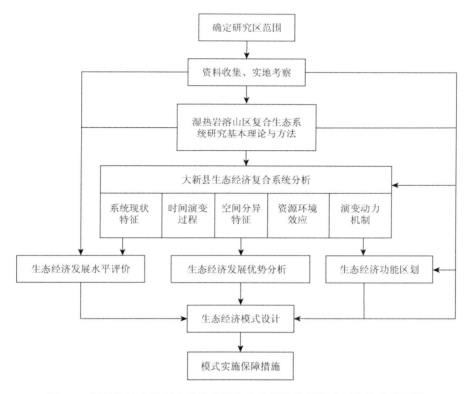

图 1-1 湿热岩溶山区复合系统分析与生态经济发展模式研究技术路线图

第二章 湿热岩溶山区复合生态系统研究基本理论与方法

第一节 湿热岩溶山区复合生态系统概念

一、湿热岩溶山区的界定

1. 岩溶概念

岩溶又称喀斯特（karst）。喀斯特原是南斯拉夫[①]西北部的石灰岩高原名称，那里发育着各种奇特的石灰岩地形。19 世纪末，南斯拉夫学者司威次（Cvijic）首先对该地地貌进行了研究，并用喀斯特一词来称呼这些特殊的地貌和水文现象，以后"喀斯特"便成为世界各国所通用的术语。在 1966 年广西桂林召开的全国喀斯特学术会议上，建议将喀斯特改为岩溶。因此，在我国许多文献中将 karst 称为岩溶，特指地下水和地表水对可溶性岩石（碳酸盐岩、硫酸盐岩和卤化物岩等）的破坏和改造作用，以及其所形成的水文现象和地貌现象（严钦尚和曾昭魏，1985；杨景春和李有利，2001）。

岩溶地貌以岩石突露、奇峰林立为特征（周成虎，2006）。常见的地表岩溶地貌有石芽、石林、峰林、岩溶丘陵等岩溶地貌正地形和溶沟、落水洞、盲谷、干谷、岩溶洼地等岩溶地貌负地形；地下岩溶地貌有溶洞、地下河、地下湖等；与地表和地下密切关联的岩溶地貌有竖井、落水洞、穿洞、天生桥等。

岩溶地貌在地球上广为发育，特别是碳酸盐岩，裸露和覆盖的碳酸盐岩占全球大陆面积的四分之一以上（任美锷和刘振中，1983；马腾等，2005）。岩溶地貌在全球各地理区域内均有分布，但受区域自然地理背景影响，岩溶地貌在地球上

[①] 南斯拉夫（现为塞尔维亚和黑山）

的分布很不均匀（袁道先，1988；卢耀如，2002；曹建华等，2005），其以北纬20°～50°地区较为集中，特别是在欧洲地中海沿岸、美国东海岸和中国西南的云南、贵州、广西等地区，岩溶地貌连片集中分布。

2. 湿热岩溶分布划分

1）岩溶地貌的地带性特征

岩溶的形成既以岩石的化学溶解为特征，也有部分侵蚀和潜蚀作用，因此，岩溶的发育受气候影响较大，在不同的气候区，岩溶发育不同，地貌组合也不相同，这是岩溶发育的地带性特征。根据岩溶地貌的地带性特征，可将碳酸盐岩溶地貌分为热带-亚热带岩溶、干旱-半干旱区岩溶、高山岩溶和温带半湿润区岩溶4种基本类型（袁道先，2002）（图2-1）。

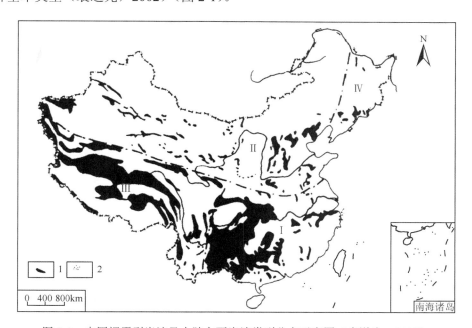

图2-1　中国裸露型岩溶及大陆主要岩溶类型分布示意图（袁道先，2002）

1. 碳酸盐岩；2. 珊瑚礁
Ⅰ热带-亚热带岩溶；Ⅱ干旱-半干旱区岩溶；Ⅲ高山岩溶；Ⅳ温带半湿润区岩溶

热带-亚热带岩溶分布在我国南方的广大石灰岩区，地处热带、亚热带，高温多雨，岩溶作用非常强烈，地表岩溶和地下岩溶都很发育，形成规模较大的溶蚀盆地及洼地和许多塔状峰林，石芽和溶沟发育极好，地表和地下发育的水系相互连通，地下洞穴系统发育较好，地面常出现塌陷；干旱-半干旱区岩溶分布在温带干旱区，降水很少，地表岩溶作用极微弱，几乎看不到现代岩溶地貌；高山岩溶分布在高山地区，气温极低，有永久冻土和季节冻土，溶蚀作用极缓慢，但在长期岩溶作用下，仍有岩溶发育；温带半湿润区岩溶分布在温带季风气候区，年降水分配不均匀，有明显的雨季，雨季降水集中，时间短，地表岩溶地貌不发育；只有一些小的溶蚀浅沟，但地表水渗入地下滞留时间较长，故地下溶洞较发育。

西南岩溶区最显著的宏观地表岩溶形态是峰林地形，是在湿热条件下发育的岩溶地形，主要位于广西、贵州、湖南、滇东（袁道先，1992）。

2）湿热岩溶分布划分

湿热岩溶地貌是从气候地貌学的角度来划分的一种岩溶地貌，指在温暖湿润的季风气候发育的岩溶地貌系统，为独特的季风地貌单元。对于我国湿热岩溶地貌分布范围，少数学者进行了划分。万晔（1998）认为，湿热岩溶地貌带包括亚热带岩溶区气候地貌和热带岩溶区气候地貌。亚热带岩溶区气候地貌主要分布于秦岭、淮河与南岭之间，属温润而比较炎热的环境，岩溶发育程度介于温带和热带之间，以平缓的岩溶丘陵和洼地为特征，常组成地下水系；热带岩溶区气候地貌主要分布于南岭以南的我国亚热带、热带地区，在两广（广西、广东）南部、云南东南部最为集中。

湿热岩溶主要分布于中国西南岩溶区。西南岩溶区跨越了中南地区、华南地区的部分省域，分布于贵州、广西、云南、四川、重庆以及湖南、湖北、广东西部一带。吴应科（1998）从气候上将中国西南岩溶划分为亚湿润高寒-温带岩溶和湿润热带-亚热带岩溶两大基本类型，亚湿润高寒-温带岩溶分布在川西北、滇西一带，海拔为 3000～4500m，为高山岩溶，其余均为湿润热带-亚热带岩溶（图2-2）。

从上述研究成果可以看出，湿热岩溶地貌是包括热带和亚热带气候区的岩溶地貌，主要发育于我国秦岭淮河以南的华中、华南、西南广大平原、高原、盆地和丘陵地区，尤以西南岩溶区最为发育。

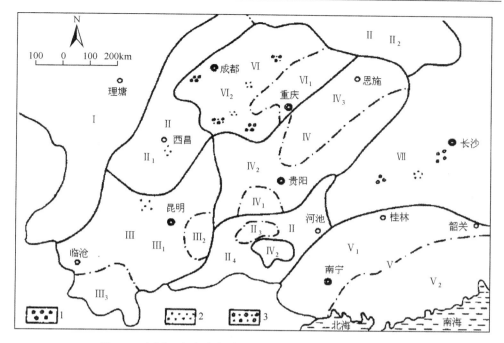

图 2-2 中国西南岩溶类型分布示意图（据吴应科，1988）

1. 红层碎屑洞隙型岩溶；2. 红层碎屑孔隙型岩溶；3. 红层碎屑孔隙-洞隙型岩溶
Ⅰ高山岩溶（横断山型）；Ⅱ山地岩溶（川西-桂西北型）；Ⅱ₁峰丛中高山峡谷，Ⅱ₂岩溶中低山，Ⅱ₃封闭式高立式高位峰丛洼地中高山，Ⅱ₄峰丛洼地中低山；Ⅲ高原岩溶（滇东型）：Ⅲ₁断陷岩溶盆地，Ⅲ₂石林高原，Ⅲ₃雨林岩溶；Ⅳ山原岩溶（黔中-鄂西型）：Ⅳ₁峰林溶原，Ⅳ₂峰丛低山谷地，Ⅳ₃峰丛中山高位盆（谷）地；Ⅴ峰林岩溶（桂林型）：Ⅴ₁峰林平原-谷地，Ⅴ₂峰林-孤峰平原，Ⅴ₃边缘峰丛；Ⅵ构造盆地岩溶（四川盆地型）：Ⅵ₁平行岭脊槽谷，Ⅵ₂埋藏岩溶；Ⅶ丘陵平原岩溶（湘中型）

3. 湿热岩溶山区界定

湿热岩溶山区是指地貌上以湿热气候岩溶山地地貌为主的区域。湿热岩溶山区主要分布在西南岩溶区，其中，以广西中部及北部、贵州西南部、湖南西南部、广东西北部、四川东南部和湖北西南部相对比较集中，其余多呈小片或零星分布（图 2-3）。中国湿热岩溶山区地貌为全球最为典型的热带、亚热带岩溶地貌，是世界上连片分布面积最大、发育规模最宏伟的全岩溶（holekarst）类型，以联座锥状的峰丛洼地和峰林谷地为主构成的地貌系统为特征，地表和地下岩溶同时强烈发育（周游游等，2004）。

典型岩溶石山区通常是指由较纯的碳酸盐岩地层，尤其是由易溶蚀、岩溶发育强烈的石灰岩所形成的，以峰丛-洼地、峰丛-漏斗、峰丛-谷地、峰丛-峡谷、溶蚀丘陵-洼地、漏斗等更为典型的岩溶地貌类型为主组成的区域。广义上的岩溶石山区则进一步把含大量非可溶岩夹层在内的，或由非可溶岩与可溶岩地层互层等组合形式共同发育形成的岩溶山地区域包括在内。实际上，西南典型岩溶石山区和本书所指的湿热岩溶山区常复区分布，两者共同组成了广义上所称的西南石山区。其实，除局部外，在西南可溶岩分布区，以山地为主。因此，湿热岩溶山区基本上代表了广义上的西南石山区。

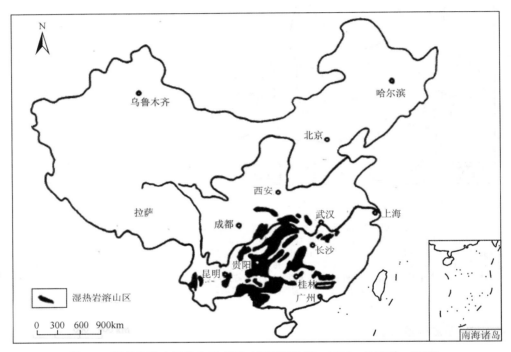

图2-3　湿热岩溶山区分布示意图（据周游游等，2004；吴应科，1998）

二、湿热岩溶山区复合生态系统概念

区域复合生态系统是以人为主体的经济社会系统和自然生态系统，在特定区域内通过协同作用而形成的复合系统。复合生态系统的概念最早由我国著名生态学家和环境科学家马世骏提出。马世骏（1981，1984）认为当代若干重大经济社会问题，都直接或间接关系社会体制、经济发展状况以及人类赖以生存的自然环境，社会、经济和自然是3个不同性质的系统，但其各自的生存和发展都受其他系统结构、功能的制约，必须当成一个复合系统来考虑，这就是"社会-经济-自然"复合生态系统。

区域岩溶生态系统是人类生态系统的组成部分之一，也是一个社会-经济-自然复合生态系统。对于岩溶生态系统的认识，袁道先（2001）认为"岩溶生态系统"是"受岩溶环境制约的生态系统"，其内涵既包括岩溶环境如何影响生命，也包括生命对岩溶环境的反作用。袁道先等（2002）在《中国岩溶动力系统》一书中把岩溶生态系统定义为：岩溶地区，生物与岩溶动力系统间进行着的连续的能量和物质交换所构成的一个系统。在这一系统内，生物与岩溶系统间的能量与物质交换是不可分割的一个整体，它们之间既相互联系，又相互作用。同时，这一生态系统又与大的环境密不可分，其作用的结果和过程都对全球变化有着一定的影响。李玉田（2003）认为，岩溶生态系统就是在岩溶空间中共同栖息着的所有生物与其环境之间由于不断地进行物质循环和能量流动而形成的统一整体。

湿热岩溶山区复合生态系统是一个处于特殊地域——湿热岩溶山区的岩溶复合生态系统。目前，对湿热岩溶山区复合生态系统还没有明确的定义，基于生态经济的角度，作者认为，湿热岩溶山区复合生态系统是湿热岩溶山区，在岩溶生态-地质环境背景下，由资源、生态、经济与社会等要素相互作用、相互影响而形成的生态经济系统。湿热岩溶山区复合生态系统由于形成环境背景独特，明显表现出三个特性：一是处于岩溶环境，生态天生脆弱，但矿产资源丰富，旅游资源独特；二是处于湿热气候区，岩溶发育强烈，农业资源、生物资源、水电能源丰富；三是地处山区，人类生境条件恶劣，经济文化落后。

第二节　湿热岩溶山区复合生态系统结构框架分析

按复合生态系统的观点（马世骏和王如松，1984），复合生态系统是以人为主体的经济社会系统和自然生态系统在特定区域内通过协同作用而形成的社会-经济-自然复合生态系统，因而也是一个关系复杂的多目标、多层次、多功能的动态生态系统。从宏观层次上讲，它的组成包括社会子系统、经济子系统和自然子系统（匡耀求和乔玉楼，2000；匡耀求，2003）。这3个子系统在各自层面上，又是一个完整的系统（郝欣和秦书生，2003），有着各自的结构、功能及其发展规律，但它们各自存在和发展的同时，又相互关联，在特定地理边界约束下，相互开放、互为竞争地进行着物质、能量和信息的交换；同时又相互依存、相互适应、相互协调、相互制约、相互发展，从而形成自我调节、自我演化的动态复杂系统（童天湘，1998）。

区域生态经济建设的目的是基于区域复合生态系统的结构特征，充分运用整体、协调、循环再生的生态学原理，有意识、有目的地调控社会、经济、自然资源、生态环境 4 个子系统的转运功能，使它们互相协调、互相补充、互相利用，以获得最大的社会效益、经济效益和生态环境效益，从而实现区域经济的可持续发展。

湿热岩溶山区复合生态系统结构的划分必须体现其结构特征。湿热岩溶山区复合生态系统是在其特殊的自然和人文背景下形成的，特有的地质、地貌、气候、水文、土壤、植被等自然地理条件，造成其生态环境脆弱而自然资源丰富，经济发展落后而民族文化独特。

基于以上认识，本书将湿热岩溶山区复合生态系统分为自然和人文两个亚系统。自然亚系统包括自然地理、自然资源、生态环境三个子系统，人文亚系统包括社会、经济两个子系统（图 2-4）。各子系统主要要素如下。

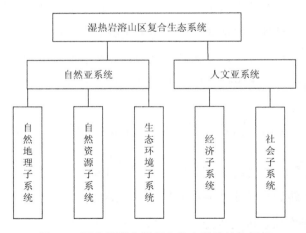

图 2-4　湿热岩溶山区复合生态系统结构框架

（1）湿热岩溶山区自然地理子系统，包括地质、地貌、气候、水文、土壤、植被等。

（2）湿热岩溶山区自然资源子系统，包括土地资源、矿产资源、水资源、生物资源、旅游资源等。

（3）湿热岩溶山区生态环境子系统，包括环境、生态等。

（4）湿热岩溶山区经济子系统，包括农业、工业、服务业等。

（5）湿热岩溶山区社会子系统，包括人口、城镇、村庄、交通、通信、文化、教育、　科技、体育、卫生等。

第三节　湿热岩溶山区复合生态系统基本特征及其演化机制

一、湿热岩溶山区复合生态系统基本特征

1. 岩溶作用强烈

前人研究认为（任美锷和刘振中，1983；卢耀如，2002；杨景春和李有利，2005），岩溶的发育主要受三个条件的影响，一是岩性，二是构造，三是气候，尤其是气候，这就是北方岩溶与南方岩溶的差别所在。湿热山区岩溶地貌属热带及亚热带季风型，其发育是在高温多雨的环境下进行的，虽然热带水中CO_2的含量和碳酸钙的溶解度较小，但高温下化学反应速度快，所以碳酸钙的溶解量还是增大的。多雨的环境，一方面促进植物生长，使生物成因的CO_2增加，植物根系分泌出的大量有机酸，又使渗入水获得较多的酸类；另一方面多雨会使岩溶水的循环速度加快，使地下水的CO_2含量不断补充，溶蚀力得到加强。因此，热带地区的岩溶作用比其他地带要强烈得多。

强烈的岩溶作用，使得湿热岩溶山区地表和地下岩溶发育十分充分，具体表现为（袁道先，1988；卢耀如，2002；周游游等，2004）①峰林发育得最好，尤其是以锥状和塔状峰林为典型，这是湿热岩溶地貌最突出的标志，为其他气候带所没有。②地面漏陷地貌、溶蚀洼地及溶蚀谷地等广泛发育，石芽和溶沟也十分显著，石芽高大而多呈山脊式和石林式。因此，地面显得非常崎岖。③地下岩溶地貌发达，形成广大的洞穴系统，具有"逢山必有洞"的地貌特征。岩溶地貌受气候条件影响很大，特别是气温和降水直接或间接地影响着岩溶水的径流量和溶

解的速度，从而使岩溶地貌具有地带性的特征。

2. 系统抵抗外界干扰的能力比较弱

湿热岩溶山区生态环境脆弱，属我国八大生态脆弱区之一（西南岩溶山地石漠化生态脆弱区）。全年降水量大，溶蚀、水蚀严重，而且岩溶山地成土过程缓慢，土壤侵蚀强，土层薄，植被生长慢；山高坡陡，水土容易流失，石漠化严重。大部分地方地表水缺乏，地下水深藏，易旱易涝；山体滑坡、泥石流灾害频繁发生。

前人研究显示（李先琨和何成新，2002；李先琨等，2003；孙艳丽等，2003；曾馥平，2008），脆弱的生态环境，使得湿热岩溶山区生态系统抵抗外界干扰的能力比较弱。在岩溶山区，植被特别是森林植被在系统中起着主导作用（周游游等，2004），一旦森林植被遭到严重破坏，就会危及整个生态系统，生态系统一旦出现严重退化，就很难恢复到初始状态。

3. 自然资源丰富

湿热岩溶山区是我国自然资源最富集的地区之一，特别是矿产资源、农业资源、水和水能资源、生物资源以及旅游资源。前人研究显示（车用太，1985；袁道先，1988；卢耀如，2002；周慧杰等，2010），该区地处亚热带季风气候区，水热资源丰富，农业气候资源和水能资源条件优越，加上岩溶区复杂多变的小生境，土特优产品繁多；作为世界上独一无二、面积最大的亚热带岩溶山区，岩溶景观丰富多彩，又是少数民族聚集区，形成了独具特色的旅游资源。典型的峰林与峰丛地貌，伴生着数以千计的地下河、数以万计的洞穴、大型和巨型的岩溶天坑、千姿百态的石林景观等，在世界上均占有突显的地位，是高品位旅游资源；特殊的地质环境，成为我国有色金属、煤、磷矿产的富矿区，如红水河流域锡、铅、锌、锑等有色金属矿产资源储量大，特别是丹池矿带，是罕见的多金属共生富矿区，其锡金属储量居中国首位，铅锌金属储量居中国第二位，铟金属储量占广西的99.71%，占世界的55%（周慧杰等，2011）。

4. 经济文化落后

前人研究显示（刘彦随等，2006；陈从喜，1999；万军和蔡运龙，2003；吴良林等，2006），湿热岩溶山区土层瘠薄，水土流失严重，自然灾害频繁，生态环境非常脆弱；深居内陆，地形崎岖，交通不便，信息闭塞，教育水平低、文化落后。岩溶山区恶劣的自然条件，加上历史、社会、经济诸因素的影响，使得其经济发展条件低下，自我发展的能力较差，相当部分的群众尚未解决温饱问题，是我国主要贫困山区之一，如广西红水河流域89.47%为贫困县，其中，国家级贫困县占了广西一半（周慧杰等，2010）。当地群众为了生存和短期的经济效益，掠夺式地开发当地自然资源，结果使地质-生态环境更加恶化，从而陷入"环境脆弱—贫困—掠夺资源—环境退化—进一步贫困"的恶性循环。

5. 人类干扰强烈

岩溶山区耕地资源少，土地生产能力低，人口土地承载力低。前人研究认为（周游游等，2004；袁道先等，2002；吴良林等，2007），该区长期以来经济以农业为主，较多的农业人口对土地过分依赖。经济文化落后、人口素质低、交通闭塞等客观因素使该区民众在观念、饮食、文化上形成了独立的岩溶山区地域文化，缺乏基本的环境保护意识，自觉或不自觉地以破坏环境和掠夺自然资源为代价，来维持不断增长的人口需要，如贵州农村平均每年消耗薪柴达 $0.2 \times 10^8 t$，其中，合理樵取的仅占 20.6%，其余皆为过量樵取（屠玉麟，1994；王世杰等，2003）。这些社会、经济因素的综合作用，造成了岩溶区人地关系失衡，森林退化，林草面积锐减、质量下降，坡耕地增多、水土流失加剧，生境石山化，自然生态系统逐步被人类生态系统所代替，生态环境问题较为突出。

二、湿热岩溶山区复合生态系统演化的驱动机制

（一）动力因子

湿热岩溶山区复合生态系统是一个人类生态系统，驱动人类生态系统演化的动力包括自然和人类活动两个方面（匡耀求等，2003），自然因素和人文因素相互作用，促使系统不断演化。自然因素主要包括地质、地貌、气候、水文、土壤、植被等；人文因素主要包括人口、经济、文化和政策等（图2-5）。

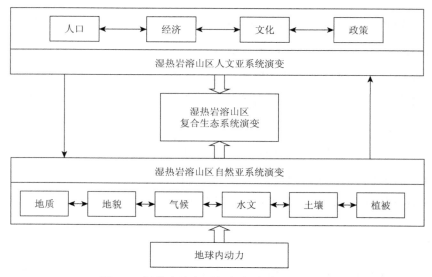

图 2-5　湿热岩溶山区复合生态系统演变动因

1. 自然驱动因子

1）地质

古地质环境奠定了湿热岩溶山区复合系统演化的基础。湿热岩溶山区大部分属扬子板块，从震旦纪到二叠纪，在该区沉积了巨厚的碳酸盐岩地层，为湿热岩溶山区复合系统演化提供了物质基础，特别是纯碳酸盐岩的大面积出露，为湿热岩溶山区复合系统演化的形成奠定了物质条件；以挤压为主的中生代燕山构造运动使该地区普遍发生褶皱作用，形成高低起伏的古老碳酸盐岩基岩面；以升降为主、叠加在此之上的新生代喜马拉雅山构造运动塑造了现代陡峻而破碎的岩溶高原地貌景观，由此产生较大的地表切割度和地形起伏，为该区生态脆弱性留下了隐患（王世杰等，2003）。同时，大量研究表明（曾昭璇，1982；袁道先，2001；刘丛强，2007），具有不同地质背景的岩溶地区，岩溶生态系统的类型和特性极不相同。由于湿热岩溶山区岩石组分和种类复杂多样，使得其地貌形态复杂、种类繁多，岩溶山地、峰丛、峰林、溶蚀丘陵、洼地、槽谷等地貌形态广泛发育，不同的区域受地貌形态等的影响，生境也各不相同（袁道先等，2002）。

2）地貌

地形地貌是影响区域复合生态系统演化的重要因素之一，其严重支配着地面物质与能量的形成和再分配。区域的地质、气候和演化历史背景，决定了该区的地貌构架，而地貌构架又影响了该区水文状况、气候分布、土壤形成和植被发育等，从而影响生态环境和人类的活动方式，进而影响系统的演化方式。例如，在峰丛洼地区，地形切割强烈，峰丛连绵，漏斗、落水洞、圆深洼地发育，地表径流容易转入地下变成地下水，造成地表缺水而干旱，不利于农业生产，可耕地缺乏，地下水埋藏较深，地表河流缺失或深切成峡谷，岸高水低，难以利用，对工农业生产造成较大的不利影响；在峰林谷地区，地下水埋藏相对较浅，地表水系发达，地表有松散堆积物，农业生产条件相对较好；在峰林台地平原区，地表水系发育，地下水埋藏浅，利于工农业生产，工农业发达。

3）气候

全球岩溶对比表明（章程和袁道先，2005a，2005b），在不同岩溶区，岩溶生态系统的脆弱性，因地质、气候、植被背景不同而表现各异，气候是影响湿热岩溶山区生态系统演变的主要因子之一。在亚热带季风区、地中海地区，常因水土流失、土壤贫瘠，形成对农业发展很不利的生态系统。但在北方或温带湿润气候生态区，地下岩溶系统则被用于排除沼泽地区过多积水，偏碱性的碳酸盐岩也有利于中和酸性环境。湿热岩溶山区属亚热带季风气候，高温多雨，雨热同季，易于岩溶发育的同时，造成该区易涝易旱，自然灾害频繁。夏季雨量集中，水便通过落水洞、岩溶裂隙等迅速注入地下，或沿坡面形成片流迅速汇集于河谷、洼地，形成内涝；而冬季少雨，地表水缺乏，地下水埋藏深，很容易出现旱象，造成农田灌溉和人畜饮用水困难。

4）水文

岩溶山区长期的岩溶作用，岩溶地区水循环形成一种特殊的地表、地下二元径流系统格局，水环境具有脆弱的特征。地表是崎岖复杂的地形，地下是规模巨大的地下河系统，地表径流常常流失于地下，造成水土流失，泥沙充填地下管道常常形成阻塞。同时，双层岩溶水文地质结构，使水资源难利用，地表生境干旱缺水（曹建华等，2004），还有是表层岩溶带具有特殊的地表、地下双重水文地质结构，使得表层岩溶带对污染极其敏感。

5）土壤

大量的研究表明，岩溶地区的成土速率与碳酸盐岩建造中的酸不溶物含量密切相关（白晓永等，2010；Wang et al.，1999，2002，2004；Ji et al.，2000；曹建华等，2003，2004），湿热岩溶山区碳酸盐岩质纯，酸不溶物含量低，成土速率低，土壤总量少，异质性强，土地贫瘠（柴宗新，1989；李阳兵等，2006；曹建华等，2008a，2008b；张信宝等，2009）。同时，湿热岩溶山区地表崎岖破碎，山多坡陡，降水量大，地表径流冲刷而造成的水土流失十分严重。此外，岩溶地区特有的双层地表形态结构，使得土壤物质容易转入岩溶裂隙，或者通过落水洞将流失于地下系统。多种因素叠加，导致湿热岩溶山区土层薄，养分低，连片土地少，最终导致系统退化。

6）植被

植被在岩溶地区有利于提高水土保持能力，加强了岩溶作用，提高了成土速度（姚长宏等，2001）。岩溶生态系统的物质基础是碳酸盐岩系，植被具有石生性、旱生性和喜钙性，岩溶生态系统群落结构相对简单。限于严酷的石灰岩山地条件，植被生产力偏低，生长慢、生物量低，岩溶森林植被极易遭破坏，而一旦遭破坏，生态系统的物质能量交换就会暂时中断，生态系统就会迅速退化（李阳兵等，2004a，2004b）。

2. 人文驱动因子

1）人口

岩溶地区生态脆弱，人口承载能力低。如果人口过度增长，超过了生态环境的承载能力，就会造成人地关系失衡、农业生态系统退化、土地质量下降。新增的那部分人口必然会增加对环境的索取，导致环境质量的进一步下降，并周而复始，形成恶性循环（曾晓燕等，2006）。

2）经济

经济因素是影响区域生态系统变化的重要驱动力。岩溶地区经济发展水平普遍较低，经济结构单一化，一般以农业为主，第二、第三产业发展缓慢，农产品精、深加工滞后，农民收入微薄，生活贫困，为了求得生存和发展，人们在当地土地资源和矿产资源开发上原始粗放，开荒毁林，矿产滥采，加速了资源环境的破坏，促使生境进一步恶化，普遍出现"越穷越垦，越垦越穷"的恶性循环局面，对岩溶生态系统产生严重的不良影响。

3）文化

湿热岩溶山区是少数民族聚集的区域。由于特殊的地形条件，造就了相对封闭的岩溶环境，各民族在长期的历史进程中，受外界的影响较小，心理意识主要受各民族自己的社会习俗、文化传统等社会因素和居住的环境等自然因素的影响，对人地关系形成了自己特殊的认识，从而形成了特有的岩溶山区文化。由于贫困和生产方式落后，为了生存，这种文化往往以生态环境破坏为背景（周游游等，2004），深刻地影响着岩溶生态系统演变方向与演变进程。

4）政策

湿热岩溶山区人地关系在不同的历史时期，受国家宏观经济政策和区域政策的影响，表现出不同的方式，从而影响系统的演化方向和进程。20 世纪 50 年代末"大跃进"，以钢为纲，全民炼钢，一座座青山被砍得精光，原始林、次生林大幅减少；紧接其后的以粮为纲，到处开垦荒地，又有大面积的森林被砍伐，水土流失相当严重。80 年代初，落实农业生产责任制，由于配套政策不及时，部分人误解政策，再次出现乱砍滥伐现象，生态环境进一步恶化。80 年代中期以来，由于山界林权划定、西部生态建设等政策，植被逐步得到恢复、水土流失得到一定控制，生态环境综合整治不断加强，湿热岩溶山区生态系统演变开始趋向良性发展（广西壮族自治区大新县志编纂委员会，1989）。

（二）驱动机制

湿热岩溶山区复合生态系统经历了漫长的自然演化史，受到深部地质构造和区域气候变化的驱动，现代还叠加了人类文明的再造。在漫长的演变历史中，在内、外动力的联合作用下，地球表层各要素内部及相互之间的能量不断调整和重新分配而不断演化。因此，湿热岩溶山区复合生态系统演化的动力学机制包括地质构造演变、地表环境变迁和人类活动干扰，其中，地质构造演变机制是基础的、内在的，是内动力；地表环境变迁和人类活动干扰机制是在前者的基础上进一步作用，是外动力。

1. 地质构造演变机制

地质构造演变机制主要包括深部构造、地表地质和活动构造的作用。地质构造演变机制通过地球深部圈层的热动力作用，以构造运动为主的形式影响地球浅层，使岩石圈变形、变位和变质，造山与成盆，形成地表构造地貌。

地质构造演变是地球表面环境的主要决定性影响因素。地表的地质、地球物理和地球化学等现象，以及海陆变迁、生物演化和环境变化主要受地球内部的深层动力过程的影响，是内动力机制。

地史时期的大地构造运动造就了区域沉积环境，使湿热岩溶山区沉积了一套巨厚的碳酸盐岩地层，为该区的岩溶作用提供了物质基础；多期的构造运动，复合形成了该区复杂的构造形态，奠定了该区地貌演变的基本框架。同时，大地构造运动为该区地貌演变提供了基本动力。地貌演变的最终结果，严格控制着该区水文系统演化及区域气候分异，由此而控制着该复合生态系统的演变方向。

2. 气候动力学机制

气候动力学机制的动力来源是以太阳辐射能为主的地球外部能为主的，表现为大气圈、水圈和生物圈的相互作用。太阳辐射能引起大气环流、地表水循环、生命的产生，而运动的气流、循环的水流和生物作用于岩石圈表层，通过风化、剥蚀、溶蚀、搬运和堆积作用，削平突起，填埋洼陷，使地表趋平。

湿热岩溶山区水量充足，热量丰富，十分有利于岩溶的化学作用，是该区岩溶发育的基本条件。岩溶区岩溶地貌和水文系统特殊的二元结构特征、富钙的地球化学背景，构成了特殊的岩溶生态环境，严重影响着该区复合生态系统的演变特征。

3. 人类活动干扰机制

人类和地球上的一切生物一样，是地球环境变化的产物，人类的生存与发展一直受到地球环境的影响和制约。同时，人类也是环境的塑造者，由于当代科学技术迅猛地发展，人类干预自然环境的强度和广度越来越大，也已成为自然环境演化的第三营力。

随着经济社会的发展，人类活动的强度越来越大，对自然环境的影响能力也越来越大。目前，湿热岩溶山区由于人地关系的失调，自然生态系统逐渐被人类生态系统代替。森林退化，植被不断减少，水土流失面积不断扩大，石漠化环境问题越演越烈，自然灾害越来越严重，人类已变成了湿热岩溶山区复合生态系统演化的主要驱动力之一。

第四节　湿热岩溶山区生态经济发展水平综合评价

一、湿热岩溶山区生态经济发展指标体系的构建

区域生态经济发展指标体系是区域生态经济建设规划设计、管理、测评的依据，是区域生态经济建设的基础性工作。目前，全国各地都一心一意致力于全面小康社会建设，区域生态经济发展指标体系的构建须与全面小康社会建设这一宏观社会背景有机地结合起来，须以生态经济学和可持续发展理论为依据，以全面小康社会建设为背景，以"可持续发展能力不断增强，生态环境得到改善，资源利用效率显著提高，促进人与自然的和谐，推动整个社会走上生产发展、生活富裕、生态良好的文明发展道路"为目标，结合区域实际情况，把握区域特征，促进区域经济、社会、资源、生态、环境协调发展，为区域全面小康社会建设服务（周慧杰等，2007）。

（一）基本原则

（1）系统性与区域性。区域是一个社会、经济和自然生态的新型复合生态系统，区域生态经济发展指标体系的构建是一项系统工程，必须把区域经济社会发展与自然条件有机地联系起来，视为一个有机整体，从系统的角度出发，进行全面分析，并立足区域实际，发挥区域优势，有针对性地制定适合本区域发展的指标体系。

（2）科学性和可操作性。指标体系的构建要建立在科学的基础上，一是数据来源要准确，二是处理方法要科学，同时，指标要尽量少而精，且易获得，能反映出生态经济建设主要目标的实现程度，还要有利于和国内外相似地区的比较。

（3）动态性。全面小康社会建设是一个长期的动态的过程，决定生态经济建设也是一个长期和动态的过程，建立的指标体系应该能反映这一动态变化、趋势。

（4）规划目标与指标体系相结合。即将总体目标分解，形成分目标与子目标，以便用于区域生态经济发展规划设计、管理、测评。

（二）基本思路

1. 面向区域全面小康社会建设

中共十六大报告提出要在 21 世纪头 20 年全面建设小康社会，实现"可持续发展能力不断增强，生态环境得到改善，资源利用效率显著提高，促进人与自然的和谐，推动整个社会走上生产发展、生活富裕、生态良好的文明发展道路"。最近，进一步提出建设资源节约型和环境友好型社会，以及建设社会主义新农村，目前，各级政府工作紧紧围绕这一主线来开展。

区域生态经济建设一方面属于经济社会建设的一项极为重要的内容，不能离开全面小康社会建设这一宏观背景，其一切工作，都须围绕全面小康社会建设的需要来开展；另一方面，生态经济建设是区域可持续发展的一项重要工程，也是可持续理念和科学发展观的具体表现。全面小康社会目标全面涵盖了经济、社会、资源、生态环境等诸多方面的内容，较全面地反映了区域可持续发展的要求，集中体现了可持续发展的思想，是区域开展可持续发展工作的纲领。所以，区域的生态经济建设须面向全面小康目标，其相关指标体系的设计，包括从建设指标的选取到建设规划阶段目标的确定，都要从区域全面小康的内在要求出发，根据小康建设的内在要求，运用生态经济学原理，设计出一套符合区域实际的生态经济发展指标体系，用于指导和测评区域的生态经济建设，以促进区域可持续发展，加快区域全面小康社会的建设进程。

2. 构建层次结构指标体系

区域生态经济发展指标体系是从属于区域可持续发展指标体系的内容。目前构建区域可持续发展指标体系的方法较多，较为常见的有由系统指标和协调度指标共同构成的系统发展协调度模型，由压力、状态和反应指标组成压力-状态-反应结构模型和基于系统论的系统层次法等。本章采用系统层次法，有意识地将诸多复杂问题分解成若干层次并进行逐步分析比较，把人的推断转换成数量的形式，对解决大系统中多目标、多层次的决策问题十分有效，且方法直观、操作简单，便于指导地方工作，被广泛引入区域发展研究中来，在区域社会、经济、空间的发展研究和规划调控中都得到普遍应用（Kamal，1999；Mohanty and Deshmurh，1993）。

层次结构指标体系由目标层、准则层和指标层构成，重点和难点在于准则层面的设计。准则层面处于承上统下的地位，设计是否得当，将关系整个指标体系的质量。本章尝试将区域生态经济发展指标分为经济发展、社会进步、资源节约、生态安全、环境改善五大类，作为区域生态经济发展指标体系的准则层，主要是基于下列考虑。

（1）经济社会系统和自然环境系统是生态经济系统中的两个重要的子系统，二者相互作用直接推动着区域发展和演化，而自然环境就是指人类赖以生存的自然地理环境，它包括资源、生态与环境（车秀珍，2004；冯利华等，2005；宁小莉等，2005），把生态经济发展指标分为上述五大类能较好地体现系统的组成。

（2）国家环境保护总局（现为环境保护部）颁布试用的《生态县、生态市、生态省建设指标（试行）》（国家环境保护总局，2003）是目前国内比较完整的生态经济建设指标体系，其将建设指标分为经济发展、环境保护、社会进步三大类，较好地体现了区域经济、社会、生态环境协调发展的思想（刘传国，2004），也为构建区域生态经济指标体系提供了很好的框架，但其没有把资源节约放在应有的层次，不利于引导地方政府形成节约资源的观念。资源节约在生态经济建设中占据较重要的位置，应从层次上予以体现。从全面小康社会建设的角度看，全面小康社会目标在提出经济发展、社会进步的同时，明确提出"生态环境得到改善、资源利用效率显著提高"，把资源利用效率放在与经济发展、社会进步、生态环境改善同等的地位，特别是近年国家相继出台了建设节约型社会、发展循环经济等政策，更进一步显示出资源节约在我国全面小康社会建设中的权重；从对可持续发展的理解来看，可持续发展就是"满足需要、资源有限、环境有价、未来更好"（周永章等，2004；张林英等，2005），可见资源在可持续发展中地位的重要性。

（3）国家环境保护总局制定的生态县建设指标体系中，环境保护类指标实质上包含了"生态保护与建设"和"环境保护与污染防治"两方面的指标，较易造成概念上的混淆，不利于地方工作的开展（周慧杰等，2007）。且指标数量过于庞大，不便于指标权重的层次分析运算。考虑到生态保护与建设、环境保护与污染防治在生态经济建设中的重要地位，将其环境保护类指标拆分为生态安全、环境改善两部分。

至于建设单项指标的选取，本章主要参考国家环境保护总局颁布试用的《生态县、生态市、生态省建设指标（试行）》，并采用频度统计法和理论分析法进行取舍补充。

3. 依据全面建设小康社会条件下区域经济社会发展状况的预测设计规划年目标值

根据基于全面建设小康社会条件下的区域经济社会发展状况的预测，以及对国内外较发达地区经济社会和环境生态发展的分析，结合区域相关发展规划，确定生态经济发展的阶段指标值。

（三）指标体系的基本框架

基于上述原则和思路，参考国家环境保护总局颁布试用的生态县建设指标体系，设计了准则层面由经济发展、社会进步、资源节约、生态安全、环境改善组成的共 38 项指标构成的区域生态经济发展指标体系（表 2-1）。对不同地区，可根据实际情况，对指标进行筛选，最终确定符合该地区的特定的建设指标。

表 2-1　区域生态经济发展指标体系基本框架

目标层	控制层	指标层
区域生态经济发展综合水平	经济发展	人均 GDP、人均地方财政收入、城镇居民人均可支配收入、农民居民人均可支配收入、第一产业占 GDP 比重、第三产业占 GDP 比重、非农就业人口比重
	社会进步	城镇化水平、人口自然增长率、平均预期寿命、每千人拥有医生数、九年义务教育普及率、基尼系数、城乡居民收入比、城镇居民最低生活保障覆盖率
	资源节约	单位 GDP 能耗、单位 GDP 水耗、单位 GDP 电耗、水分生产率、单位土地面积 GDP、垃圾及废弃物产业化率、城市污水处理回用率
	生态安全	森林覆盖率、受保护陆地面积、退化土地恢复治理率、矿山土地复垦率、沼气占农户比例、城镇人均公共绿地面积
	环境改善	化肥使用强度、农药使用强度、城镇垃圾无害化处理率、城镇生活污水集中处理率、万元 GDP 工业三废排放量、村镇饮用水卫生合格率、卫生厕所普及率、环保投资占 GDP 比例、公众对环境满意率、旅游环境达标率

二、湿热岩溶山区生态经济发展指标体系的评价方法——灰色关联分析法

（一）灰色关联分析原理

灰色关联分析实质是几何曲线间几何形状相似性的分析比较，几何形状越接近，发展变化态势越接近，则关联度越大，反之越小。将灰色关联度方法用于生态经济发展指标体系评价的基本思想是首先确定目标序列和比较序列，计算出它们之间的关联系数，然后结合相对重要性权重，逐层计算各序列与目标序列的关联度。关联度越大，则两者之间的相对变化越一致；反之，则认为两者的变化差异较大（章波和黄贤金，2005）。据此，可以评价区域生态经济发展的阶段水平。

目前，灰色关联度的分析方法在环境生态和生态经济建设综合评价中得到了广泛应用，效果良好（夏军和王中根，1998；胡宝清等，2005）。

（二）灰色关联分析模型

参考前人的研究工作（刘思峰等，1999；黄贯虹等，2005），该方法描述如下。

1. 确定比较序列和确定目标序列

假设区域生态经济建设规划指标有 m 个，有 n 个规划阶段，则可建立现状年和每个规划目标年的指标序列作为比较序列，记为 $X_i(k)$，则

$$X_i(k) = \{x_i(1), x_i(2), \cdots, x_i(m)\} \qquad (i=1,2,\cdots,n;\ k=1,2,\cdots,m)$$

目标序列由规划指标所对应的全面小康社会水平标准值序列构成，记作 $X_0(k)$，则

$$X_0(k) = \{x_0(1), x_0(2), \cdots, x_0(m)\} \qquad (k=1,2,\cdots,m)$$

2. 指标值的无量纲化处理

原始数据的无量纲化处理较常用的方法有初值比处理、最大值处理、最小值和均值比处理等，本书研究采用均值化方法（徐颂和黄伟雄，2002）处理。

$$x_i'(k) = x_i(k)/\overline{x}_i \qquad (k=0,1,2,\cdots,m) \tag{2-1}$$

式中，$\overline{x}_i = \dfrac{1}{1+n}\sum_{i=0}^{n} x_i(k)$，$(i=0,1,2,\cdots,n)$；当规划指标的阶段目标值满足小康社会标准时，取 $X_i(k) = X_0(k)$。

3. 指标关联系数

各规划指标的现状年及各个规划目标年的目标值与其所对应的全面小康社会标准的关联系数。

$$\xi_{i0}(k) = (\Delta_{\min} + \rho \Delta_{\max}) / (\Delta_{i0}(k) + \rho \Delta_{\max}) \qquad (i=1,2,\cdots,n; \ k=1,2,\cdots,m) \quad (2\text{-}2)$$

式中，$\Delta_{i0}(k) = |x_0'(k) - x_i'(k)|$，为各比较序列 $x_i(k)$ 曲线上的每一个点与参考数列 $x_0'(k)$ 曲线上的每一个点的绝对差值；$\Delta_{\min} = \min_i (\min_k |x_0'(k) - x_i'(k)|)$，为第二级最小差；$\Delta_{\max} = \max_i (\max_k |x_0'(k) - x_i'(k)|)$，为两级最大差；$\rho \in (0, \infty)$ 称为分辨系数，其作用在于提高关联系数之间的差异显著性，具体取值可视情况而定。一般 ρ 的取值区间为(0, 1)，通常取 ρ=0.5。

4. 确定指标权重

复合生态经济系统是由多种因素交织而成，各因素在系统的变化中所起的作用是不同的，其对系统的贡献大小也不尽相同。为了合理地反映各指标对生态经济发展综合水平的贡献程度，应根据各因素的重要程度分别赋予其不同的权重，以便得出科学的综合评价结果。

假设指标体系有 l 层，如果下一层对于上一层目标的重要程度不同，则一般可采用层次分析法和专家经验估算法相结合的方法，确定 l 层指标对 l–1 层相应指标的权重值 $W(l)$。在本书研究中指标体系共有 3 层（即 3 级指标，分别记为 0 级、1 级、2 级指标），采用改进了的三标度层次分析法（IAHP）和专家经验估算法相结合的方法来确定各级指标权重：利用构建的层次结构模型，请专家对各层指标进行相对重要性的两两判断比较，计算各级指标的权重值，并通过汇总各专家评价结果后，得到各评价指标的相对重要性判断矩阵，采用权重加权法，最后得到权重指数（周慧杰等，2005；周兴，2003）。

5. 关联度模型

考虑各层对上一层相应指标的重要性，进行加权逐层关联度计算，则目标序列对各子序列的加权关联度（罗上华等，2003）为

$$\gamma_{i0} = \sum_{k=1}^{m} \prod_{l=1}^{l-1} W^{(l)}(k)\xi_{i0}(k) \qquad (i=1,2,\cdots,n;\ k=1,2,\cdots,m) \qquad （2\text{-}3）$$

关联度越大，则相应阶段生态经济发展规划目标就越接近全面小康标准，生态经济发展水平也越高。在参照现有研究成果和专家咨询的基础上，拟定"低级、较低级、中级、较高、高级"5 个关联度等级来表述各阶段生态经济发展水平，对应的关联度值分别为 0～0.2、0.2～0.4、0.4～0.6、0.6～0.8、0.8～1.0。

第五节　湿热岩溶山区生态经济区划理论与方法

一、湿热岩溶山区生态经济区划理论基础

1. 自然地域分异规律

自然地域规律是指地球表层大小不等的、内部具有一定相似性的地段之间的相互分化，以及由此而产生的差异，其中，带有普遍性的区域分异现象和区域有序性就是区域分异规律（邓度等，2008）。对地域分异规律的认识，目前还没有取得一致的意见，普遍取得承认的分异规律有①因太阳辐射能按纬度分布不均而引起的热量带自南而北的纬向分异；②因距海远近不同而形成的干湿度自东而西的经向分异；③因山地随海拔高度不同而产生的自然带自低而高的垂直分异；④大地构造和大地形所引起的地域分异；⑤由地方地形地貌、地方气候、较大范围地表物质组成差异以及地下水埋深不同引起的地方性分异（刘德生，1986；伍光和等，2000）。

2. 人文地域分异理论

人文地域分异理论是指不同地区的经济社会的发展水平与类型除受自然条件的影响之外，还要受到各种人文要素的影响，从而形成具有不同特点的经济社会综合体。生态经济的发展，也受制于人文地域分异规律，区位条件、城乡关系、交通条件、人口多少，往往决定了对农产品与劳动力以及加工、流通、贸易等服务的需求。

3. 资源配置与劳动地域分异理论

区域产业的发展必须以区域资源为基础。由于各地资源禀赋的不同，各地的产业结构应该有所分工（匡耀求，1999）。随着社会生产力的发展、商品生产和交换的日益增长，资源配置力求扬长避短发挥优势，社会劳动分工越来越细，无论什么样的分工都必须立足于特定的地区进行生产，一定地区专门生产几种产品或一种产品，并与其他地区进行分工与协作，以达到发挥地区优势，提高经济效益的目的，从而形成了劳动的地域分工。通过劳动的地域分工，合理布局，充分发挥各地区的优势，使产品安排到生产条件最适宜和较适宜的地区，优化投入产出效率。劳动地域分工是社会分工的一种形式，是部门分工在空间上的表现，是生产力合理布局的重要理论依据。

劳动地域分工过程，实质上就是地区生产专门化的过程。而地区生产专门化是建立在区域优势基础上的，区域优势又是由自然、社会、经济及技术等多因素的优势所构成的。一般来讲，在劳动地域分工形成的早期，自然条件和自然资源的优势起决定作用，它使某些地区生产某种产品的成本明显低于另一些地区。但随着科学技术进步，人类改造自然环境能力的提高，降低了经济社会活动对自然条件和自然资源的依赖程度，也使劳动地域分工格局出现了新的变化。

4. 生态经济复合系统的发展阶段性

生态环境与经济社会相互制约、相互促进，促使生态经济复合系统不断演变。任何生态经济区域都有一个演变过程（许涤新，1987），并且在其发展演化的历史过程中，表现为若干个阶段。生态经济的地域差异是生态经济复合系统的空间表现形式，生态经济区域的历史阶段性特征则是生态经济复合系统的空间表现形式，生态经济区域是空间和时间的统一体。生态经济区域的历史阶段性表明，生态经济区域特征不是一成不变的，因此，反映这些运动、变化的区划也不能是一劳永逸的，必须根据区域生态经济的发展、演变进行修改、补充和完善。生态经济区域的历史阶段性是修订区划的客观依据（胡宝清等，2005）。

二、湿热岩溶山区生态经济区划方法

（一）生态经济功能区划的特点分析

1. 主要相关区划

1）主体功能区划

2006 年，国家"十一五"规划纲要明确提出推进形成区域主体功能区，促使人口、资源、环境与经济相协调发展（马凯，2006），区域主体功能区规划研究由此拉开序幕。主体功能区划是我国国土空间开发的战略性、基础性和约束性规划。目的是区分不同国土空间的主体功能，根据主体功能定位确定开发的主体内容和发展的主要任务，以推进形成人口、经济和资源环境相协调的国土空间开发格局，加快转变经济发展方式，促进经济长期平稳较快发展和社会和谐稳定，实现全面建设小康社会的目标。

主体功能区，是指根据不同区域的发展潜力和资源环境承载能力，按区域分工和协调发展的原则划分的具有某种主体功能的规划区域（陈潇潇和朱传耿，2006）。主体功能区划将我国国土空间分为以下主体功能区：按开发方式，分为优化开发区域、重点开发区域、限制开发区域和禁止开发区域；按开发内容，分为城市化地区、农产品主产区和重点生态功能区；按层级，分为国家和省级两个层面。

优化开发、重点开发、限制开发、禁止开发中的"开发"，特指大规模高强度的工业化城镇化开发。限制开发，特指限制大规模高强度的工业化、城镇化开发，而不是限制所有的开发活动。对农产品主产区，鼓励农业开发，限制大规模、高强度的工业化、城镇化开发；对重点生态功能区，限制大规模、高强度的工业化、城镇化开发，允许一定程度的能源、矿产资源开发。将一些区域确定为限制开发区域，并不是限制发展，而是为了更好地保护这类区域的农业生产力和生态产品生产力，实现科学发展。

主体功能区划主要依据下列理念。

（1）自然条件适宜性开发理念。不同的国土空间，自然条件不同。海拔很高、地形复杂、气候恶劣以及其他生态脆弱或生态功能重要的区域，并不适宜大规模高强度的工业化城镇化开发，有的区域甚至不适宜高强度的农牧业开发。否则，将对生态系统造成破坏，对提供生态产品的能力造成损害。

（2）区分主体功能的理念。一定的国土空间，虽然具有多种功能，但必有其主体功能。从提供产品的角度划分，或者以提供工业品和服务产品为主体功能，或者以提供农产品为主体功能，或者以提供生态产品为主体功能。在重要生态安全区域，提供生态产品是其主体功能，而提供农产品、服务产品以及工业品为从属功能，否则，就可能会损害生态产品的质量和生产能力。

（3）基于资源环境承载能力开发的理念。不同国土空间，其主体功能不同，集聚人口和经济的规模也就不同。生态功能区和农产品主产区由于不适宜或不应该进行大规模高强度的工业化城镇化开发，因而难以承载较多消费人口。在工业化、城镇化的过程中，部分人口、产业必然会向城市化地区转移。同时，人口和经济的过度集聚以及不合理的产业结构也会给资源环境、交通等带来难以承受的压力。因此，必须根据资源环境承载力确定可承载的人口规模、经济规模，以及适宜的产业结构。

（4）控制开发强度的理念。由于人口总量大，我国国土空间并不宽裕。即使是城市化地区，也要保持必要的耕地和绿色生态空间，在一定程度上满足当地人口对农产品和生态产品的需求。因此，各类主体功能区要有节制地开发，要保持适当的开发强度。

（5）调整空间结构的理念。空间结构的变化在一定程度上决定着经济发展方式及资源配置效率，要科学调整城市空间、农业空间和生态空间等不同类型的空间结构，提高发展质量和效率。

（6）提供生态产品的理念。人类需求既包括对农产品、工业品和服务产品的需求，也包括对清新空气、清洁水源、宜人气候等生态产品的需求。从需求角度上来说，这些自然生态也具有产品的性质。保护和扩大自然界提供生态产品能力的过程也是创造价值的过程，保护生态环境、提供生态产品的活动也是发展。

对主体功能区规划指标体系，许多学者做了探索性的研究（赵永江等，2007；陈云琳和黄勤，2006；顾朝林等，2007；张广海和李雪，2007；朱传耿等，2007；刘雨林，2007；王敏等，2008；王强等，2009）。综合现有研究成果，主要是围绕国家提出的资源环境承载能力、现有开发密度和发展潜力的框架，先把区域的资源环境承载能力、现有开发密度和发展潜力作为一级指标，再从不同角度选取相应的二级和三级指标。例如，赵永江等（2007）以河南省为例，提出主体功能区规划指标体系（表 2-2），具有一定的代表性。

表 2-2　河南省主体功能区规划指标体系

分类	主要因素	主要指标
资源环境承载力	资源丰度	人均水资源占有量、人均耕地面积、气候资源生产潜力、人均有林地面积、矿产资源的潜在价值
	环境容量	工业废水处理率、工业废渣处理率、环保经费占 GDP 比重、空气质量优良级天数
	生态环境敏感性	年灾害损失度
	生态重要性	重要生态功能区面积占区域国土面积比重
现有开发强度	土地资源开发强度	人口密度、城镇化水平、建成区面积占国土面积比重、建设用地面积占国土面积比重、交通用地面积占国土面积比重、复种指数
	水资源开发强度	水资源利用率
	环境压力	万元 GDP 耗水量、空气污染指数、污染物排放量
发展潜力	区位条件	地貌类型、中心城市影响度、道路通达度
	发展基础	第二产业占 GDP 比重、经济密度、旅游业收入、文化产业投入占 GDP 比重、人均 GDP、城镇居民人均可支配收入、农民人均纯收入、财政收入、恩格尔系数、本级科技三项费用占 GDP 比重、R&D（研究与开发经费）占 GDP 比重、重点城镇集聚度、路网密度
	发展趋势	优惠政策、偏差系数

2）人口发展功能区划

国家人口和计划生育委员会为落实关于编制全国主体功能区规划的总体要求，根据国务院领导的有关批示精神，开展人口发展功能区规划研究工作，并编制出版《人口发展功能区研究》，该书制定了《国家人口发展功能分区研究技术导则》，用于指导各地人口发展功能区划工作。搞好人口发展功能区规划，对合理引导人口分布，促进人口、资源、环境与经济社会的协调发展将产生重大而深远的影响。

根据《国家人口发展功能分区研究技术导则》，按人口发展功能区划的大体框架，将全国的国土分成不适宜、临界适宜、一般适宜、比较适宜、高度适宜地区五大区域。在此基础上，再根据人居环境适宜性、资源环境承载力与经济社会发展水平，系统评估不同区域人口发展的资源环境基础和经济社会条件，遵循自然和经济社会发展规律，统筹考虑国家战略，把全国划分为人口限制区、人口疏散区、人口稳定区、人口集聚区 4 类人口发展功能区。

根据《国家人口发展功能分区研究技术导则》，国家人口发展功能分区指标体系涉及 5 个主要指标、24 个辅助指标和 120 多个基础指标（表 2-3）。

表 2-3　人口发展功能分区指标体系

项目	主要指标	辅助指标
人居环境适宜性	人居环境指数（HEI）	地形起伏度、地被指数、气候适宜度、水文指数
水土资源承载力	土地资源承载指数（LCCI）	土地资源承载力、土地超载率、粮食盈余率、现实生产力、潜在生产力、人均粮食占有量
	水资源承载指数（WCCI）	水资源承载力、水资源超载率、水量盈余率、水资源负载指数、人均综合用水量
物质积累基础与人类发展水平	物质积累指数（HMI）	基础设施水平、交通通达水平、经济发展水平
	人类发展指数（HDI）	人口预期寿命、教育指数、生活水平
地区开发密度	—	人口密度、经济密度、城镇化水平

资料来源：《国家人口发展功能分区研究技术导则》（国家人口和计划生育委员会发展规划司，2009）

3）生态功能分区

生态区划是指在对生态系统客观认识和研究的基础上，应用生态学原理和方法，揭示出自然生态区域的相似性和差异性规律以及人类活动对生态系统干扰的规律，从而进行整合和分区（刘国华和傅伯杰，1998）。生态功能区划是根据区域生态系统类型、生态环境敏感性和生态服务功能的空间分异规律，在生态区划的基础上，将区域空间划分为不同生态功能区的过程（欧阳志云，2007）。生态功能区划的实质就是生态系统服务功能区划，其以生态系统健康为目标，针对区域自然地理环境分异性、生态系统多样性以及经济与社会发展不均衡性的现状，基于自然资源保护和可持续利用开发的思想，构建的具有空间尺度的生态系统管理框架（傅伯杰等，1999；欧阳志云和王如松，2005；燕乃玲，2007；蔡佳亮等，2010）。

我国 2002 年颁布了《生态功能区划技术暂行规程》（国务院西部地区开发领导小组办公室，国家环境保护总局，2002）对生态功能区划作了一些原则上的规定。生态功能区划的分区系统，在国家级和省级层面上分为三个层次：一级区划界着重保持区内气候特征的相似性与地貌单元的完整性，从宏观上以自然气候、地理特点划分自然生态区；二级区划界着重保持区内生态系统类型与过程的完整性以及生态服务功能类型的一致性，根据生态系统类型与生态系统服务功能类型划分生态亚区；三级区划界着重保持生态服务功能重要性、生态环境敏感性等的一致性，根据生态服务功能重要性、生态环境敏感性与生态环境问题划分生态功能区（表 2-4）。

表 2-4 生态功能分区指标体系

自然生态区	生态亚区	生态功能区
气候、地貌特征	生态系统类型、生态服务功能	生态服务功能的重要性、生态环境敏感性等

资料来源：国家《生态功能区划技术暂行规程》（国务院西部地区开发领导小组办公室，国家环境保护总局，2002）

2. 生态经济功能区划的特点

区域生态经济功能区划主要基于自然生态系统与人类经济系统功能协调发展，强调生态学基础和经济发展规律，综合考虑包括自然因素和人为因素在内的生态因子，根据区域自然、经济、社会等条件的相似性和差异性，划分不同类型、不同等级的生态经济单元（周彩霞等，2008）。其与主体功能区划、人口发展功能区划、生态功能区划相比，无论是内涵、研究目的、研究对象，还是基础理论、划分依据、研究的侧重点，它都具有自己的特点（表 2-5）。

表 2-5 主体功能区划、人口发展功能区划、生态功能区划、生态经济功能区划特征对比表

特征	主体功能区划	人口发展功能区划	生态功能区划	生态经济功能区划
内涵	基于不同区域的资源环境承载能力、现有开发强度和未来发展潜力，以是否适宜或如何进行大规模高强度工业化、城镇化开发为基准，划分主体功能的组成单元	根据人居环境适宜性、资源环境承载力与经济社会发展水平，遵循自然规律和经济社会发展规律，统筹考虑国家战略意图，划分人口发展功能组成单元	应用生态学理论，根据区域生态系统类型、生态环境敏感性和生态服务功能的空间分异规律，划分生态功能的区域组成单元（欧阳志云，2007）	依据生态-经济-社会复合系统理论，结合规划区域自然、社会、经济及人口资源的实际情况、生态系统的结构特点及资源的分布，划分生态经济功能的组成单元
研究目的	划分主体功能的组成单元	划分人口发展功能的组成单元	划分生态功能的区域组成单元	划分生态经济功能的组成单元
研究对象	国土空间	人居环境	生态系统	生态经济复合系统
划分依据	区域的资源环境承载能力、工业化、城镇化开发强度、发展潜力	人居环境适宜性、资源环境承载力、经济社会发展水平	区域生态特征、生态系统服务功能、生态敏感性	区域自然-经济-社会复合生态系统的分异规律
侧重点	国土空间合理开发	人口合理布局	生态环境保护	生态与经济协调发展

（二）湿热岩溶山区生态经济功能区划的特殊性问题分析

（1）关于划分指标筛选。湿热岩溶山区复合生态系统由于形成的自然、人文环境背景独特，明显表现出三个特性：一是岩溶地质作用发育，自然生态环境脆弱；二是处于湿热气候区，水热条件有利于植被发育，生物资源丰富；三是地处西南山区，人居环境恶劣，人地关系较为紧张（刘彦随等，2006a，2006b；袁道先等，2002）。这就要求在区划过程中，要充分考虑其特殊的环境背景因素，有针对性地筛选划分指标。

（2）关于区划的原则。任何现代生态经济地域系统，都是自身发生、演化的产物，需要从发生学的角度给予透视，即用历史的态度对待生态经济地域系统的划分与合并问题（邓度等，2008），这是发生同一性原则的要求。湿热岩溶山区复合生态系统要素多样性丰富，演变历史复杂。对此，发生同一性原则相当重要，而这恰恰是许多区划所忽视的。目前，许多区划仅仅考虑划分对象的现代特征、现代过程方面的相似与差异，甚至仅用数据指标作简单的聚类，对研究区域生态经济复合系统的时空演化过程、地域分异的影响机制缺乏研究，这对划分单元的发生同一性很难保证。本书认为黄秉维的思想是值得重视的，他认为，区划要严格遵照发生历史一致性原则的要求，采用古地理方法，查明研究区地域系统演化历史，把握研究区地域系统的特征、时空演化过程及其机制（黄秉维，1962）。

（3）关于区划的方法和途径。对大尺度的地域划分，通常采用主导标志法，运用自上而下顺序逐级划分的演绎法途径；而对小尺度的地域划分，多采用自下而上顺序逐级合并的归纳法途径（邓度等，2008）。但对岩溶山区县级小尺度区划，本书认为，可尝试使用主导标志法，运用自上而下的划分途径，原因有三个：一是湿热岩溶山区生态经济复合系统演化是受地质条件制约的岩溶生态系统，地域分异规律较为明显，相关要素地理相关关系较为明确，主导因子比较容易确定（袁道先等，2002；曹建华等，2004）；二是运用自上而下的划分方法，能够客观把握和体现生态经济复合系统分异的总体规律，能更好地把握地理的相关性和贯彻发生同一性原则；三是运用自上而下的划分方法，能较好地避免定量分析方法受村级行政单元统计数据可获得性限制的问题。

（三）湿热岩溶山区生态经济区划方法

1. 区域生态经济功能区划的一般方法

综合现有国内生态经济功能区划的研究成果，参考自然区划的方法体系（伍光和等，2000），生态经济功能区划常用的方法主要有顺序划分法、合并法、地理相关法、空间叠置法、主导标志法、景观制图法和定量分析法等，它们各有侧重，可以根据具体情况，在生态经济功能区划实践中互为补充使用。

（1）自上而下（top down）逐级划分法。

这一方法又称为顺序划分法，就是根据地域分异的地带性和非地带性规律，以区域间差异性和区内相对一致性原则为基础，同时贯彻区域共轭性原则，先划分出最高等级区域单位，然后逐级向下划分低一级的区域单位。这种方法能较好地体现地理的相关性和整体性的特点，是目前在区划中比较常使用的方法。

为了简便说明，图 2-6 给出了单列系统逐级划分简要示意图，数字表示所划分的等级。

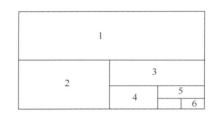

图 2-6　单列系统逐级划分简要示意图（据王建，2001 修改）

（2）自下而上（bottom up）逐级合并法。

这种方法从划分最低等级的区域单位着手，按照相对一致性和区域共轭性原则，将较低等级的区域单位依次合并成较高等级的区域单位。目前多用于小区域区划以及低级单位单元的划分。

（3）地理相关法。

此方法主要运用各种专门地图、文献及统计资料对各种生态经济要素之间的区域相互关系作相关分析后，进行区域的划分。与部门区划叠置法相配合，地理相似法可以取得比较好的效果。

（4）空间叠置法。

这种方法是综合分析原则在生态经济功能区划中的具体应用。在区划过程中，以各区划要素或各部门区划和综合区划图为基础，通过相关图件的空间叠置，以相重合的界限或平均位置作为新区划的界限。在实际应用中，空间叠置法常与地理相关法结合使用。由于地理信息系统技术的介入，空间叠置分析法的应用越来越广泛。

（5）主导标志法。

该方法是主导因素原则在生态经济功能区划中的具体应用。区划时，综合分析研究区自然、人文分异规律，确定并选取能较好反映生态经济功能地域分异的主导因子，作为分区的依据。同一等级的区域单位即按同一套标志或指标进行划分。用主导标志或指标划分区界时，通常还需用其他生态经济要素和指标作为辅助指标，对区界进行必要的订正。

（6）景观制图法。

该方法是在编制景观类型图的基础上，按照景观类型的空间分布及其组合规律，在不同尺度上划分景观区域。不同的景观区域，其生态经济要素的组合、生态过程及人类干扰程度不同，因而反映着不同的生态经济特征。

（7）定量分析法。

该方法是针对传统定性区划分析中存在的一些主观性、模糊不确定性缺陷而采用的数学分析方法和手段，如主成分分析、聚类分析、相关分析、对应分析、逐步判别分析法等。

2. 湿热岩溶山区生态经济方法

1）区划的等级系统

湿热岩溶山区生态经济区划采用自然生态经济区、生态经济亚区、生态经济功能区三级单位系统。

2）区划指标体系

根据湿热岩溶山区生态经济功能区划的特殊性，参照综合现有国内生态经济功能区划的研究成果，参考自然区划的方法体系，构建湿热岩溶山区生态经济区划的指标体系（表2-6）。

表2-6　生态经济功能分区指标体系

自然生态经济区	生态经济亚区	生态经济功能区
区域气候、地质地貌特征	区域生态经济系统类型、生态服务功能、经济社会功能	地域生态服务功能的重要性、生态环境敏感性、经济社会主导功能

不同层次的生态功能区划单位，其划分依据不同。

（1）一级区。以中国生态区划三级区为基础，结合研究区地质地貌分异特征，以及典型生态经济系统和生态经济管理的要求进行，规划中要考虑与相邻省份规划的衔接。

（2）二级区。以研究区主要生态经济系统类型和生态经济服务功能类型为依据进行划分。

（3）三级区。以生态和经济服务功能的重要性、生态经济系统的敏感性及受胁迫状况、主导产业类型和优势资源分布特征、人居功能等指标为依据。

3）各级功能分区单元命名方法

生态经济功能区单元命名是生态经济功能区划的重要步骤之一。生态经济区划的命名规则如下。

（1）一级区命名主要体现分区的地貌或气候特征，由地名+地貌特征+生态经济区构成。

（2）二级区命名主要体现分区生态经济系统的结构和生态经济服务功能特征，由地名+生态经济系统类型（生态经济系统服务功能）+生态经济亚区构成。

（3）三级区命名要体现出分区的生态与经济服务功能重要性、生态经济系统敏感性或胁迫性的特点，由地名+生态经济功能特点（或生态环境敏感性特征）+生态经济功能区构成。

第六节　湿热岩溶山区生态经济发展模式框架设计

一、区域生态经济发展模式构建的一般性理论

按商务印书馆 1997 年出版的《现代汉语词典》（修订本）解释，模式是"指某种事物的标准形式或使人可以照着做的标准样式"，可作为一种经验被模仿、推广或借鉴（侯晓丽，2007）。模式既是理论的应用，又是实践的概括，区域生态经济发展应该走模式构建之路。区域生态经济发展模式，是指区域生态经济建设过程中构建的、比较常见和稳定的，包括建设思想、方法、结构整体设计在内的相

对稳定的一种建设思路或范式（李玉田，2003）。

区域生态经济发展模式是区域生态经济和区域发展的重要研究课题。对于区域生态经济发展模式构建的一般原则、思路和方法，许多学者对其开展了深入的研究（刘彦随等，2006；王如松，2008；程序等，2004；徐勇等，2002；董锁成等，2003；郝仕龙和李志萍，2007），并从不同角度提出了不同的建设模式。

对于湿热岩溶山区生态经济发展模式，不少学者也做了较深入的研究（曹建华等，2008a，2008b；苏维词等，2002；梁彬等，2002；滕建珍等，2004），但主要是偏重于石漠化治理模式。目前，较为典型的模式有毕节模式、顶坛模式、恭城模式、平果模式、西畴模式、大关模式等（胡宝清等，2008）。这些模式的最大特点就是因地制宜、突出地方特色，生态治理与产业发展并行。这些建设模式或建设思路，对于如何构建区域生态经济特色模式颇具借鉴意义。

区域生态经济建设是一项复杂的系统工程，由于不同的区域，生态、经济和社会状况不一样，因此，不可能有完全一样的生态经济发展模式。区域生态经济发展模式的制定，需要体现因地制宜和突出特色的原则，从而探索出符合各自实际的富有成效的生态经济发展模式。

二、湿热岩溶山区生态经济发展模式的构建

（一）湿热岩溶山区生态经济模式构建的原则

生态经济模式涉及人口、资源与环境的相互关系，是 20 世纪 70 年代以来学术界关注的重要研究课题（闻大中，1985；唐建荣，2005），国内从 90 年代以来开始重视（李文华，2005；胡宝清等，2005）。在前人的研究中，取得了许多共识，这对生态经济模式的构建具有指导意义。在前人的研究成果基础上提出构建生态经济模式需要遵循的总体原则。

1. 统筹兼顾，协调发展的原则

区域生态经济复合系统是由资源、环境、经济、社会等要素组成的协同系统，为使该系统达到整体功能最优，必须坚持生态环境保护与经济社会发展"并重"

和"同步"，协调经济社会发展同资源环境之间的关系，谋求社会效益、环境效益相结合，实现经济社会发展与区域资源、环境的承载能力相协调。

2. 因地制宜，分区安排的原则

湿热岩溶山区区域自然环境和人文环境差异较大，各区情况各不相同，要根据资源禀赋、环境容量、生态状况，有针对性地构建适合各区实际的生态经济发展模式。

3. 突出特色，典型示范的原则

特色就是生命力。生态经济发展模式安排，要充分利用当地的特色资源、特色产品，构建具有区域突出特色的生态经济发展模式。同时，模式的意义还在于其本身是一种标准形式、标准样式，乃至一种范式，可在区域内同类地区进行复制和推广，并供区外相类似的地区借鉴。所以，构建生态经济发展模式时，要站在全局的高度，构建出具有典型性、示范性的模式。

4. 实用性和可操作性原则

构建的生态经济发展模式一定要能够体现区域生态建设和经济发展的实际需求，着实能更好更快地推进该区生态经济的发展，给当地人民带来更大利益。同时，制定的模式要有可操作性，确实能被落实到该区生态经济建设中。

(二)湿热岩溶山区生态经济发展模式构建的思路

前面对湿热岩溶山区生态经济复合系统分析显示，现有的经济发展方式与当地脆弱的生态环境不能很好地协调，跟周边地区比，区域优势并不是很突出，寻求生态环境与经济发展相协调的新的发展模式已是湿热岩溶山区可持续发展的当务之急。湿热岩溶山区最大的特点是生态脆弱、经济水平低，但自然资源丰富而独特。资源是区域产业发展的基础（匡耀求，1999），这刚好是湿热岩溶山区的优势。首先，湿热岩溶山区要突出自身优势，围绕特色资源做文章，培育和发挥特色资源优势，做强做大特色优势资源产业，并以特色优势资源产业带动其他产业发展，提升经济实力。其次，要把自己的劣势变为优势，加强生态建设，保护生态环境，实现资源环境一体化发展，是湿热岩溶山区实现区域可持续发展的最佳途径。因此，湿热岩溶山区生态经济发展模式应该是特色产业资源开发与环境保护一体化的发展模式。

三、湿热岩溶山区特色资源开发与环境保护一体化发展模式框架设计

（一）特色资源的含义

所谓特色（characteristic），按照语义学的解释，是指"事物所表现的独特的色彩、风格等"，是某事物显著区别于其他事物的风格、形式。代根兴（2006）认为，特色资源就是人们所认同的不同于其他个体属性的资源，其产生和发展与人类活动的需求密切相关。自然和人文资源可分为一般性资源和特色资源，其中，特色资源是指在一个区域独特的自然和人文过程中形成的，在经济领域或某个产业方向，在数量、品种、类型上达到一定规模，有较高的经济或生态价值和开发利用优势。

显然，特色资源有两方面的含义：一是资源自身的独特性，是具有一定地域性的资源；二是资源自身具有区域比较优势，其在数量、品种、类型上达到一定规模，有较高的经济或生态价值和开发利用优势。

（二）资源环境一体化内涵及研究进展

资源环境一体化是指在自然资源利用时，要从系统的角度出发，将资源与环境作为一个整体来对待，从资源开发的始端到资源利用的全过程，统筹兼顾环境保护（赵振华等，2002；宋书巧和周永章，2006）。环境问题的实质就是资源利用方式的问题（宋书巧和周永章，2003），资源环境一体化对区域可持续发展有着重要的意义。

对于资源环境一体化，前人从不同角度和不同层次上开展了一定的研究。何大伟和陈静生（2000a，2000b）借鉴国外流域管理方面的经验，从管理学角度，构想了流域水资源与水环境一体化的管理方案；赵振华等基于矿产资源可持续利

用的角度，提出建立资源环境一体化的新资源观（熊和生，2001）；赵振华等（2002）参考广东区域可持续发展研究，指出资源环境一体化对西部大开发的重要意义；王树功和周永章（2002）等基于珠江三角洲城市群发展现状、存在的环境问题及未来的发展趋势，提出了珠江三角洲城市群资源环境一体化研究框架；宋书巧和周永章（2003，2006）从自然资源与环境的关系入手，构建了资源与环境一体化体系，探讨了矿山资源环境一体化思想框架，并应用于对广西刁江流域矿山资源的开发研究；董宪军（2005）就长江三角洲地区面临的资源与环境问题，提出了长江三角洲地区资源开发与环境保护一体化的构想与对策；郑重等（2009）从区域可持续发展机制响应出发，探讨了资源环境一体化条件下京津冀产业转移的实现途径；廖继武和周永章（2012）基于资源与环境可以相互转化这一资源环境一体化理论基础，提出了海南西部资源环境一体化的发展模式与发展机制。

　　总体来说，资源环境一体化研究已从一种发展理念进入到了区域实践，但区域资源环境一体化发展模式的整体研究还比较薄弱，特别是对湿热岩溶山区这种特殊区域，还缺乏研究。如何构建湿热岩溶山区的资源开发与环境保护一体化模式，为该区资源可持续开发利用提供理论支撑和决策参考，从而促进该区资源开发与环境保护的协调发展，是一项很有意义也很紧迫的课题。

（三）湿热岩溶山区特色资源开发与环境保护一体化发展模式框架

　　根据上述分析，湿热岩溶山区生态经济发展要突出自身资源优势、改变环境劣势，要经济发展与生态环境保护同步开展，同步推进，实现资源环境一体化发展。

　　湿热岩溶山区特色资源开发与环境保护一体化发展模式包括两个层次。一是充分利用特色优势资源，培育和发展特色产业体系，推动经济社会的可持续发展和资源的可持续利用。同时，在资源开发过程中，要考虑资源开发可能带来的生态环境效应，同步做好生态环境维护措施。二是针对生态环境脆弱的现状，加强生态建设和环境保护，促使该区走上经济社会与资源环境协调发展的道路，最终实现区域可持续发展。据此，构建湿热岩溶山区特色资源开发与环境保护一体化发展模式框架如图 2-7 所示。

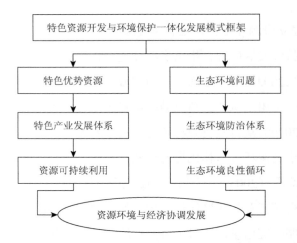

图 2-7　湿热岩溶山区特色资源开发与环境保护一体化发展模式框架

第三章 大新县生态经济复合系统演变及其动力机制分析

第一节 大新县生态经济复合系统现状特征

对研究区域的复合生态经济系统现状分析是准确把握区域复合生态经济系统的现状结构和总体特征的必要手段，复合生态经济系统现状分析是区域生态经济建设的最基础工作（卞有生，2003）。

本节的目的是，通过分析明确大新县复合生态经济系统的组成与结构特征，辨识出区域发展中的有利因素和不利因素，以及它们之间的相互作用关系，确定大新县经济社会发展存在的主要问题及产生的原因，为下一步研究打下基础。

根据第二章对复合生态经济系统结构框架的理解，本节分别分析研究区复合生态-经济系统中的自然地理、社会、经济、自然资源、生态环境 5 个子系统。

一、大新县生态经济复合系统现状分析

（一）自然地理子系统

1. 地理区位

大新县位于广西壮族自治区西南部，东经 106°39′42″～107°29′48″，北纬 22°29′45″～23°05′54″。东邻隆安县，东南、南接崇左市江州区，西南邻龙州县，西北靠靖西县，北与天等县接壤，西与越南民主共和国毗连（图3-1），国境线长为 40.40km。县城所在地距广西首府南宁 143km，全县总面积为 2742.12km²。全县从最东的西大明山到最西的逐更村，相距 90km，从最北的联山到最南的怀阳，相距 75km，东西长、南北窄。境内有 S21345 省道贯穿南北、S31654 省道贯穿东

西，交通十分便利（大新县年鉴编纂委员会，2007；杜怀静，2011）。由于地处西南部边陲，有利于发展边境贸易和口岸经济，区位优越。

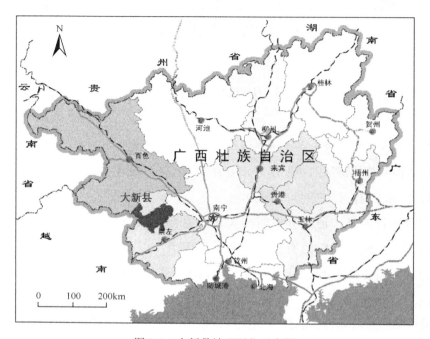

图 3-1　大新县地理区位示意图

2. 地质

1）岩石地层

大新县位于南华准地台西南部，地层发育，岩浆岩出露甚少。前人研究显示（广西壮族自治区地质局地质测量队，1976；广西壮族自治区区域地质测量队一分队，1969；广西壮族自治区水文工程地质队，1978；广西壮族自治区地质矿产局，1985；广西地质环境监测总站，2003），出露地层有寒武系、泥盆系、石炭系、二叠系和第四系（表 3-1），其中，泥盆系出露面积最广，石炭系次之。寒武系零星分布于本区东部小明山一带，北部叉弄山、黄祖因山、古雾山和西北部四成岭、岭石康、灯草岭一带也有零星分布；泥盆系和石炭系主要分布于本区南部，中部及西北部边缘也有少量出露；二叠系分布于南部边缘的浦定-公婆、荣圩-岜母岭一带；第四系零星分布于洼地、谷地中。

表 3-1 大新县地层简表*

界	系	统	组	组	组	岩性	岩性	岩性	分布
新生界	第四系	全新统				冲积砂土为主，局部为残坡积土			主要分布于桃城、全茗一带
	二叠系	下统	茅口组			厚层块状灰岩，底夹白云岩、白云质灰岩			分布于南部荣圩三合一带
			栖霞组			厚层块状灰岩，含泥质、硅质条带，下部夹少量白云岩			
	石炭系	中统	南丹组	马平组		泥晶灰岩夹生物碎屑灰岩、砾屑灰岩、白云岩	泥晶灰岩、微晶灰岩、生物碎屑灰岩、白云质灰岩		主要分布于渠宛、渠月、荣圩、榄圩一带，硕龙、桃城、全茗有零星出露
				黄龙组、马平组并层			泥晶灰岩、生物碎屑灰岩、白云质灰岩		
				黄龙组			生物碎屑灰岩、泥晶灰岩、白云质灰岩夹白云岩		
				大浦与黄龙组并层			生物碎屑灰岩、泥晶灰岩、白云岩		
				大浦组			白云岩		
		下统	鹿寨组与巴平组并层	都安组	英塘组、都安组并层	泥岩夹硅质岩、生物碎屑灰岩、砂岩	厚层块状灰岩夹白云质灰岩、白云岩	泥岩、砂岩、灰岩夹白云质灰岩、白云岩	
					英塘组			泥岩、砂岩、泥灰岩、燧石灰岩	
上古生界		上统	五指山组	融县组	东村组	中-厚层扁豆状灰岩、泥质条带灰岩		厚层灰岩、白云岩	主要分布于土湖、下雷、硕龙、五山、全茗、福隆、振兴、雷平、榄圩一带，以桂林组、融县组、东村组分布最广
			榴江组与五指山组并层		桂林组与东村组并层	薄层硅质岩、中-厚层灰岩、泥质条带灰岩	中厚层灰岩、生物碎屑岩	中-厚层灰岩、泥晶灰岩、白云岩	
			榴江组		桂林组	薄层硅质岩、硅质泥岩		中厚层泥晶灰岩、白云岩，局部夹页岩	
	泥盆系	中下统	平恩组	唐家湾组		薄-中层泥晶灰岩、泥质灰岩夹硅质岩及燧石条带、白云质灰岩	厚层状灰岩、白云质灰岩、白云岩		大面积分布于东部、北部及西部，以北流组与唐家湾组并层、黄猄山组分布最广
				北流组与唐家湾组并层			灰岩、生物碎屑灰岩、白云质灰岩、白云岩		
				北流组			灰岩、生物碎屑灰岩、白云质灰岩、白云岩		
				黄猄山组			白云岩、白云质灰岩		
			郁江组			泥质粉砂岩、细砂岩、泥岩夹泥质灰岩			
			那高岭组			泥（页）岩、泥质粉砂岩、粉砂岩夹少量灰岩			
			莲花山组、那高岭组并层			砾砂岩、泥（页）岩、砂岩、泥岩夹少量灰岩			
			莲花山组			砾砂岩、砂岩、泥岩夹少量灰岩			

续表

界	系	统	组		岩性	分布
下古生界	寒武系		三都组	黄洞口组	条带状灰岩、泥质灰岩夹砂质页岩、页岩	上段为不等粒砂岩、粉砂岩与页岩互层，下段为厚层块状含砾长石石英砂岩与页岩互层	主要分布于小明山一带，北部及土湖、下雷一带有零星出露
				小内冲组		块状砂岩、长石石英岩、页岩夹炭质页岩	

*据广西地质环境监测总站（2003）、广西壮族自治区水文工程地质队（1978）修改

寒武系和下泥盆统以及下石炭统为硅质、砂质、泥质夹灰质岩相，构成本县的土山和丘陵地貌，约占全县总面积的20%。上泥盆统和上石炭统及二叠系为灰质岩相，构成本县的岩溶峰丛、峰林和孤峰地貌，约占全县总面积的55%。第四系主要为风化土和河流冲积物，主要发育于溶蚀小平原和圆洼地、槽谷中，约占全县总面积的25%（广西壮族自治区大新县志编纂委员会，1994），是本县主要耕作区，面积较大的有雷平、桃城和全茗。

大新县碳酸盐岩分布面积广，为大新县岩溶发育奠定了地层岩性基础。

2）地质构造

大新县位于下雷-灵马向斜的西南部、西大明山背斜的西部。前人研究显示（广西壮族自治区地质局地质测量队，1976；广西壮族自治区水文工程地质队，1978；广西壮族自治区地质矿产局，1985；广西地质环境监测总站；2003），在漫长的地质历史时期，区内经历了多期构造运动的影响，其中，以加里东期、印支期和燕山期最为强烈，构成了区内以东西向为主，其次为北西向和北东向的构造形迹（图3-2）。

（1）东西向构造。

东西向构造主要包括西大明山褶皱群、西大明山背斜（①）、兰城屯-龙门断裂（7）、龙茗-龙门断裂（6）、板烟-巴兰-那岭断裂（5）（广西壮族自治区水文工程地质队，1978；广西壮族自治区地质矿产局，1985；广西地质环境监测总站，2003）。

西大明山褶皱群：它为该县最古老的东西向褶皱隆起，主要分布于大新县城北龙茗至西大明山一带以及龙茗、那岭、小明山一带，由区外延伸至区内，长为40～80km，宽为12～17km，生产于加里东期，呈东西或近东西向展布，由三组向斜和一个背斜组成，不整合于其上的泥盆纪地层残留顶盖，四周为泥盆纪地层

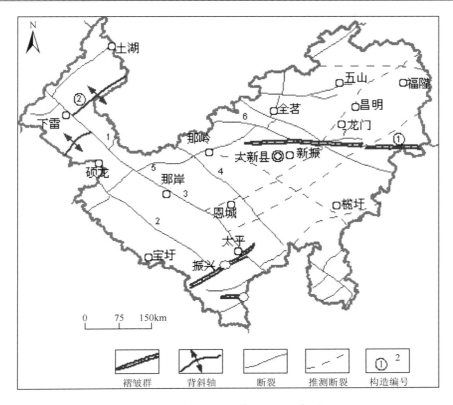

图 3-2　大新县地质构造纲要示意图

越覆，与印支期西大明山背斜重接复合。背斜两翼对称，岩层倾角为 20°～45°，次级褶皱发育。

西大明山背斜（①）：它由区外延伸至县境内，分布于大新县城西北 5km 至西大明山一带，长为 11km，宽为 4～55km，生成于印支期，东西向展布，由 $\in$、D、C 地层组成，轴部为 $\in$、D_1，两翼为 D_2、D_3，鞍部为 C_1。

兰城屯-龙门断裂（7）：它由区外延伸至县境内，分布于天等县龙茗镇南 5km 至大新县龙门乡南 4km 一带，走向为 NWW-SEE，切割 $\in$、D、C 地层，生成于印支期，局部形成地貌上普遍形成的沟谷，造成地层缺失。

龙茗-龙门断裂（6）：它由区外延伸至区内，分布于天等县龙茗-大新县龙门乡一带，走向为 NE85°，切割 $\in$、D、C_1 地层，长为 42km，生成于印支-燕山期，在小山街与东西向断裂相交，形成地垒式构造，切割北东向断裂，成反接复合。

板烟-巴兰-那岭断裂（5）：其分布于大新县北西部，长为 60～70km，为走向 NE50°～90°的弧形断裂，倾向 NW，倾角为 50°，局部被北西向断裂切割并错开。

（2）北东向构造。

北东向构造主要有下雷、四城岭背斜（②）和四城断裂（1）（广西壮族自治区水文工程地质队，1978；广西地质环境监测总站，2003）。

下雷、四城岭背斜（②）：它位于下雷、四城岭一带，长约为 60km，由 Є、D 地层组成，背斜轴向 NE56°，核部由寒武系的构造基地组成，轴部岩石倾角为 25°～50°，两翼倾角为 10°～20°。南西端被北西向的下雷-那岸-太平断裂错动 3km。

四城断裂：它位于硕龙、四城一带，长为 20km，走向 NE50°，倾向南，切割寒武系地层，与下雷、四城岭背斜轴线近似平行排列。

（3）北西向构造。

北西向构造主要分布于下雷、硕龙、太平、宝圩一带，由北西向断裂组组成。主干断裂由下雷-那岸-太平、金龙-宝圩等 4 条组成，长为 65～110km（广西壮族自治区水文工程地质队，1978；广西地质环境监测总站，2003）。

（4）新构造运动。

燕山运动以后，本区经历了喜马拉雅运动期，地壳不断上升，使本区以侵蚀、剥蚀作用为主，形成本区不同高度的若干夷平面和多层溶洞，以及河流两岸冲积层和岩溶谷地中的坡洪积层（广西壮族自治区水文工程地质队，1978；广西壮族自治区地质矿产局，1985；广西地质环境监测总站，2003）。

3. 地形地貌

大新县地处于云贵高原与广西盆地的过渡地带——斜坡地带，属桂西南岩溶山区，以岩溶石山为主。地势北高南略低，山岭连绵，石山耸立，海拔 1000m 以上山峰有 1 座，500m 以上山峰有 78 座。主要山脉有小明山山脉、西大明山山脉、四城岭山脉。境内最高海拔为北部土湖乡四城岭主峰，为 1073m，最低海拔为南部雷平镇新立村下山屯，为 139m，海拔 400m 以下的石山土岭散布全境。主要地貌类型为构造侵蚀地貌、构造溶蚀地貌、侵蚀堆积地貌，分别占全区总面积的 20%、71%和 9%（图 3-3）。其中，构造侵蚀地貌以中低山为主，南部局部为丘陵地，中低山主要分布于大新县东南部、北部边缘的小明山山脉、西大明山山脉、四城岭山脉一带；构造溶蚀地貌可分为峰丛洼、谷地和峰林谷地，峰丛洼、谷地主要分布于研究区东北部和西北部；侵蚀堆积地貌为河流阶地，主要分布于桃城、全茗两镇，在黑水河、桃城河（恩城河段）的河两岸及较大支流沿岸有零星分布（广西地质环境监测总站，2003；广西壮族自治区水文工程地质队，1978；广西壮族自治区地质矿产局，1985；广西壮族自治区大新县志编纂委员会，1989）。

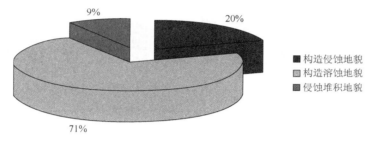

图 3-3　大新县地貌构成

4. 气候

大新县地处北回归线以南，属南亚热带季风气候区，温湿多雨的南亚热带季风气候。光照充足，热量丰富，雨量充沛，季风明显，雨热同季。常年气温高，夏长炎热多雨，冬短微寒干旱。

历年平均气温为 21.3℃，最高气温在 7 月，平均为 27.6℃（1958 年 5 月 10 日），极端最高气温为 39.8℃；最低气温在 1 月，平均为 12.9℃，极端最低气温为–2.2℃（1963 年 1 月 15 日），气温年较差为 14.7℃，每年日平均气温 20℃ 以上的日数在 209～243 天，无霜期长达 341 天（广西壮族自治区大新县志编纂委员会，1989）。

雨量分布不均匀，多集中于夏季，干湿季明显。历年平均降水量为 1362mm，除个别年份外，每年降水量都在 1000mm 以上，年平均降水日数有 161 天，雨季长，自 4 月下旬开始，到 10 月上旬结束，持续 6 个月。5～9 月雨量集中（图 3-4），占全年降水量的 74%，且降水强度大，多大雨、暴雨，年暴雨日数平均为 5 天，在暴雨影响下，沿河和低洼地区常发生涝灾；10 月至次年 3 月，降水量显著减少，仅占全年降水量的 26%。每年春、秋季节都有不同程度的干旱发生。在降水量高峰期内，常出现山体崩塌、滑坡等灾害现象。

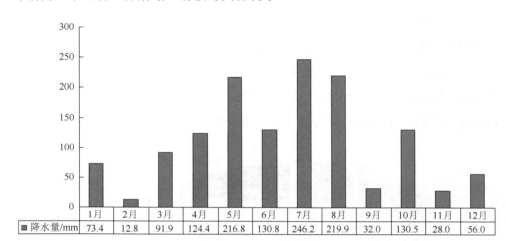

降水量/mm	1月	2月	3月	4月	5月	6月	7月	8月	9月	10月	11月	12月
	73.4	12.8	91.9	124.4	216.8	130.8	246.2	219.9	32.0	130.5	28.0	56.0

图 3-4　大新县历年降水平均量直方图

季风明显，冬半年（10月至次年 3月）多偏北风，夏半年（4～9月）多偏南风，风速一般不大，大多数一至二级，八级以上大风年均两次，多出现在 4～8月，均为短时雷雨大风，其次为 11～12月强冷空气入侵时的偏北大风。

湿度较大，多年平均相对湿度为 79%，6～9月，湿度最大，月平均相对湿度为 81%～83%，1～2月最小，月平均相对湿度为 76%～77%。

本县地处低纬，近海，空气中水汽含量大，故云量较多，年平均总云量七点七成，日平均八成以上的日数年平均 209天，晴天年平均 27天。

年平均日照总时数为 1597h，占可照时数的 36%，以 2月为最少，仅 66h，平均每日约为 2h，占可照时数的 21%，以后逐月递增，7月、8月、9月为最多，每月为 200h 左右，占可照时数的 47%～53%，每天有 6h 以上的日照，以后又按月递减至 2月为止。早春日照不足，个别年份甚至连月不见阳光，影响农作物的生长。

农作物可一年两熟，双季稻地区甚至三熟，有利于发展南亚热带综合农业。

主要灾害天气。2～3月早稻播种育秧期间的低温阴雨烂秧天气；秋季晚稻抽穗扬花期内的寒露风；隆冬季节的寒潮低温霜冻天气；春秋季节的干旱；盛夏期内的洪涝；春末夏初期间的冰雹大风等。

5. 水文

大新县水系属西江水系，境内河流纵横，支流繁多。地表主干河流有黑水河、怀阳河和平良河，分属左江和右江流域。河网密度为 0.17km/km²，河流年径流量为 1.9×10⁸m³。地表水注入左江的有黑水河、怀阳河，集雨面积为 5422km²；注入右江的有平良河，县境内集雨面积为 195km²（广西壮族自治区大新县志编纂委员会，1989）。

黑水河为境内最大最长的河流，其一级支流有下雷河、桃城河、明仕河、榄圩河；二级支流有三湖河、龙门河、上湖河、谨汤河、先明河。

地表水系空间分布不均，中部和南部为黑水河下游流域，河流网密度最大，东北端为右江流域，以地下河为主，地表河系欠发育。

全县地下河发育，泉眼甚多，地下水丰富。地下河有 12 条，其中枯水期流量 50L/s 以上的有 9 条；主要的地下取水点有 559 处。

6. 植被

大新县属北热带季节性雨林植被区，植被较为发育，类型多样。地带性植被为北热带季节性雨林，在石山为石灰岩季节性雨林。由于人为破坏，原生植被极少。北热带季节性雨林在西大明山自然保护区和下雷自然保护区内有分布；石灰岩季节性雨林在下雷自然保护区和恩城自然保护区内有分布。在海拔 800～1000m，有山地季风常绿阔叶林分布。

大新县植被主要由森林、草丛类和农作物构成。2008 年，土地利用变更数据显示，全县森林面积为 79 532.2hm²（包括有林地为 29 419.1hm²、灌木林为 50 113.1hm²），森林覆盖率为 29%，其中林木覆盖率为 10.73%。在有林地中，针叶林占 26.03%，阔叶林占 65.93%，针阔混交林占 4.81%，竹林占 3.23%（广西大新县林业局，1999；广西林业勘测设计院，2000）。

全县森林植被以天然阔叶树为优势，多为次生林。人工用材林以马尾松林、杉木林、桉树林、竹林为主，人工经济林以油茶、油桐、八角、玉桂、苦丁茶、龙眼、荔枝、柑橙为主。在土山，以人工马尾松林、杉木林为主；在广大的石山，主要为灌丛或灌草丛。

大新县植被地域分布不均，现有森林主要分布在福隆、下雷、小明山、上湖等地区。

7. 土壤

根据 1983 年的土壤普查，全县土壤有 6 个土类，20 个亚类，45 个土属，127 个土种（变种）。主要土壤种类有水稻土、赤红壤、红壤、黄壤、石灰土等（广西壮族自治区大新县志编纂委员会，1989）。赤红壤分布于海拔 300m 以下的丘陵台地，全县范围内均有分布；红壤分布于 600m 以下的低山或中山中下部及丘陵地；黄红壤分布在海拔 700m 以上，是由红壤过渡到黄壤的中间类型，这一海拔带也可见到黄壤零星分布，但黄壤多分布在海拔 800～973m 的西北部和小明山。各种石灰土广泛分布于全县岩溶地区。

8. 自然地理子系统总体特征

大新县位于广西西南部边陲，利于发展边境贸易和口岸经济的建设。南亚热带温湿多雨的季风气候，气候温暖，光照充足，热量丰富，雨量充沛，利于生物生长。地表、地下河系发育，但地表水系空间分布不均，东北部因地表河系欠发育而干旱。岩溶地貌面积过大，生态环境脆弱，水土流失严重。由于雨量多集中于夏季，干湿季分明，旱灾、洪涝灾和地质灾害频繁。

（二）社会子系统

1. 历史沿革

大新县历史悠久，建置沿革源远流长。资料显示（广西壮族自治区大新县志编纂委员会，1989），在新石器时代早期的 4500 多年前，就有人类在这里活动。骆越是大新壮族的祖先。在西周至战国时代已接受中原文化的影响。大新是土司统治时间较长，制度比较完整的地区。秦汉时期属桂（林）所辖。唐朝设万承、波州、思城等羁縻州，隶属桂州都督府。宋朝沿袭唐朝设养利、万承、思城、波州等羁縻州。此种建制历经元、明、清三朝，直至民国。土司制度瓦解，建制方面有所改变。旧中国设万承、养利、雷平三个县。新中国成立后，万承、养利、雷平合为大新县。

2. 行政区划

2008 年，大新县下辖桃城镇、雷平镇、下雷镇、硕龙镇、全茗镇 5 个镇，那岭乡、五山乡、福隆乡、昌明乡、龙门乡、榄圩乡、恩城乡、堪圩乡、宝圩乡 9 个乡，146 个村委会，8 个居委会（大新县统计局，2008）。县人民政府驻桃城镇。

3. 人口与民族

2008 年，大新县总人口为 37.08 万人，人口密度为 135 人/km^2，其中农业人口为 32.26 万人，非农业人口为 4.82 万人，城镇化水平为 12.99%（大新县统计局，2008）。

该县的民族主要是壮族，人数占全县总人口的 97.2%。此外，还有汉、苗、瑶、侗、回、京、水家、仫佬、彝等民族分布。

4. 交通

大新县地处西南边境，不通铁路，缺水运，主要对外交通联系是公路，最近的铁路站为东南方向的崇左站，最近的空港为自治区首府南宁机场。

经过大新县县城的公路有省道古靖线和德板线，这两条公路是云南省和百色市部分县市出海的必经之路，也是通往德天瀑布等旅游景点的重要通道。

全县公路总里程为 752.08km，公路密度为 27.57km/km^2。其中，二级公路里程为 98.77km，三级公路里程为 126.93km，四级公路里程为 369.39km，等外路里程为 156.99km。全县 14 个乡（镇）已全部通上油路，146 个行政村（包括社区）中已通汽车 144 个，占 98.6%（大新县年鉴编纂委员会，2007）。

5. 文化、体育与卫生

文化体育基础设施较为完备。县、乡（镇）均有文化局（馆）、图书馆等文化机构，县城还有电影院、文化广场、体育场等，群众性的文化体育活动广泛开展。

全县有业余体校 1 所、田径运动场 7 个、游泳池 2 个、篮球场 58 个。

县、乡、村三级医疗卫生保健网络较为完善。2008 年，全县共有医院和卫生院 26 所，病床 458 张，国家卫生技术人员 598 人，其中医生 389 人。全部乡镇卫生院达到国家卫生院建设标准，通过等级卫生院验收。此外，全县 146 个行政村都已建立了合作医疗卫生所，群众的医疗条件得到了改善（大新县统计局，2008；广西壮族自治区统计局，2009）。

6. 教育与科技

教育方面，全县有普通高中 1 所、完全中学 1 所、中等职业技术学校 1 所、初级中学 17 所、中心小学 19 所、村完小 129 所。全县有普通高中在校生 3713 人、职业高中在校生 1128 人、初中在校生 7697 人、小学在校生 20 689 人。学龄儿童入学率 99.98%（大新县统计局，2008）。

科技方面，全县有各类专业技术人员 500 多名，其中，高级职称的有 90 多名。近年大力推广水稻抛秧、病虫害防治、低产田改造、水果生产、网箱养鱼、大棚种植、苦丁茶高产栽培、丰产林、沼气等技术，实施粮食增产"星火计划"，大力推进科技与经济结合，"养猪-沼气-种果"三位一体的生态农业发展模式已初步形成，科技进步对工农业贡献率达 40%，有力地推动了经济的发展。

7. 通信与广播电视

全县 14 个乡（镇）全部开通程控电话和移动电话，且 90%以上行政村开通程控电话。2008 年，全县移动电话用户 89 677 户，每百人拥有 24 部；固定电话用户 36 332 户，每百人拥有 9.8 部；接入国际互联网计算机 50 021 台，每百人拥有 13.5 台（大新县统计局，2008；广西壮族自治区统计局，2009）。

8. 城镇发展

2008 年，大新县有建制镇 5 个，其中县城建成区面积 5.22km²，县城内有朝阳小区（老干区）、新北小区、边贸开发区、二级公路商住区和桃源小区 5 个开发区。

实地调研结果显示，近年来，县城基础设施建设得到大大加强。城市道路硬化率为 96%，新建菜园路、新城路、文明路、桃园路、德天大道等；新建菜市场一座；主要干道设置永久性垃圾箱，生活垃圾清运率为 100%；有大批绿化种树和草地，绿化覆盖率为 13.43%，人均绿地为 11m^2；主要街道安装街景亮化灯；积极推广清洁能源，减少污染排放，县城气化率达 98%。

县城住宅建设发展较快，先后开发了朝阳小区、桃源小区、新北小区等居民住宅小区。城镇新建住宅小区更加注重环境、功能和质量。雷平镇、下雷镇、硕龙镇、全茗镇等城镇的基础设施也得到了明显加强。

9. 村庄建设

到 2008 年，全县农村人均住房面积为 31.5m^2，累计完成改厕所 42 483 座，占全县农村总户数的 64.53%；全县农村饮用水卫生合格率达 70%；已建有沼气池的农户有 4.41 万户，占全县农村总户数的 67%（大新县统计局，2008；广西壮族自治区统计局，2009）。

全县已建立了 18 个治区级和市级生态文明村。生态文明村的建设，对进一步搞好城乡生态环境建设，提高城乡的文明程度，实现环境与经济协调发展具有十分重要的意义。

10. 社会子系统总体特征

大新县历史悠久，文化源远流长。作为壮族聚居地，有丰富的少数民族文化。文化体育事业取得了长足的发展，县、乡（镇）、村三级医疗卫生保健网络日臻完善。教育事业蓬勃发展，通信与广播电视网络普及得到很大的提高。县城基础设施建设得到大大加强，农村住房条件逐年得到改善。但城镇化水平低，科技人才不足，人口的文化素质仍处于较低的水平；交通建设有待加强，生态环境保护意识有待提高。

（三）经济子系统

改革开放以来的 30 余年来，全县国内生产总值年均增长 9.94%，其中，第一产业年均增长 8.24%，第二产业年均增长 12.62%，第三产业年均增长 10.41%，第一、第二、第三产业比例趋于合理（广西壮族自治区大新县志编纂委员会，1989；广西壮族自治区统计局，1986-2009）。

2008 年，全县国内生产总值为 43.6 亿元，其中第一、第二、第三产业所占比例分别为 26.29%、46.71%、27%，人均国民生产总值为 13 028 元。财政收入为 5.04 亿元，人均财政收入为 1365 元。农民人均纯收入为 3867 元，城镇居民人均可支配收入为 13 241 元（大新县统计局，2008；广西壮族自治区统计局，2009）。

1. 农业

大新县农业以种植业为主，主要种植水稻、玉米、黄豆等粮食作物，甘蔗、花生、药材、水果、苦丁茶等经济作物，是广西主要的糖蔗、龙眼生产基地之一。2008 年，农林牧副渔总产值为 18.87 亿元，其中，种植业、林业、牧业、渔业、农林牧渔服务业产值分别占 89.90%、1.83%、0.04%、4.69%、3.54%。全县粮食种植面积为 24 776hm^2，粮食总产量为 99 374t；甘蔗种植面积为 28 051hm^2，甘蔗产量达到 245.73×10^{4}t；苦丁茶种植面积为 1460hm^2，苦丁茶产量达到 1316t；肉类总产量 26 447t；水产品总产量 7225t（大新县统计局，2008）。

2. 工业

目前大新县工业以冶金、制糖、电力、食品、化工、建材、轻化等为主。2008 年，全县工业总产值 19.05 亿元，以制糖、矿产、水泥、水电、农林产品加工等为主。其中，制糖业产糖为 25×10^{4}t，水泥产量为 7.13×10^{4}t，铁合金产量为 23.33×10^{4}t，锰矿石成品矿产量产量为 30.94×10^{4}t，水力发电量为 18 899×10^{4}kW·h（大新县统计局，2008）。

3. 旅游业

大新县把旅游业作为一大支柱产业来抓，加快了德天瀑布等景点的开发和建设，加大宣传力度，使旅游景点在国内外的知名度得到较大提高。旅游业的发展带动了第三产业的发展，全县第三产业增加值达 11.77 亿元（大新县统计局，2008）。

4. 经济子系统总体分析

改革开放以来，工业经济保持强劲增长势头，目前已形成了冶金、制糖、电力、食品、化工、建材、轻化七大行业，乡镇企业异军突起；大新县农业以种植业为主，主要种植玉米、水稻等粮食作物，以及甘蔗、花生、药材、水果、苦丁茶等经济作物。农业和农村经济得到较快发展，成为广西主要的糖蔗、龙眼生产基地之一；加快了德天瀑布等景点的开发和建设，旅游景点在国内外的知名度得到较大提高。国民经济和社会各项事业取得了明显进步。但总体上看，经济总量偏低，产业结构不够合理；农业内部结构不够合理，农民人均收入低；土地生产力较低；资金缺乏。

（四）自然资源子系统

1. 土地资源

根据大新县 2008 年土地利用现状变更资料，2008 年大新县土地总面积为 274 213.12hm²。利用现状如下。

耕地面积为 68 973.53hm²，占土地总面积的 25.10%，其中，水田面积为 19 684.48hm²，占耕地总面积的 28.54%，旱地面积为 49 289.05hm²，占耕地总面积的 71.46%。水田主要分布在水利条件较好、水资源较丰富的雷平、桃城、全茗、恩城、龙门、榄圩、堪圩、宝圩等乡（镇）；旱地主要分布在桃城、全茗、雷平、榄圩、福隆、昌明、五山等乡（镇）。全县人均耕地为 0.186hm²，耕地相对集中分布于中部和南部地区，中部和南部的耕地占耕地总面积的 78%。水田主要分布在中南部，西部较少。

园地面积为 9795.08hm²，占土地总面积的 3.57%。园地主要分布在海拔为 250m 以下的丘陵及山坡、村庄四周。现有园地集中在榄圩乡、恩城乡、全茗镇、桃城镇、雷平镇、下雷镇以及桃城华侨农场。

林地面积为 137 655.7hm²，占土地总面积的 50.1%，其中，有林地为 40 648.3hm²、灌木林为 95 923.8hm²，其他林地为 1083.6hm²。有林地主要分布在下雷、榄圩、福隆、龙门、全茗、昌明、那岭、桃城、土湖等乡（镇）；灌木林主要分布在那岭、榄圩、硕龙、下雷等乡（镇）。

草地面积为 7903.11hm^2，占土地总面积的 2.88%。草地主要分布在下雷、榄圩、雷平、那岭等乡（镇）。

城镇村及工矿用地面积为 5458.34hm^2，占土地总面积的 1.99%，其中，城镇用地为 869.25hm^2、农村居民点用地为 3847.83hm^2、独立工矿用地为 691.24hm^2、特殊用地为 50.05hm^2。城镇用地分布在桃城镇、雷平镇、硕龙镇、下雷镇；独立工矿主要分布在全茗、五山、雷平、下雷、土湖等乡（镇）；农村居民点主要分布在沿河、沿公路边和水源充分、交通便利的地方。

交通运输用地为 2917.34hm^2，占土地总面积的 1.06%，其中，公路用地为 613.20hm^2，农村道路用地为 2304.14hm^2。交通用地分布较为均匀。

水域及水利设施用地面积为 5143.44hm^2，占土地总面积的 1.87%，其中，河流水面为 2102.91hm^2、水库水面为 540.08hm^2、坑塘水面为 1481.13hm^2、沟渠为 956.52hm^2、水工建筑用地为 45.34hm^2。其中，河流水面主要分布在桃城、全茗、恩城、榄圩、宝圩、堪圩、硕龙等乡（镇）；水库水面主要分布在全茗、龙门、雷平等乡（镇）；坑塘水面主要分布在桃城、龙门、那岭、榄圩、雷平、宝圩、堪圩等乡（镇）。

其他土地面积为 36 903.48hm^2，占土地总面积的 13.43%。其中，裸地面积为 33 783.23hm^2、田坎面积为 3101.56hm^2。裸地主要分布在桃城、全茗、龙门、五山、昌明、那岭、榄圩、雷平、宝圩、土湖等乡（镇）。

2. 矿产资源

大新县矿产资源较为丰富，共有 28 个矿种，其中，黑色金属有锰、铁、钒；有色金属有铅、锌、钼、铋、汞、锑；贵重金属有金、银；稀土金属有独居石；稀有金属有锗、镓、镉；放射性元素矿产有铀；冶金辅助原料有白云石、石灰石；燃料矿产有煤；化工原料非金属矿产有磷、黄铁矿、重晶石；建筑材料及其他非金属矿产有水泥原料（石灰石、黏土）、高岭土、大理石、河沙、压电水晶、熔炼水晶、冰洲石、方解石（大新县国土资源局，2004；广西壮族自治区大新县志编纂委员会，1989）。

大新县矿产资源储量大，以锰矿、铅锌矿、铀矿、铜矿、红锑矿为主，其中，锰矿资源储量 1.35×10^{8}t，居全国首位，占全国锰矿资源总储量的四分之一，主要分布于下雷、土湖两个矿区。

全县已开发利用的矿种有锰、铅、锌、铁、磷、煤、石灰石、白云石、黏土、水晶、重晶石 11 种，占现有矿种数的 39.2%。大新县矿产资源的开发利用矿种较为集中，开采矿种主要有锰、铅、锌、重晶石、水泥用灰岩、建筑用灰岩。2007年，全县在册各类矿山共 48 座，其中大型矿山 1 座，中型矿山 3 座，小型及零星分散矿山 44 座。开采矿种主要有锰、水泥用石灰石、建材用石灰石、建材用方解石。其中，锰矿山 8 座，水泥用石灰石矿山 1 座，建材用石灰石矿山 36 座，建材用方解石矿山 3 座。2008 年全县各类矿产品加工企业 87 家，其中年产值超过 1000万元的有 15 家，超 500 万元的有 13 家。

全县矿品加工业主要有锰矿冶炼加工业（主要产品为碳素锰铁、硅锰合金、中低碳锰铁）、化工矿产品加工业（主要产品为普通钙镁磷肥、电解二氧化锰、硫酸锰）、锰矿加工业（主要产品为电池锰粉、化工锰粉）、建材非金属矿产加工业（主要产品为水泥、砖、石料）。这些矿产品加工业中，锰系列产品加工业发展很快，尤其是冶炼加工业发展迅猛，锰的冶炼加工和锰盐产品的研制开发已经成为开发的重点项目。建材行业的水泥生产规模小，砖、石料已形成较大规模的生产能力，取得了一定的经济效益和社会效益。2008 年，全县实际产矿量为 88.36 万 t，矿业总产值为 258 385.37 万元，占工业总产值的 65%。其中，锰矿冶炼加工业产量为 39 218t，产值为 22 537.6 万元；化工矿产品加工业产量为 11 469t，产值为 453.7万元；锰矿加工业产量为 44 227t，产值为 74 301.36 万元。

3. 水资源

大新县水资源总量为 $21.381 \times 10^8 m^3$，其中，地表水总量为 $13.075 \times 10^8 m^3$，地下水总量为 $8.306 \times 10^8 m^3$，全县可开发的水资源达 $16.86 \times 10^8 m^3$。水能资源蕴藏量为 $26 \times 10^4 kW$（广西壮族自治区大新县志编纂委员会，1989），已建有水电站46 座，总装机容量为 $4.1 \times 10^4 kW$，年发电量为 $14 431.83 \times 10^4 kW \cdot h$。

1）地表水

（1）河流。

本县有黑水河、归春河、景阳河、下雷河、明仕河、桃城河、平良河、那岭河、榄圩河、怀阳河、龙门河 11 条河流（分 43 条支流），总长有 453km²。河流年径流量为 $20.91 \times 10^8 m^3$，集雨面积为 5157km²，多年平均径流量为 $2.91 \times 10^8 m^3$，蕴能为 $26 \times 10^4 kW$。主要河流如下（表 3-2）。

表 3-2　大新县主要河流一览表

名称	流经本县乡（镇）	集雨面积/km²	河流长度/km	多年平均径流量/亿 m³	蕴能/kW
黑水河	硕龙、那岭、恩城、雷平	1 820	46	9.34	76 781
归春河	靖圩、硕龙	53	19	0.41	142 369
景阳河	宝圩、堪圩	147	34	0.44	1 116
下雷河	下雷、硕龙	412	53	2.18	11 074
明仕河	宝圩、堪圩、雷平	341	44	1.85	2 589
桃城河	全茗、桃城、恩城	1 131	64	3.01	12 508
平良河	龙门、昌明、福隆、隆安	197	30	0.65	2 999
那岭河	那岭、桃城	116	20	0.44	2 295
榄圩河	榄圩	457	72	1.36	4 479
怀阳河	雷平	72	22	0.37	906
龙门河	五山、昌明、龙门、桃城	411	49	0.86	3 307
合计		5 157	453	20.91	260 423

资料来源：广西壮族自治区大新县志编纂委员会，1989

黑水河。其是本县最大的河流，发源于靖西县新圩乡枯庞村，流入越南后，又转回我国国境线上的硕龙镇德天屯流入归春河，至念底屯与下雷河汇成黑水河，向东流经那岸、安平等地，至格强屯与利江汇合，经雷平镇新建屯出县境，到江州区内注入左江，流经本县境的河段长为 46km，流域面积（县境内）为 2486.15km²。年平均流量为 83.7m³/s。黑水河水流湍急，形成许多天然瀑布和落差点，那岸、中军潭等主要水电站和跃进渠道、那岸渠道等主要水利工程都建在沿河两岸，灌溉农田 2670 多公顷。

归春河。其从硕龙镇德天屯流至念底屯，全长为 19km，从德天屯至硕龙街头一段是中国和越南两国的天然国界。归春河流经的村屯有德天、六邓、隘屯、那涯、陇宏、骨屯、硕龙街、仁屯、米屯，沙屯，念底。年平均流量为 62.02m³/s。跃进渠改道工程就是把归春河水从本县境内引入的。

下雷河。其发源于靖西县武平乡，向东南流入本县境，经下雷、巷口到念底屯与归春河汇合流入黑水河，全长为53km，建有下雷水电站。下雷河流经布东、那岸、那贯、百当、那钦、那端、百所等25个村屯。

桃城河。其发源于天等县龙茗镇苗村，从龙桥村流入本县境，经全茗镇龙轻屯流至桃城镇与龙门河汇合，经万礼村农沙屯、恩城乡新圩村格强屯注入黑水河，全长为64km，年平均流量为17.25m³/s。桃城河流经凛马、龙轻、布江、那下、布土、陇怀、逐民等47个村屯。

龙门河。其发源于龙门乡六愧屯和五山乡古雾岭下两处，向西南流经龙门、武安、宝新等地，至县壮校与桃城河汇合，全长为49km，年平均流量为3m³/s。龙门河流经六愧、潭巴、上路、下路、龙门街、或屯、那贯等24个村屯。

榄圩河。其源头有二：一叫先力水，发源于武羌村的丛山间，流经先明到榄圩街与德立水汇合；二叫德立水，发源于桃城镇德立村的那造山间，流经德立、那么、苗屯，与先力水汇合后向东南流经新排、仁合村出县境，在江州区注入黑水河。全长为72km。榄圩河流经屯里、中羌、下羌、练圩、那岩、小偶等25个村屯。枯水期河水常断流。

明仕河。其发源于越南境内，从念斗屯流入国境，向东南流经本县的谨汤、明仕、堪圩、芦山和雷平镇的科度屯对面与黑水河汇合，全长为44km。

平良河。其发源于西大明山北麓的龙门乡西掌屯。流经营旺、平良出县境，在隆安县境内注入右江，县境内长为30km，集雨面积为197km²，平均流量为1.30m³/s，落差为237m，水能蕴藏量为2999kW，可供开发的为248kW。

（2）山塘。

实地调研资料显示，全县有山塘195处，有效库容为599.56×10⁴m³，有效灌溉面积为1413.3hm²。

（3）水库。

全县有中小型水库15座，有效库容为3701×10⁴m³，有效灌溉面积为2066.6hm²，其中，有中型水库1座、小型水库14座。

实地调研资料显示，中型水库为乔苗水库，分布于全茗乡，有效库容为2049×10⁴m³，有效灌溉面积为933.3hm²。

小型水库包括义干水库（全茗乡）、那当水库（全茗乡）、那礼水库（那岭乡）、派盘水库（桃城镇）、侬门水库（龙门乡）、新华水库（桃城镇）、律况水库（昌明乡）、上先水库（昌明乡）、派林水库（龙门乡）、龙潭水库（龙门乡）、宝山水库（龙门乡）、共和水库（雷平镇）、邑贴水库（雷平镇）、怀阳水库（雷平镇），有效库容为 $1652.2 \times 10^4 m^3$，有效灌溉面积为 $1133.3 hm^2$。

2）地下水

全县地下河有 12 条。其中，枯水期流量 50L/s 以上的有 9 条；主要的地下水点有 559 处，其中做了评价的出露水点有 201 处，枯水期流量为 $5.65 m^3/s$，平水期流量为 $26.34 m^3/s$，富水地段有 3 个，总补给面积为 $1042 km^2$；其他未测点 358 处，水利潜力相当大，是山区旱季的重要水源（广西壮族自治区大新县志编纂委员会，1989）。

总体上看，大新县水资源较为丰富，但时空分布不均，地表水资源主要分布于黑水河流域，东北部少水干旱。

4. 生物资源

大新县生物资源丰富，包括植物资源和动物资源（表 3-3）。列入国家保护的珍贵植物有砚木、金花茶；有国家一级保护动物黑叶猴、二级保护动物冠斑犀鸟，以及珍贵动物白猴、白猿等 30 多种。农、林、副、土特产品有苦丁茶、桂圆肉、桂圆酒、芋头药酒、蛤蚧、八角、玉桂、木棉花、木薯、杉、竹、金钱草、金银花、砚木砧板等；主要农产品有大米、玉米、大豆、红薯、花生等（广西壮族自治区大新县志编纂委员会，1989）。

表 3-3　大新县生物资源一览表

名称	类型	主要生物
植物资源	用材植物	松、杉、香椿、任豆树、苦楝、蚬木、金丝李、桉类、栎类、栲类、竹类等
	淀粉植物	玉米、水稻、黄豆、绿豆、红薯、高粱、荞麦、小麦、木薯、芋头等
	油料植物	花生、油桐、油茶等
	糖料植物	甘蔗
	纤维植物	黄麻、红麻、苎麻、棉花、构树等
	药用植物	金银花、金钱草、土茯苓、使君子、鸡骨草、砂仁等

名称	类型	主要生物
植物资源	香料植物	八角、玉桂等
	饮料植物	茶叶、苦丁茶等
	水果植物	龙眼、荔枝、柑、橙、柚、木菠萝、沙梨、桃、李、鸡皮果、黄皮果、人面果等
动物资源	兽类	灵猫、野猫、金猫、云豹、狐狸、山猪、豹、熊、黑叶猴、猕猴、全白叶猴、熊猴、短尾猴等
	鸟类	山鸡、水鸡、鹧鸪、麻雀、大山雀、针尾沙雉、白面鸡、红毛鸡、乌鸦、白颈乌鸦、斑鸠、冠斑犀鸟、原鸡、白鹇、鹰、大雁等
	爬行类	穿山甲、蟒、山万蛇、吹风蛇、金环蛇、银环蛇、白花蛇、水律蛇、蝻蚺、山瑞、乌龟、三线闭壳龟等
	水产类	水鱼、鲤鱼、鲢鱼、鲮鱼、鲫鱼、鲶鱼、青竹鱼、斑鱼、草鱼、岩鲮、盍鲇、桂华鲮、黄鳝、白鳝、鳙鱼、鳜鱼、胡子鲶、刺鳅、泥鳅等

资料来源：广西壮族自治区大新县志编纂委员会，1989

全县森林活立木总蓄积面积为 $177.2×10^4m^3$，其中，林分蓄积面积为 $174.2×10^4m^3$，占 98.3%；疏林蓄积为 $1.7×10^4m^3$，占 1.0%；散生木和四旁树蓄积为 $1.3×10^4m^3$，占 0.7%。

用材林以松树、阔叶树、杉树为主，马尾松占的比重大，经济林以油茶、油桐、八角、玉桂、苦丁茶、龙眼、荔枝、柑橙等为主（广西林业勘测设计院，2000；广西大新县林业局，1999）。

5. 旅游资源

大新县石山遍布，岩洞较多，钟乳石千姿百态，形象各异；山泉喷涌，流水清澈，银瀑飞泻，景色迷人；加上气候温和，四季草木葱茏。境内旅游景点众多，山水可与桂林媲美，有小桂林之称，境内共有 42 个景点，其中，国家特级景点 1 个，国家一级景点 6 个，国家二级量点 15 个，国家三级景点 20 个。主要自然景观有德天瀑布、明仕田园风光、龙宫仙境、黑水河风光、沙屯多级瀑布、乔苗平湖和恩城山水等。国家特级景点、世界第二跨国大瀑布——德天瀑布位于硕龙镇归春河上游，在中越边境交界处，与越南板约瀑布连为一体，宽为 120m，高为 50m，纵深为 60m，气势磅礴，雄伟壮观（广西南宁地区环境科学研究所，2001；广西林业勘测设计院，2001）；明仕田园有"山水画廊"和"隐者之居"的美誉，2004 年入选庆祝中华人民共和国成立 55 周年中国特种邮票《祖国边陲风光》、《桂南喀斯特地貌》主图,并曾作为《酒是故乡醇》、《牛郎织女》、《本草药王》、《欢乐桑田》等香港电视剧的影视拍摄基地。人文景观主要有民族风情上甲短衣壮、银盘山古炮台、有养利古城、古代崖洞葬、龙门石刻等。

6. 自然资源子系统总体特征

大新县自然资源丰富,锰矿资源储量居全国首位,占全国锰矿资源总储量的四分之一。旅游资源奇特,拥有广西旅游的"第三张名片"——国家特级景点德天瀑布和素有"小桂林"之称的明仕山水田园等景点。列入国家保护的珍贵植物有砚木、金花茶;列入国家保护的野生动物有黑叶猴、冠斑犀鸟、全白叶猴、果子狸、穿山甲、水鱼、蛤蚧等。地方名优植物资源有桂圆、苦丁茶、八角、玉桂、木棉、木薯、杉、松、金钱草、金银花等。地表水多属径流河,落差大,水电资源较为丰富。但是,森林资源总量不足,森林蓄积量低;地表水资源时空分布不均,主要分布于黑水河流域,东北部少水干旱。

(五)生态环境子系统

1. 环境现状

污染源现状。大新县的污染源主要有采选矿业、矿品加工业、蔗糖工业、造纸工业、水泥工业、城镇生活污水与垃圾、农药等。

1)水污染源

县内水污染主要来自工业废水和生活废水的污染。2008 年,全县污水排放总量为 1154.66×10^4t,其中工业废水排放量为 840.66×10^4t,生活污水排放量为 314.00×10^4t,这些废水是对地面水造成污染的重要因素。废水排放主要在桃城镇、雷平镇和下雷镇。

2)大气污染源

县内大气污染主要来自工业废气、生产生活用煤、机动车辆排放的尾气等。2008 年,全县废气排放量达 $624\,035 \times 10^4$m³,其中,二氧化硫排放量为 711t,烟尘排放量为 690t,工业粉尘排放量为 1117t。废气排放主要在桃城镇、雷平镇和下雷镇。

3）固体废弃物

县内固体废弃物主要为工业固体废弃物和城区生活垃圾。全县工业固废年排放量达 3850t，城区生活垃圾为 3350t。固体废弃物排放主要在雷平镇和下雷镇。

另外，农业和农村废物利用率不高，利用方式也不够科学。农村畜禽粪便要么直接还田，要么任意排放，秸秆大多燃烧后还田，影响环境。

4）噪声污染源

县内噪声污染主要来自于交通工具、建筑工地施工、工厂加工机械设备和生活噪声等。

5）农业面源污染

2008 年，全县化肥使用量（实物量）为 109 186t，农药使用量（实物量）为 326t（大新县统计局，2008；广西壮族自治区统计局，2009）。

2. 环境质量现状

1）大气环境质量

全县城镇空气质量保持在国家环境空气质量二级标准以上，属良好级。桃城镇环境空气中二氧化硫、二氧化氮和可吸入颗粒物日平均浓度分别为 0.066mg/m³、0.005mg/m³ 和 0.046mg/m³，均达到国家环境空气质量一级标准。乡村极少受工业废气污染，空气质量更优。

2）水环境质量

2008 年，大新县的地表水质量总体良好。黑水河、明仕河、桃城河、榄圩河、平良河等主要河流水质均达到国家 II 类标准以上，龙门河和归春河上游水质均保持国家地面水环境质量 I 类标准，下雷河水质达国家 III 类标准以上，均达到功能区要求。

饮用水源水质优。桃城镇饮用水源达到国家 I 类标准，但是，在雨季，水中悬浮物略超过 I 类标准。

3）声环境质量

县城声环境基本达到功能区质量要求。2008 年，县城执行 1 类功能区的噪声平均值为昼间 52.6dB，夜间 49.0dB；执行 2 类功能区的噪声平均值为昼间 56.5dB，夜间 50.9dB，均达到 1 类和 2 类功能区要求。昼间以交通噪声、施工、加工噪声为主，夜间以交通、生活噪声为主。

4）固体废弃物污染控制

县城固体废弃物以生活垃圾为主，工业、建筑固废次之。县城每年生活垃圾产生量为 1.8×10^4t，生活垃圾通过卫生填埋和垃圾堆肥进行处理，垃圾无害化处理率保持在 100%，医疗废弃物集中处置率为 100%。

5）污染综合防治

大新县大力推进循环经济建设，降低物耗、能耗和污染物排放，提高工业用水重复利用率和综合利用率，按照国家产业政策淘汰高物耗与能耗、重污染的落后工艺和设备。着力推进结构减排，积极推行清洁生产，加快推行循环经济的步伐，对制糖、冶炼、水泥、黑色金属加工（锰矿）等行业的废水治理，确定技改方案，增加投资建设废水治理设施，彻底解决大新县工业废水的污染问题。乡镇存在的局部工业污染，通过加强管理及采取措施，得到了有效的解决。开展环境综合整治，从源头上控制新污染源的产生，规范对污染源的监督检查行为，制定并严格执行《大新县工业污染源检查制度》。设立了环境监察大队，环境执法能力建设得到了加强；环境监测网络化、信息化、标准化建设进一步增强，环境监测水平和能力得到了较大的提高。加强了环境监管，深入开展环境专项整治行动，解决突出环境问题，环境法制建设逐步完善，执法力度加大。加强了核安全和辐射环境管理，加大了环境宣传力度，使全民环境意识有所提高。

3. 生态环境

1）森林覆盖

大新县森林覆盖率较低。土地变更数据显示，2008 年，全县共有森林面积为 79 532.2hm^2，其中，有林地为 29 419.1hm^2，灌木丛为 50 113.1hm^2，灌木丛占森林面积的 63.01%。森林覆盖率（含灌木丛）为 29%，如果不含灌木丛，则仅为 10.73%。

2）水土流失

大新县水土流失面积达 12.47×10^4hm^2，以水蚀为主。按土壤侵蚀程度分，轻度侵蚀面积为 3.74×10^4hm^2，中度侵蚀面积为 0.63×10^4hm^2，极强度侵蚀面积为 0.03×10^4hm^2，剧烈侵蚀面积为 8.07×10^4hm^2（大新县水利电力局，1993）。

3）石漠化面积大

石漠化（stony desertification）是指在热带、亚热带和湿润、半湿润气候条件和岩溶极其发育的自然背景下，受人为活动干扰，导致土壤严重侵蚀，基岩大面积裸露，土地生产力严重下降，地表出现类似于荒漠景观的土地退化过程（Yuan，1997；李阳兵等，2004a，2004b），是土地荒漠化的主要类型之一（王世杰，2002）。据 2005 年监测数据可知，大新县石漠化面积达 $4.24 \times 10^4 hm^2$，占全县石漠化监测面积的 16.71%。

4）矿山生态环境

大新县矿产资源开发以露天开采为主，已对矿产资源开发进行了规范化管理，但仍有小部分矿山生态环境受到破坏，采洗选矿石产生的废石、废渣、污水乱排乱放现象还存在。2008 年，大新县矿产资源开发利用情况资料显示，全县锰矿山破坏生态环境面积有 $169hm^2$，石灰岩矿山破坏生态环境面积有 $30hm^2$，方解石矿山破坏生态环境面积有 $0.8hm^2$。

5）生态保护工程建设

近年来，大新县先后实施了珠江防护林体系建设、石漠化治理、退耕还林、封山育林等一系列生态工程，对改善大新县生态环境起到了十分积极的作用。开展了小流域综合治理、中低产田改造和矿山生态恢复重建，加快生态示范县（区）的建设步伐，通过加强对农业综合开发的管理、完善水土保持措施等手段，以沼气池建设为纽带，发展养殖-沼气-种植三位一体的经营模式，生态建设工作取得了明显成效。2008 年，全县有沼气的农户占全部农户比例的 67%；森林覆盖率达到 29%，有效改善了生态环境。

6）自然保护区建设

大新县现有西大明山自治区级自然保护区（小明山片）、恩城自治区级自然保护区、下雷自治区级自然保护区 3 个自治区级自然保护区。

（1）西大明山自治区级自然保护区（小明山片）。西大明山自治区级自然保护区位于扶绥、隆安、大新、江州四县（区）交界处，包括凤凰山、西大明山、小明山三大片，总面积为 $601km^2$。主要保护对象是水源涵养林和林区珍稀植物金花茶、珍稀动物冠斑犀鸟。

小明山片位于大新县东部，包括福隆、昌明、龙门、揽圩、桃城5个乡（镇）的12个村委会以及国营小明山林场、集体营旺林场、东风林场的部分山林，总面积为192km^2。保护区内属国家一级保护的珍稀植物有格木，二级保护的植物有观光木等；动物资源中，属二级保护的有冠斑犀鸟、穿山甲、水獭、白鹇、大灵猫等，其他经济动物主要还有野猪、赤麂、果子狸等。

西大明山水源林保护区小明山片由国营小明山林场管理，在保护区内设立9个保护站。

（2）恩城自治区级自然保护区。其位于大新县中部，保护范围包括思城、桃城、雷平、揽圩、那岭5个乡（镇）的12个村，面积为209km^2。保护对象以黑叶猴、冠斑犀鸟等珍贵动物为主。

保护区动物资源丰富，属国家一级保护的珍稀动物有黑叶猴、熊猴；属国家二级保护的动物有猕猴、短尾猴、冠斑犀鸟、大灵猫、白鹇、原鸡、蛤蚧、林麝、巨松鼠等。其中，黑叶猴、冠斑犀鸟和猕猴的数量较多。其他经济动物还有豹猫、猪獾、鼬獾、鹧鸪等。特别值得重视的是本保护区内常年发现有白变的动物，如全白的黑叶猴，全白的短尾猴等，是开展科学研究的重要基地之一。

（3）下雷自治区级自然保护区。其位于大新县西北部，包括大新县下雷镇、硕龙镇、土湖乡3个乡（镇）10个村的山地，总面积为271.85km^2。主要保护对象为水源涵养林及猕猴。

保护区珍稀动物资源较丰富，属国家重点保护的珍稀植物有蚬木、金丝李、肥牛树、任木、观光木、蒜头果等；属国家重点保护的珍稀动物有冠斑犀鸟、云豹、猕猴、林麝、水獭、蟒等。

4. 自然灾害频繁

1）水灾

大新县属岩溶地区，地形陡峭，小河多，且河床坡降大，集流、汇流历时短暂，水位涨落急剧，是典型的山溪河特性，因此，洪涝灾害多。资料显示（广西壮族自治区大新县志编纂委员会，1989；赵秋平，2011），几乎每年都有洪涝灾害发生。洪水来得早的年份，可在4月初或5月就出现洪涝灾害。一般到了主汛期的 6～8 月，洪涝灾害就更加明显，灾情更为严重，主要表现在河水上涨，农作物被淹，水利工程设施、公路等被淹及冲毁，民房倒塌，有的出现内涝等。大灾年，受灾面积达 $4 \times 10^4 hm^2$ 以上，粮食减产达 $3 \times 10^6 kg$ 以上。

2）旱灾

大新县几乎每年都有旱灾发生，旱灾主要发生在当年的 10 月至次年的 5 月，有时延续到 6 月底。大干旱年，受灾面积达 $1 \times 10^4 hm^2$ 以上，粮食减产达 $40 \times 10^4 kg$ 以上（广西壮族自治区大新县志编纂委员会，1989；赵秋平，2011）。

3）地质灾害

大新县地质灾害多发。共有地质灾害和隐患点 223 处，其中，地质灾害点 128 处，主要包括崩塌、滑坡、地面塌陷、不稳定边坡、地裂缝、危岩等类型，其中以崩塌、滑坡为主，两者占地质灾害总数的 88%。构成潜在严重损失、存在严重威胁、危险的地质灾害及隐患点主要是城镇、公路两侧及居民点附近的崩塌、滑坡、危岩、不稳定斜坡、采空塌陷隐患点（广西地质环境监测总站，2003）。

5. 人居环境中存在的问题

1）城镇人居环境中存在的问题

大新县的城镇化程度较低，城镇基础设施建设严重滞后。生活垃圾无害化处理虽然接近 100%，但处理技术条件低，尚处于低水平综合利用。县城污水处理厂正在筹建之中，生活污水只是经过化粪池处理后直接排入桃城河、龙门河。

目前，大部分小城镇的"脏、乱、差"问题依然较为突出，生活污水随意排放、生活垃圾随意丢弃和堆放，不但影响景观而且对环境质量造成较大影响。

2）乡村人居环境存在的问题

农村住房条件仍较差。农村垃圾乱丢乱弃、随意堆放，生活污水、畜禽粪便任意排放等现象仍较普遍，部分村庄垃圾满地、污水横流，不仅影响居住环境，而且影响水质。

6. 生态环境子系统总体特征

大新县环境质量现状良好，工业污染防治成效显著，城镇环境综合整治取得了较好的成绩。先后实施了珠江防护林体系建设、退耕还林、封山育林等一系列林业生态工程，开展了小流域综合治理、中低产田改造和矿山生态恢复重建，推广养猪、种果、建沼气池等生态农业和农村能源建设，形成了"养殖-沼气-种植"三位一体的生态农业模式。

但是，大新县属岩溶山区，岩溶地貌面积过大，生态环境脆弱。森林资源总量不足，森林蓄积量低，地表水资源时空分布不均。石漠化现象明显，水土流失严重，矿山生态环境日趋恶劣。水灾、旱灾、地质灾害频繁。环境污染治理工作尚须加强，人居环境建设有待改善。

二、大新县生态经济复合系统特征

（一）岩溶地貌面积大

本区碳酸盐岩分布面积广，约占全县面积的88.88%。受南亚热带湿热气候的影响，岩溶作用强烈，全岩溶地貌约占全县岩溶地貌的80%，地貌类型以峰丛洼、谷地和峰林谷地为主，地表溶蚀强烈，溶沟、溶槽、石牙极为发育，溶井、溶洞、溶潭和漏斗密集，地表、地下水相互转化频繁，山坡及山顶基岩几乎裸露。

（二）生态环境较为脆弱

大新县植被覆盖度低，森林资源总量不足，森林蓄积量低，水土流失严重；岩溶山区山势崎岖，坡度大，地表塌陷、山体滑坡等地质灾害频繁；地表水资源时空分布不均，易旱易涝；石山多平地少，土层薄，农业生产条件差。

土地石漠化面积较大。全县有石漠化土地为 $4.24\times10^4 hm^2$，占全县石漠化监测面积的16.71%。石漠化土地的水源枯竭，植被稀少，土壤少，裸岩多，许多土地难以利用。

（三）自然资源丰富

大新县地处北回归线以南，属亚热带季风气候区，光照、降水、热量充沛，雨热同季，水热条件结合良好，植物终年生长，蔗糖、水果等农业资源丰富，土特优产品繁多，是全国六大龙眼生产基地县之一，其龙眼的产量和质量均居崇左市之首；地表水系发育，多属径流河，天然落差大，水电资源丰富，水能资源蕴藏量为 $26 \times 10^4 kW$。

大新县的锰矿丰富。储量达到 $1.35 \times 10^8 t$，占全国的四分之一，广西的二分之一，位于广西之首。矿石开采量为 $40 \times 10^4 t$，占全国总开采量 $60 \times 10^4 t$ 的 67%。目前，大新县锰产品加工工业年产量达 $16.2 \times 10^4 t$，出口量达 $2.5 \times 10^4 t$，年创汇622 万美元。

大新县旅游资源独特。有位于中越边境的国家特级景点——德天瀑布，有充满诗意和"小桂林"之称的明仕山水田园风光和奇峰壁绿、神秘幽静的黑水河风光，以及那榜奇景和门村枫木王等国家一级景点。此外，还有千姿百态、石龙盘跨的龙宫洞，有神秘的恩城壁画廊及犹显昔日雄风的边境古炮台等。

（四）经济社会发展水平低

经济总量低，产业结构不够合理。改革开放以来，大新县国民经济总量稳步增长，但是起点低，基础薄弱，与广西及全国其他地区相比，经济总量严重偏低。

城镇化水平低，科技人才不足。全县城镇化水平发展缓慢，城镇化水平低，城镇化率远低于同期广西和全国的平均水平，严重阻碍了经济的发展。大新县人口的文化素质仍处于较低的水平，科技人才不足，尤其是高科技人才严重不足，缺少高层次的经营管理人才和复合型人才，严重地制约着大新县经济建设和教育事业的发展。

第二节　系统时间过程演变分析

一、自然过程

（一）地质、地貌发展史

广西地处滨太平洋与特提斯-喜马拉雅两大构造的复合部位，加里东褶皱系的西南端。在中国地质构造单元划分上，大新县属南华准地台右江再生地槽（Ⅴ），其西北部位于下雷-灵马拗陷（V_4），其余位于西大明山隆起（V_5）（图3-5）。

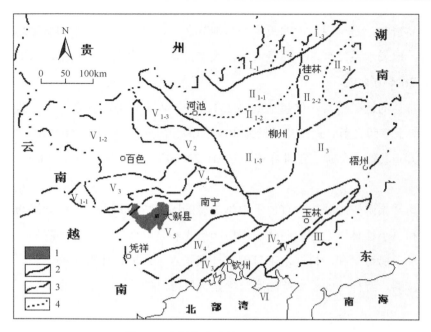

图 3-5 大新县大地构造背景示意图

1. 大新县位置；2. 二级构造单元界线；3. 三级构造单元界线；4. 四级构造单元界线
Ⅰ桂北台隆，Ⅱ桂中-桂东台隆，Ⅲ云开台隆，Ⅳ钦州残余地槽，Ⅴ右江再生地槽，Ⅵ北部湾拗陷；Ⅱ₁桂中凹陷，Ⅱ₂桂东北凹陷，Ⅱ₃大瑶山凸起，Ⅳ₁博白拗陷，Ⅳ₂六万大山隆起，Ⅳ₃钦州拗陷，Ⅳ₄十万大山断陷，Ⅴ₁桂西拗陷，Ⅴ₂都阳山隆起，Ⅴ₃靖西-田东隆起，Ⅴ₄下雷-灵马拗陷，Ⅴ₅西大明山隆起；L₁九万大山穹褶带，L₂龙胜褶断带，L₃越岭断褶带，Ⅱ₁₋₁罗城褶断带，Ⅱ₁₋₂宜山弧形断褶带，Ⅱ₁₋₃米宾断褶带，Ⅱ₂₋₁海洋山断褶带，Ⅱ₂₋₂桂林弧形断褶带，Ⅴ₁₋₁那坡褶断带，Ⅴ₁₋₂西林-百色断褶带，Ⅴ₁₋₃南丹断褶带

根据该区的沉积岩相、断裂构造等特征，结合广西大地构造背景（广西壮族自治区地方志编纂委员会，1994，1996，2000）和区域水文地质背景（广西壮族自治区地质局，1978），对该区地质、地貌、水文发展史进行分析。结果表明，大新县地质地貌发展历史，最早可追溯到距今约 5 亿年前的早古生代早期，当时本区是华南加里东地槽与扬子准地台的过渡区，为浅海环境，冒地槽沉积。沉积建造以类复理式和复理式为主，其中夹少量碳酸盐岩和硅质岩，总厚 $1 \times 10^4 \sim 2 \times 10^4$m。三叶虫、腕足类生物广泛分布。中期和晚期抬升为陆地，接受剥蚀，造成奥陶、志留系沉积缺失。末期，4 亿年前左右，广西加里东造山运动发生，受此影响，寒武系地层强烈褶皱抬升，形成古西大明山和古四成岭，生成加里东期西大明山褶皱群，并伴生东西向构造线，造成泥盆系与寒武系角度不整合接触，本区开始进入准地台发展阶段。广西运动后，直至二叠纪，本区地壳以沉降为主。

上古生代初开始，海水重新入侵本县，以后一直处于浅海环境，延续约一亿五千万年，沉积了巨厚的海相碳酸盐为主，早期（D_1-D_1y）为砂页岩的一套地层。期间，珊瑚、腕足类等海洋生物繁盛，2.5亿年前左右，早、晚二叠纪之间，发生东吴造山运动，地壳上升，从此海水退出本县，结束了本区海相沉积。

在2亿年前左右，晚三叠纪早期，发生了印支运动，本区地层再次强烈褶皱隆起和断裂，生成一系列北西向、东西向和北东向的褶皱带、断裂带，如西大明山背斜、龙茗-龙门断裂等，构成本区北西向、东西向和北东向的构造线，奠定了本区的基本构造格架。受次格架的控制，至今本区的河流、山脉、盆地走向基本呈北西向、东西向和北东向。

大致距今1.4亿～0.7亿年，燕山运动使本区进一步褶皱隆起。自此以后进入始新世，直至渐新世，地壳处于相对稳定期，地形经受漫长的夷平作用，东西向构造带小明山、泗城岭制高点已形成，大片碳酸盐岩区出现了初期峰丛、洼地地貌特征，此过程称为桂西期，形成地貌上的第一级夷平面，最高峰顶面保留到现今的海拔800～1000m，最高点为泗城岭，海拔1073.7m，奠定了本区石山与土山相间的地貌轮廓，总体地势是北高南低。

在渐新世末，即早、晚第三纪之间，喜马拉雅运动第一幕开始，本区地壳发生相对升降性质运动，北部相对上升，中南部相对下降，形成很多的峰丛间的岩溶湖盆或谷地。自此以后，直至中新世、上新世，为地貌相对稳定时期，北部地形又开始了漫长的夷平作用，峰丛、洼地进一步激烈化，从少年期向成形期发展，峰顶被夷平部分，保留到现今的海拔700m左右，成为第一级夷平面以下的斜坡地带。中南部岩溶湖盆和谷地开始了漫长而充分的溶蚀作用，解体为峰林谷地景观，但仍有局部积水现象，如恩城谷地附近高出地面10～15m的陡壁上可见有保留到现在的水平溶槽、溶痕。此过程称峰林期，形成峰林为主要特征的夷平面，保留到现今的最高峰顶海拔为500～600m，峰丛区形成溶井。

在上新世末，发生喜马拉雅山第二幕运动，本区地壳普遍上升。自此以后，进入更新世，经历长期的夷平过程。地壳仍缓慢上升，南部被左江切割，其支流黑水河伸入本区，疏干了恩城、桃城一带的积水峰林谷地和溶湖，峰林基底出露。地下水网开始形成，从黑水河谷地向峰林、峰丛区溯源发展，峰林区形成水平或倾斜溶洞，使峰林谷地底解体，地表水向地下潜流，峰丛区的溶井进一步向下深切，与向源发展的地下水管道联通，地下河形成。此过程称为红水河期，其剥夷面的标志是峰林谷地，海拔 240～440m。例如，榄圩巨猿洞标高 410m，距地面高 90m，里面发现有灵长类动物化石"巨猿"猩猩的牙齿，以及金丝猴、长臂猴、猕猴等的化石，还有哺乳类动物野猪等，与广西各洞比较，应属中更新世洞穴沉积物。

在更新世末，地壳相对稳定，使黑水河谷以及大新、恩城各大型谷地堆积第三、第二阶地沉积。第三阶地仅见于恩城谷地后缘，阶地面 180m，高出河水面 30～40m。第二阶地分布于大新谷地、恩城谷地，海拔 160～260m，阶地面比第一阶地高 10～15m。进入全新世后，又堆积第一阶地。黑水河两岸第一阶地海拔为 130～250m，阶地面高出河水面 10～15m，形成现今的河谷地貌。

（二）气候变化

1. 区域气候演化背景

1）广西地史时期气候演变

广西地质历史时期的气候变化与我国总趋势相近，大部分时期是温暖气候的同时，期间穿插渐短的寒冷大冰期（广西壮族自治区地方志编纂委员会，1996）。

晚元古代震旦期，全球大部分地区为大冰期气候。自古生代寒武纪开始，广西气候逐渐温暖，泥盆纪中晚期，海水入侵使得气候由干燥转为潮湿。至早石炭纪，形成炎热而潮湿的热带、亚热带气候，在浅海区域，碳酸盐岩大量沉积，珊瑚、腕足类动物大量繁殖。二叠纪末，形成典型的炎热潮湿的热带雨林气候，森林茂盛，是广西主要的成煤期之一。

中生代早期，桂西为干旱、半干旱天气区，后期，逐渐变为炎热干燥。至白垩纪，为最暖时期，相比现代，要暖湿得多，境内生长着恐龙等巨型动物。新生代早第三纪，气候向温暖潮湿、多雨的热带气候过渡，动植物生长繁盛，是广西重要的成煤、成油期。渐新世和中新世初，气候转凉和干燥，晚第三纪，又复转为炎热润湿的热带海洋气候。孢粉资料表明，其植物种类与现代大体相似，表明已具备了与现代相似的气候条件。

　　第四纪广西气候波动，主要表现为湿热程度的变化。早更新世早期，植物为热带常绿雨林，气候暖热潮湿；中更新世早期和晚更新世的早期，植物主要为热带常绿季雨林，气候炎热潮湿；早更新世、中更新世和晚更新世的晚期，植物主要为热带稀树草原，气候炎热干燥；全新世为热带稀树草原或热带灌丛草原，气候炎热干燥。

　　2）广西历史时期气候演变

　　相关研究资料（广西壮族自治区地方志编纂委员会，1996）表明，距今 1 万年左右开始，全球进入冰后期。在 1 万年以来的全新世，广西气候变迁经历了温凉干燥期（距今 9000～11000 年）、温和干燥期（距今 8000～9000 年）、炎热潮湿期（距今 5000～8000 年）和暖热稍干期（距今 3000～5000 年）4 个阶段，主要表现为针叶植物与阔叶植物比例的变化以及温带、亚热带、热带植被比例的变化等。桂南气候变化较小，大致维持炎热干燥气候。

　　近 500 年来，广西曾出现 3 次寒冷期和 2 次温暖期。3 次寒冷期分别发生在 1470～1540 年、1690～1730 年、1800～1920 年。在寒冷期，广西全境基本普降大雪。在 3 个寒冷期之间，为 2 个气候温暖期。

　　2. 大新县近 50 年来的气候变化

　　选取大新县 1959～2008 年年平均气温和年平均降水量数据，以后 30 年平均温度、降水量为基础，分别进行气温和降水量距平计算，绘制气温和降水量距平图。

　　结果（图 3-6）显示，近 50 年来，大新县年平均气温总体呈上升趋势，后 25 年比前 25 年平均气温升高了 0.37℃。前 25 年中，年平均气温超过后 30 年年平均气温的只有 3 年，分别是 1963、1965、1973 年，且都只偏高了 0.05℃；而后 25 年中有 13 年，其中，有 4 年偏高 0.05℃，有 9 年偏高 0.25～0.75℃。最暖的年份是 1998、2003、2006 年，其次是 1987、2002、2007 年，全部分布在后 25 年中。最冷年是 1984 年，其次是 1967、1976、1970、1971 年。

　　对比黄雪松等（2005）对 1958～2004 年广西气温变化的研究结果发现，大新县气温变化的特征与广西的特征较为相似。

　　50 年来，大新县降水的各个阶段基本是围绕 30 年的平均值上下波动，呈较平稳变化趋势，但 1974～1984 年的波幅明显比其他阶段小，1985～2008 年的波幅最大。

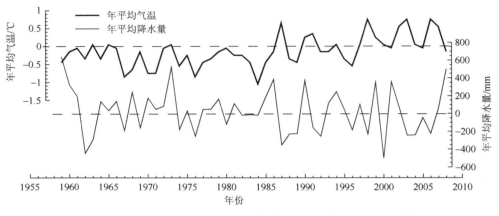

图 3-6   1959～2008 年大新县年平均气温、年平均降水量距平图

二、人文过程

（一）人口变迁

1932～2008 年，大新县人口增长可划分为 3 个阶段。①1932～1962 年，人口缓慢增长阶段。这阶段人口从 1932 年的 117 233 人，增长到 1962 年的 186 682 人，31 年增加 69 449 人，年均增长 2240 人，人口自然增长率为 16.75‰，末期 1960～1961 两年人口减少明显；②1962～1990 年，人口快速增长阶段，这阶段人口从 1962 年的 186 682 人，增长到 1990 年的 347 700 人，29 年增加 161 018 人，年均增长 5552 人，年自然增长率为 22.46‰，末期稍有变缓；③1990～2008 年，人口增长趋缓阶段，这阶段人口从 1990 年的 341 700 人，增长到 2008 年的 370 758 人，19 年增加 29 058 人，年均增长 1529 人，年自然增长率为 4.05‰，2005 年起增长稍有加快（图 3-7）。

随着人口的增长，大新县人口密度也在不断上升。1949～2008 年，大新县人口密度从 58 人/km² 增加到 135 人/km²，增加了 1.33 倍。跟整个广西对比，大新县人口密度远低于广西平均水平，而且差距逐年增加（图 3-7），这跟岩溶石山区人口密度普遍低于广西平均人口的情况吻合，说明岩溶石山环境对人类活动具有较大的制约性。

前期人口的过快增长，给自然资源和生态环境带来了巨大的压力。

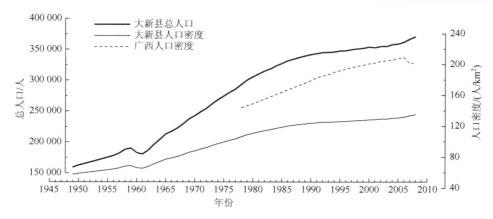

图 3-7　1949～2008 年大新县人口变化及其与广西对比

（二）经济发展

1. 国内生产总值

1995～2008 年，大新县国内生产总值可分为两个阶段（图 3-8）。

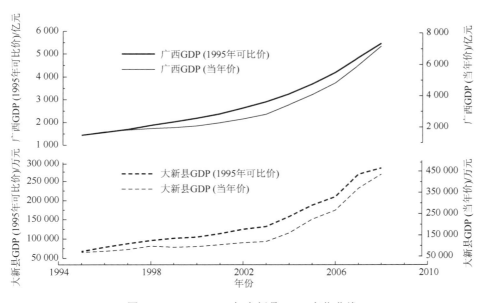

图 3-8　1995～2008 年大新县 GDP 变化曲线

（1）1995～2003 年，从当年价看，国内生产总值增速较为平缓，从 1995 年可比价看，国内生产总值总体减少，但减幅不大。按当年价和 1995 年可比价计算，从 1995 年的 67 761 万元（1995 年的当年价和可比价是一样的），分别增长到 2003 年的 119 145 万元和 132 391 万元，8 年分别共增长 51 384 万元和 64 630 万元，年均增长 7.31%和 8.73%。

（2）2004～2008 年，国内生产总值进入快速增长期，按当年价和 1995 年可比价计算，分别从 2003 年的 119 145 万元和 132 391 万元，增长到 2008 年的 435 978 万元和 285 241 万元，5 年分别共增长 316 833 万元和 152 850 万元，年均增长 29.63%和 16.59%。

从以广西同时段国内生产总值走势看，极为相似，说明大新县的经济发展受大环境的影响较大。

2. 经济结构

从 1995～2008 年，大新县产业结构不断优化。第一产业大幅下降，期间从占经济总量的 47.21%下降到 26.29%，下降了 20.92%；第二产业也得到较大提升，期间从占经济总量的 30.12%上升到 46.71%，上升了 16.59%；第三产业总体上升，但上升速度较慢，且个别年份波动较大。期间从 1995 年的 22.67%上升到 2008 年的 27.00%，只上升了 4.33%，其中，1998、2004 年分别同比下跌只有 4.78%、4.13%。

跟广西同期产业结构相比（图 3-9），第一产业比例差距不断缩小，从 1995 年 16.95%的差距下降到 2008 年的 6.02%，缩小了约 11 个百分点；第二产业比例 1995 年比广西同期水平低 5.66 个百分点，2002 年起赶上并超过广西同期平均水平，到 2007、2008 年，已经超出了广西同期水平约 5 个百分点；第三产业比例跟广西同期水平差距较大，差距一直保持在 9～18 个百分点，且趋势还在保持。

（三）城镇化过程

1949～2008 年，大新县城镇化水平从 1.57%增长到 12.99%，增加了 11.42%，增长了 7.27 倍（图 3-10）。受宏观政策环境等影响，大新县城镇化水平发展中途波动较大，根据其特征，可划分为两个阶段。①1949～1977 年缓慢增长阶段。受当时国家宏观政策的影响，城镇化进程相当缓慢，城镇化率 29 年增长了 3.59%，年均增长 0.12 百分点。其中，除 1957～1959 年大幅增加之外，其他时期基本处

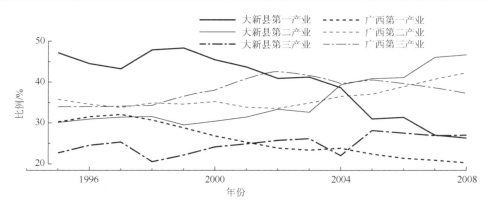

图 3-9 1995~2008 年大新县经济结构变化及其与广西对比

于停滞状态甚至倒退状态。1957~1959 年，城镇化率一下提升了 5.74%，年平均2 个百分点，这主要是受当时工矿大上马的影响。据大新县志（广西壮族自治区大新县志编纂委员会，1989）记载，当时铅锌矿、锰矿、化肥厂以及响水桥电站、中军潭电站、农械厂等工矿企业纷纷上马，招收了不少农村人口当工人。②1978~2008 年，稳速上升阶段。除前、后阶段波动较大外，其余时间较为平稳，31 年增长 7.83%，年均增长 0.25 百分点，城镇化率增长速度比第一阶段大 1 倍。1978 年改革开放以后，城乡之间的壁垒逐渐松动并被打破，特别是乡镇企业的发展，促进了城镇化的发展。

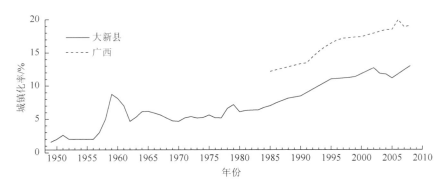

图 3-10 1949~2008 年大新县城镇化率曲线及其与广西对比

1985~2008 年，受经济发展水平低，第三产业欠发育等因素影响，大新县城镇化发展水平远低于全广西的整体平均水平，且差距有进一步扩大的趋势（图 3-10）。

第三节　系统空间分异分析

一、自然地理

（一）地质地貌

大新县地处桂西南石山区，属左、右江河间的地块。县境内的地质、地形地貌呈岩溶与非岩溶相互构成的形态（图 3-11）。非岩溶山地面积为 555km^2，占全县总面积的 20.24%，岩溶面积为 2187.12km^2，占全县总面积的 79.76%。岩溶地貌主要有峰丛洼、谷地和峰林谷地两种形态类型。

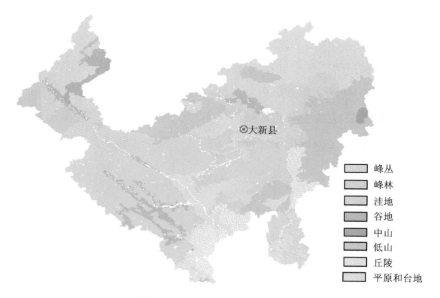

◎大新县

<table>
<tr><td>□</td><td>峰丛</td></tr>
<tr><td>□</td><td>峰林</td></tr>
<tr><td>□</td><td>洼地</td></tr>
<tr><td>□</td><td>谷地</td></tr>
<tr><td>□</td><td>中山</td></tr>
<tr><td>□</td><td>低山</td></tr>
<tr><td>□</td><td>丘陵</td></tr>
<tr><td>□</td><td>平原和台地</td></tr>
</table>

图 3-11　大新县地貌分布示意图

（1）非岩溶地貌：主要是小明山背斜地区，以中低山为主，南部局部为丘陵地。中低山主要分布于大新县东南部、北部边缘的小明山山脉、西大明山山脉、四城岭山脉一带，面积为 555km^2，占全县总面积的 20.24%。由寒武系、泥盆系下统碎屑岩组成，标高为 450～1000m，最高山峰四城岭标高为 1073m，切割深度为 200～450m，山顶尖圆状，山脊明显，呈鱼脊状平行构造延伸。山坡陡立，坡度为 25°～55°，呈"V"形谷，谷底平均坡降为 30‰，除谷底外，山坡上普遍为坡残积覆盖，厚度为 1～3m，植被良好。局部形成悬崖峭壁，峡谷深涧垂直山脊延展，地表小河冲沟呈北东向多曲树枝状发育。据统计，每 100km² 有 40～48km² 被常年的小河或冲沟切割通过。

（2）峰丛洼、谷地广泛分布于北部的全茗、那岭，东北部的五山、昌明、福隆，西北部的下雷、硕龙一带，面积为 720km²，占全县总面积的 26.13%；由泥盆系中下统、上统，石炭系下统碳酸盐岩组成；峰顶标高为 500～750m，最高山峰四城岭标高为 849.7m，切割深度为 250～350m，山顶呈狼牙状、锯齿状，山坡为陡坡、陡崖，坡度为 50°～85°，基座相连，洼地个体分散，底部呈锅底、漏斗状，局部呈长条状，四周封闭，常发育有竖井、溶洞和漏斗，洼地中一般有溶余堆积黏性土夹碎石覆盖，厚度为 1～3m。据统计，每 100km² 有 80～120 个洼地，每个洼地面积为 0.083～0.125km²。山坡及山顶基岩几乎裸露，地表溶蚀强烈，溶沟、溶槽、石牙极为发育。

（3）峰林谷地主要分布于研究区中部、东南部、西南部；由泥盆系中下统、上统，石炭系中下统，二叠系下统碳酸盐岩组成，面积为 1235km²，占全县总面积的 44.84%；峰林顶峰标高为 250～650m，谷地标高为 139～200m，个体山峰呈锥状和屏风状林立于平原，峰峻坡陡，山体与谷地呈棋盘式格局状展布，显示受构造控制，沿西北、北东方向发育，谷地相互交错；谷地平坦开阔，面积达 50%～60%，谷底有溶余堆积的黏土、砂质黏土夹碎石，厚度为 5～15m；地表、地下水相互转化频繁，溶潭、溶井、溶洞和漏斗发育。

（二）气候

大新县气候受境内地形地貌影响，区域分布稍有不均。海拔较高的西北及东北部年平均气温比海拔低的中部及西南部偏低 1～2℃；降水北部乡镇最高，为 1470～1691mm，中部最低，为 1291～1352mm，与海拔高度有一定的关联（图 3-12）。

（三）水文

大新县水系分属左江和右江两大水系，以左江水系为主，属于右江水系的只有五山、福隆两乡（镇）。总体上看，左江水系区以峰丛洼、谷地地貌为主，间有

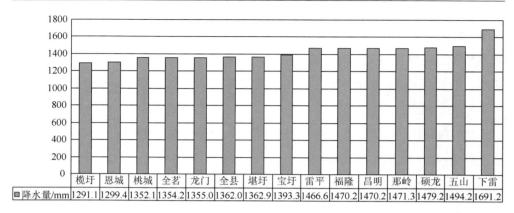

图 3-12 大新县年降水量区域分布

	榄圩	恩城	桃城	全茗	龙门	全县	堪圩	宝圩	雷平	福隆	昌明	那岭	硕龙	五山	下雷
▣ 降水量/mm	1291.1	1299.4	1352.1	1354.2	1355.0	1362.0	1362.9	1393.3	1466.6	1470.2	1470.2	1471.3	1479.2	1494.2	1691.2

非岩溶中低山地貌。岩溶与非岩溶地层相间出露，地表水文网发育，河流主要沿谷地分布，表明河流发育主要受构造控制。右江水系主要为岩溶地貌峰丛洼地，以地下河为主，地表河系欠发育（图 3-13）。具体来说，西北部的下雷、硕龙，北部的那岭、全茗和东北部的五山、昌明、福隆一带，峰丛洼地广泛分布，其中，五山、福隆北部，下雷中南部，仍存在高峰丛洼地。受制于地貌，它们是地下河补给径流区，地下水位较南部深；中部、东南部、西南部是峰丛谷地和峰林谷地分布区，属地下水的排泄区，地下水埋藏浅，甚至出露于地表，以地表径流为主；榄圩、昌明、福隆一带，以及那岭北部、全茗西南部、桃城北部和下雷西南和东南部一带，是非岩溶地貌的主要分布区，以地表径流为主，地表小河冲沟呈北东向多曲树枝状发育。

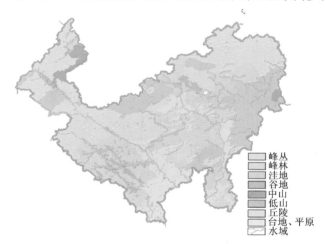

图 3-13 大新县地表水系分布示意图

（四）土壤

大新县土壤受地形地貌影响，区域分异明显。赤红壤主要分布于海拔为 300m 以下的丘陵台地；红壤主要分布于海拔为 600m 以下的低山或中山中下部及丘陵地；黄红壤主要分布在海拔为 700m 以上，是由红壤过渡到黄壤的中间类型，这一海拔带也可见到黄壤零星分布，但黄壤多分布在海拔为 800～973m 的西北部和小明山。各种石灰土广泛分布于全县岩溶地区。

（五）植被

大新县植被分布不均，现有森林多集中在福隆、下雷、小明山、上湖等非岩溶山地区，其他乡（镇）很少（图 3-14）。灌丛植被主要分布于岩溶地貌区，尤以 15°～35° 坡度地表最为发育，分布集中的乡镇有西北部、北部、东北部的下雷、硕龙、那岭、五山等乡（镇），东南部榄圩乡也有较大面积分布。草丛则主要分布在中部以南的桃城、恩城、榄圩、雷平、堪圩、宝圩等乡（镇）。

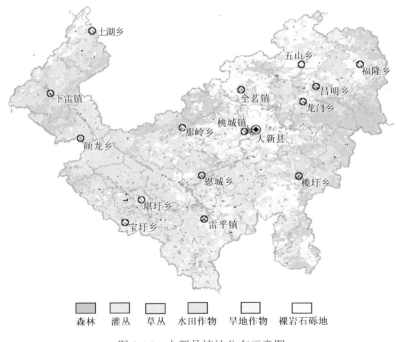

图 3-14　大新县植被分布示意图

二、人文地理

(一)人口

大新县人口空间分布不均,具体表现在人口密度和农业人口密度两方面。以2008年为例(图3-15),从人口密度看,县城所在地桃城镇人口密度最高,达310.9人/km²,是全县平均人口密度的2.3倍;其次是中北部的昌明、全茗、龙门,为158.1~167.0人/km²;最低的是东北部的硕龙、那岭、下雷和中南部的榄圩、恩城,人口密度为76.6~112.7人/km²。从农业人口密度看,最高的也是桃城镇,为179.5人/km²,但只达全县平均农业人口密度的1.53倍,差异变小;其次是中北部的昌明、全茗、龙门、五山和东南部的宝圩,为148.1~167.0人/km²;最低的是东北部的硕龙、那岭、下雷和中南部的榄圩,为71.4~92.1人/km²,不足100人/km²。

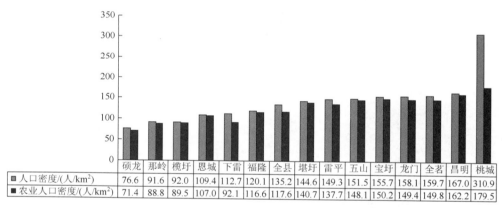

	硕龙	那岭	榄圩	恩城	下雷	福隆	全县	堪圩	雷平	五山	宝圩	龙门	全茗	昌明	桃城
■人口密度/(人/km²)	76.6	91.6	92.0	109.4	112.7	120.1	135.2	144.6	149.3	151.5	155.7	158.1	159.7	167.0	310.9
■农业人口密度/(人/km²)	71.4	88.8	89.5	107.0	92.1	116.6	117.6	140.7	137.7	148.1	150.2	149.4	149.8	162.2	179.5

图3-15 2008年大新县各乡(镇)人口密度、农业人口密度对比图

人口分布受区域经济水平、地形影响比较大,桃城镇经济发展水平相对较高,人口密度最大;平原、谷地区,地表平缓,人口集中而密集,而山区地形坡度较陡,人口分散而稀疏。

(二)产业

1. 农业空间布局

大新县农业,目前中南部以粮、糖、渔业为主,其他乡镇以林果业为主。从农业总产值结构（图 3-16）可以看出，东南部恩平、榄圩和雷平 3 个乡（镇）农业占比最高，大于 70%；东北部和西北部的福隆、下雷、昌明、硕龙牧业产值占比最高，大于 40%；桃城、堪圩、恩城、龙门渔业占比较高，大于 4%；五山、福隆、龙门、硕龙和昌明林业占比较高，大于 20%。

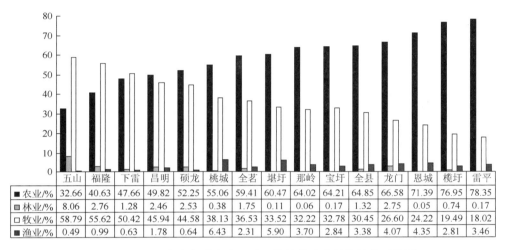

	五山	福隆	下雷	昌明	硕龙	桃城	全茗	堪圩	那岭	宝圩	全县	龙门	恩城	榄圩	雷平
■ 农业/%	32.66	40.63	47.66	49.82	52.25	55.06	59.41	60.47	64.02	64.21	64.85	66.58	71.39	76.95	78.35
▨ 林业/%	8.06	2.76	1.28	2.46	2.53	0.38	1.75	0.11	0.06	0.17	1.32	2.75	0.05	0.74	0.17
□ 牧业/%	58.79	55.62	50.42	45.94	44.58	38.13	36.53	33.52	32.22	32.78	30.45	26.60	24.22	19.49	18.02
■ 渔业/%	0.49	0.99	0.63	1.78	0.64	6.43	2.31	5.90	3.70	2.84	3.38	4.07	4.35	2.81	3.46

图 3-16 2008 年大新县各乡（镇）粮林牧渔业结构柱状对比图

2. 工业布局

大新县工业主要分布在桃城、雷平和下雷 3 个工业集中区。桃城镇依托县城便利的交通和完善的服务功能，以制糖、锰矿深加工业为主；雷平镇依托周边丰富的甘蔗资源，主要发展制糖业；下雷镇则依托下雷和硕龙丰富的锰矿资源，矿业开采和锰矿深加工业相当发达。

3. 旅游业布局

全县旅游业依托旅游资源得天独厚的德天瀑布和名仕田园等景点，主要分布在硕龙镇和堪圩乡，桃城镇则依托完善的服务功能，承接住宿、餐饮、购物等职能。

（三）城镇

大新县各城镇政府所在地多位于地势较低平的岩溶盆地和开阔的谷地中，呈近格子状分布，按一定的方向平行排列，如宝圩—恩城—新振—龙门—昌明—福隆、那岸—那岭—全茗呈北东向平行排列，下雷—那岸—太平、硕龙—堪圩呈北西向平行排列，新振和那岭还分布在东西向的复式褶皱中。岩溶盆地和谷地主要受区域断裂所控制，多位于北西向和北东向的断裂交汇处，使得大新县城镇空间格局与本区地貌和构造有较好的关联性（图 3-17）。

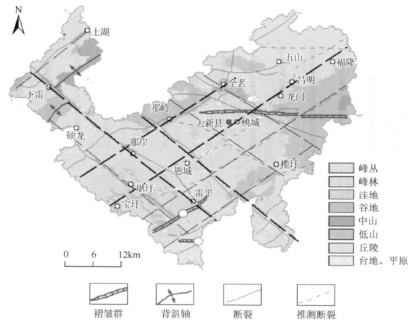

图 3-17　大新县城镇布局与地貌及地质构造的耦合关系示意图

第四节　资源环境效应分析

一、资源

（一）耕地

1. 耕地数量

1）耕地总量

从耕地总量变化来看（图 3-18），1949～2008 年，大新县耕地基本处于 33 000hm^2

左右，受个别因素影响，个别时段波动较大。受 1952 年土地改革、实现耕者有其田，1956 年农业合作化、政府奖励开荒种植的影响，1952～1957 年耕地大幅上升，比 1951 年增加了 3076hm^2；1958～1961 年因灾丢荒，比 1957 年减少了 3235hm^2，其后经过快速恢复并基本保留在 3300hm^2 的水平，1990 年突然减少了约 1500hm^2，到第二年马上恢复，到 2004～2006 年，耕地面积快速增加，最后两年，有所下降。

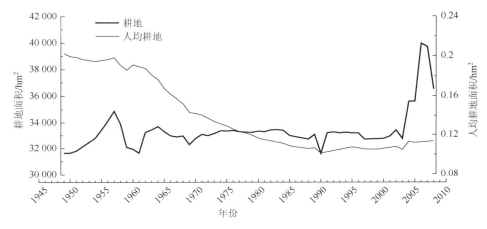

图 3-18　1949～2008 年大新县耕地、人均耕地变化图

2）人均耕地

从人均耕地看（图 3-18），60 多年来总体呈下降趋势。1949～1990 年，随人口总量快速增长的影响，人均耕地下降明显；1991～2008 年，随人口总量增长缓慢，耕地总量的增加，人均耕地缓慢回升。说明人均耕地对人口总量增长具有较大的敏感性。

2. 耕地结构

60 多年来，大新县水田占耕地比例总体呈减少趋势，旱地则相反（图 3-19）。根据大新县耕地结构变化特征，可划分为两个阶段。第一阶段是 1949～1982 年，水田和旱地占耕地比例基本保持平稳，水田比例大于旱地比例，差距通常在 11～14 个百分点，其中，1961 年、1962 年两年出现较大的波动，旱地比例反大于水田比例，特别是 1962 年，旱地比例比水田反多了 16 个百分点；第二阶段是 1983～

2008 年，特征是第一阶段的平衡被打破，旱地比例总体上升，水田比例总体下降，其中前十来年两者占耕地比例都在 50%左右波动，处于僵持状态，并于 20 世纪 90 年代后期，僵局被打破，旱地比例越来越大，水田比例越来越小，并于 2004 年起进入加速分化阶段。

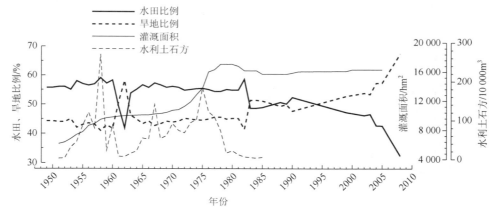

图 3-19　1949～2008 年大新县耕地结构变化

通过同期相关资料分析表明（图 3-19），大新县土地结构的变化主要受水利、耕地垦殖等因素影响。1952～1982 年，大新县每年完成水利土石方数量总体不断增长，耕地有效灌溉面积不断扩大，说明水利灌溉设施不断得到加强，使得水田占耕地比例能维持在较高水平，特别是在前期耕地总量大幅增加的情况下，水田比例还能小幅上升。期间，1960～1962 年，受"大跃进"影响，水利工程建设基本停滞，每年完成水利土石方数量大幅减少，与 1961 年、1962 年两年水田比例大幅度减小相对应。

从 1979 年开始，生产责任制实施，农村水利建设和维护跌入低谷，很多水利设施逐步被荒废，具体表现在每年完成水利土石方数量大幅减少并维持在较低水平；耕地可灌溉面积开始减少，并于 1982 年出现较大降幅，造成水田比例大幅下降，旱地比例大幅上升。虽然后期国家加大了水利投资，但对农村很多小水利效果不是很明显，前期荒废的大量渠道没得到很好的恢复，可灌溉面积只基本维持在一定水平，而随着新开垦耕地的增加，水田比例自然下降。

3. 耕地分布

大新县耕地资源分异特征明显,从地貌上看,全县耕地 70%分布于谷地和土山山地、丘陵。一般河谷两岸平地耕地为水稻耕作区,山地、丘陵坡地为旱粮作物耕作区。

1)横向分布

大新县耕地资源分布不论是从耕地密度上看,还是从结构上看,分异都较为明显。以 2008 年为例(图 3-20),从耕地密度上看,最高为南部的雷平镇,达 36.34hm²/km²;其次主要为中部、南部的桃城、宝圩、恩城 3 个乡(镇),为 24.29~28.69hm²/km²;最小为东北的硕龙、下雷、那岭和西北部的五山、福隆,为 11.61~18.93hm²/km²,不足 20hm²/km²。从耕地结构上看,耕地中,旱地比例最大的是东北部的福隆乡,高达 85.54%;其次是东北部的昌明、五山和南部的榄圩和雷平 4 个乡(镇),旱地比例大于 70%;最小的是西南部的宝圩、堪圩两个乡(镇),旱地比例不到 50%。

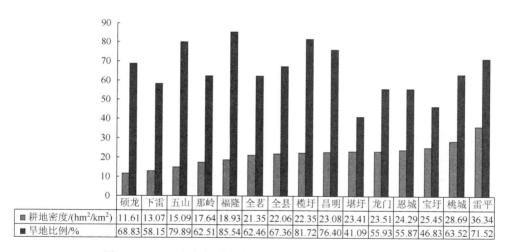

图 3-20 2008 年大新县各乡(镇)耕地密度、旱地比例图

从农民人均耕地上看(图 3-21),雷平镇最高,为 0.264hm²/人;其次为中南部的榄圩、恩城和那岭 3 个乡(镇),高于全县平均水平;其余乡(镇)皆低于全县平均水平,最低的是东北部五山、昌明、全茗和东北部的下雷,不足 0.15hm²/人。

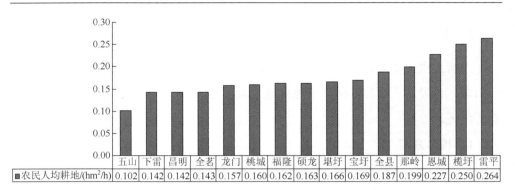

■农民人均耕地/(hm²/h)	五山	下雷	昌明	全茗	龙门	桃城	福隆	硕龙	堪圩	宝圩	全县	那岭	恩城	榄圩	雷平
	0.102	0.142	0.142	0.143	0.157	0.160	0.162	0.163	0.166	0.169	0.187	0.199	0.227	0.250	0.264

图 3-21　2008 年大新县各乡（镇）农民人均耕地图

2）垂向分布

按海拔划分，海拔 100m 以下的占 20.13%，100～500m 的占 64.12%，500m 以上的占 15.75%。不同海拔，水田和旱地比例相差较大，海拔较低的谷地河谷两岸，水源好，主要为水田；山地、丘陵则以旱地为主。

（二）水资源

全县因地形、地貌、地面植被、降水分布不同，年径流系数在 0.25～0.5，西北部下雷、土湖一带最大，为 0.5；其次是西南部的硕龙、堪圩、宝圩、雷平、振兴等地，径流系数为 0.43；中部的全茗、桃城、新振、龙门、那岭、榄圩、恩城等地为岩溶与非岩溶构造相互交错的地区，变化梯度较缓，径流系数也为 0.43；东北部的五山、昌明、福隆等地为大片岩溶地貌峰丛洼地形态，径流系数为 0.25。

（三）矿产资源

大新县矿产资源主要受地层和东西向小明山背斜（南岭纬向构造系）所控制。主要矿产资源分布呈较大的区域性，锰矿主要分布在下雷和土湖一带；铅锌矿主要分布在龙门、五山一带。

（四）旅游资源

由于区域自然地理条件的差异，大新县旅游资源主要分布于西北部、西部和西南部，其次为中部和东北部。西北部为国家特级景点、世界第二跨国大瀑布——德天瀑布，西部、西南部有神秘幽静的黑水河、有"小桂林"之称的明仕山水田园以及那榜奇景和门村枧木王等景点，中部及东北部有美如仙境的乔苗平湖、龙宫岩和奇景环生的恩城自然保护区、万马归朝石林。

二、生态环境

（一）植被

1. 植被结构

大新县属北热带季节性雨林植被区，地带性植被为北热带季节性雨林。在石山为石灰岩季节性雨林。60 多年来，由于人类活动干扰强度不断加大，大新县原生植被大幅减少，特别是原生森林植被多变为次生林，林木比例下降，灌木丛比例上升，一些原生的珍贵树木正逐步消失。目前原生植被极少，尚存原生植被只分布在保护区和人迹罕至的高山中。北热带季节性雨林分布在西大明山自然保护区和下雷自然保护区，石灰岩季节性雨林分布在下雷自然保护区和恩城自然保护区内，山地季风常绿阔叶林分布在海拔为 800～1000m 的山地。

2. 森林面积

植被结构变差的同时，植被数量也在大幅减少。据 1954 年不完全统计，全县共有森林面积 11 万多公顷，占全县总面积的 40.8%。1974 年林业普查统计，森林覆盖率（包括灌木林）下降到了 25.76%，比 1954 年大幅减少，1983 年后，随着山界林权的划定，大大提高了林场和村民植树造林和护林的积极性，森林覆盖率达到了较大回升，到 2008 年，森林覆盖率回升到了 29%，但近三分之一为灌木林（图 3-22）。

人类对森林的破坏主要有三个时期：一是 20 世纪 50 年代末大炼钢铁，全县共砍伐森林 5000 多公顷，其中烧木炭 1300hm^2，烧出木炭 1.6×10^4t；二是"文化大革命"期间，全县再次出现乱砍滥伐现象。据不完全统计，当时榄圩公社仁合大队，"十年动乱"中，就被砍伐森林达 600 多公顷，原始林、次生林大幅减少；

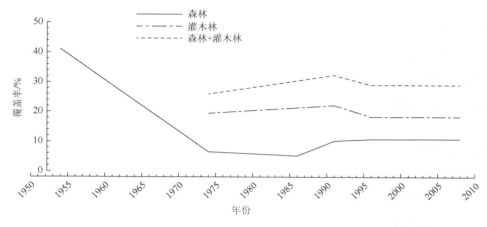

图 3-22　近 60 年来大新县森林覆盖率变化

三是 20 世纪 80 年代初期，落实农业生产责任制，部分人误解政策，再次出现乱砍滥伐现象，并毁林开荒 1500hm²。

除了乱砍滥伐，森林火灾也造成森林大面积减少。据 1950～1980 年不完全统计，全县共发生森林火灾 150 起，烧毁森林 6600 多公顷，仅小明山林场 1962 年一次火灾，就烧掉森林 600 多公顷。而这些火灾大多是防火安全意识不够、多耕火种原始耕作方式等人为因素所造成的。

3. 森林分布

大新县森林覆盖率空间分布上差异较大，最高为西北部的硕龙镇，达 66.08%（含灌丛，下同），为全县平均水平的 2.28 倍；其次为同地区的那岭和下雷两个乡（镇），大于 40%；最小的为东北部的昌明、五山、龙门和西南部的宝圩 4 个乡（镇），为 12%～16%。在结构上，灌木林比例最大的为西南部堪圩、中南部恩城和西北部硕龙 3 个乡（镇），灌木林比例 90% 左右；最小的是西北部的福隆、龙门两个乡（镇），灌木林比例小于 33%（图 3-23）。

（二）石漠化

据 2005 年石漠化监测数据，大新县石漠化面积 42 388.5hm²，石漠化占监测面积的 16.71%。

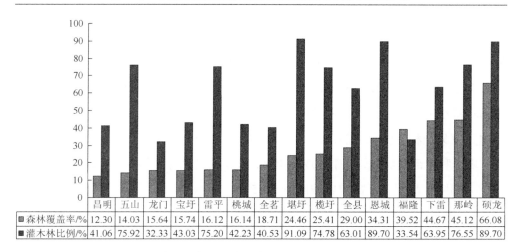

图 3-23 大新县各乡（镇）森林覆盖率、灌木丛比例对比

大新县空间分布差异较大，石漠化率最高的是东北部五山乡，达 71.98%；其次是西南部的堪圩乡、宝圩乡和东北部全茗镇；最低的是北部那岭、中部恩城，无明显石漠化现象，其次为中部桃城镇和西北部硕龙镇，小于 4%（图 3-24）。

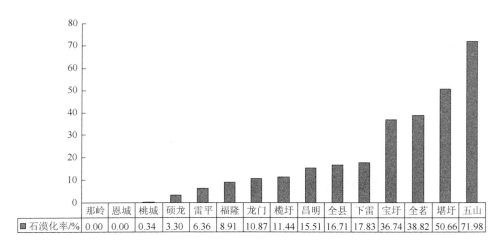

图 3-24 大新县各乡（镇）石漠化率对比

（三）水土流失

大新县水土流失区域分布不均（图 3-25）。水土流失面积占土地总面积最大的是东北部五山乡，为 92.83%；其次为同区域的昌明和中南部的堪圩、恩城 3 个乡

（镇），介于 60%～70%；最小的是中北部龙门镇，只有 15.26%，其次为东北部福隆和东南部榄圩、雷平 3 个乡（镇），小于 40%。水土流失面积中，毁坏型占比较大的为硕龙镇，达 81.86%；其次为恩城、全茗、昌明和五山 4 个乡（镇），达 70% 左右；最小的榄圩、宝圩、桃城和雷平 4 个乡（镇），介于 50%～60%。面蚀面积占水土流失面积比例最大的是南部的宝圩，达 47.73%；其次是同区域的雷平、榄圩、堪圩和中部桃城镇，介于 30%～40%；最小的是西北部硕龙镇，只有 14.75%，其次为福隆、昌明、下雷和恩城，小于 25%。

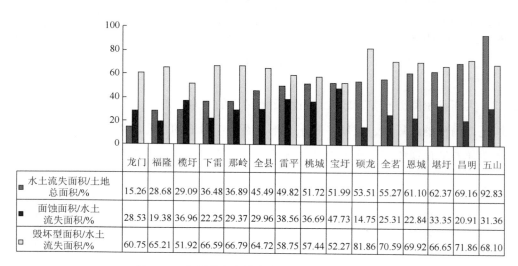

	龙门	福隆	榄圩	下雷	那岭	全县	雷平	桃城	宝圩	硕龙	全茗	恩城	堪圩	昌明	五山
■ 水土流失面积/土地总面积/%	15.26	28.68	29.09	36.48	36.89	45.49	49.82	51.72	51.99	53.51	55.27	61.10	62.37	69.16	92.83
■ 面蚀面积/水土流失面积/%	28.53	19.38	36.96	22.25	29.37	29.96	38.56	36.69	47.73	14.75	25.31	22.84	33.35	20.91	31.36
□ 毁坏型面积/水土流失面积/%	60.75	65.21	51.92	66.59	66.79	64.72	58.75	57.44	52.27	81.86	70.59	69.92	66.65	71.86	68.10

图 3-25　大新县各乡镇水土流失状况柱状对比图

（四）自然灾害

大新县属典型的湿热岩溶山区，洪涝灾害频繁、地质灾害频发。独特的地质、地貌、气候过程，造就了大新县以峰丛洼、谷地为主的地貌特征，为该区自然灾害频发提供了基础条件；炎热多雨，雨季集中的南亚热带季风气候，则为大新县自然灾害带来了强大的动力。

1. 洪涝灾害

大新县峰丛洼、谷地发育，地形陡峭，小河多，且河床坡降大，加上岩溶地区特殊的二元结构水文系统，降水集流、汇流历时短暂，水位涨落急剧，是典型岩溶山区的山溪河流特性。年降水量大，但降水季节分布不均，降水多集中在夏季，干湿季节明显，使得大新县洪涝灾害频繁。较易受灾的乡镇多处于峰丛洼地区，如五山、福隆、硕龙、宝圩、下雷和昌明等乡（镇）。据大新县志（广西壮族自治区大新县志编纂委员会，1989）统计，1952～1985 年的 34 年间，共发生洪涝灾害 61 次，其中水灾 34 次，旱灾 27 次。水灾多发生在 5～8 月，旱灾在 9 月至次年 3 月。

　　大新县洪涝灾害的发生主要受年降水量影响。将大新县县志记录的 1952～1985 年历年发生的水灾和旱灾次数，一次以 1 个点表示，绘到大新县年降水距平图上，得出大新县洪涝灾害与年降水量关系图（图 3-26）。结果显示，大新县丰水年易发水灾，年降水量大的年份，水灾的次数较多；亏水年易发旱灾，年降水量小的年份，旱灾的次数较多。例如，年降水量较大的 1959、1960、1974年，分别发生水灾 3～5 次，年降水量较小的 1954、1962、1963 年，分别发生旱灾 1～2 次。

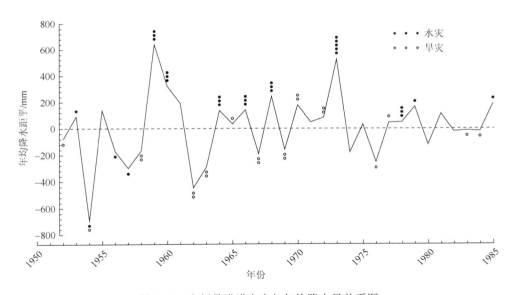

图 3-26　大新县洪涝灾害与年均降水量关系图

　　洪涝灾害的发生还与其处于岩溶环境或降水季节分布不均有关，具体的表现是有些年份降水量偏低，但还是发生水灾，如 1954、1956、1957 年，特别是 1954

年，降水量是统计年中降水量最低的年份，但当年也发生了水灾；有些年份降水量偏高，但还是发生了旱灾，如1954、1972年等，降水量偏高，但当年却发生了旱灾。

2. 地质灾害

大新县地处湿热岩溶山区，年均气温高，年降水量大，岩溶发育，山坡崎陡，地质灾害多发。相关调查资料显示（广西地质环境监测总站，2003），大新县地质灾害共有地质灾害和隐患点223处，其中，地质灾害点128处。主要包括崩塌、滑坡、地面塌陷、不稳定边坡、地裂缝、危岩等类型，其中以崩塌、滑坡为主，两者占地质灾害总数的88%。

1）崩塌

崩塌灾害分布面积广，数量多，全县共有崩塌灾害点179个，占地质灾害总数的80%。崩塌灾害点空间分布极不均匀，受当地经济发展、生活水平、工程建设活动等影响，主要分布于人口相对集中的区域。从地理环境上看，主要分布在岩溶区山峰陡崖上部；从地域上看，主要分布于桃城、恩城、五山、榄圩、宝圩、雷平、硕龙、堪圩、那岭等乡（镇），其他各乡（镇）零散分布（表3-4）；从地形地貌上看，主要分布于构造溶蚀地貌峰丛洼、谷地，峰林谷地，构造侵蚀地貌的山地较少，主要原因是峰丛洼、谷地，峰林谷地山坡较陡；从气候上看，崩塌主要发生在降水集中的5~9月，受降水影响明显。

表3-4 大新县各乡（镇）地质灾害分布情况一览表

区域	崩塌	滑坡	地面塌陷	地裂	危岩	不稳定斜坡	合计	占灾害百分比/%
全县	179	18	9	11	3	3	223	100
桃城镇	36	2	3	5			46	21
全茗镇	10		1			1	12	5
龙门乡	8		2				10	4
五山乡	16		1				17	8
昌明乡	3						3	1
福隆乡	7	2		1			10	4
那岭乡	10		1				11	5
恩城乡	17						17	8

区域	崩塌	滑坡	地面塌陷	地裂	危岩	不稳定斜坡	合计	占灾害百分比/%
榄圩乡	15	3	1	1			20	9
雷平镇	12		1	2			15	7
宝圩乡	13						13	6
堪圩乡	10						10	4
硕龙镇	11	5			2	2	20	9
下雷镇	11	6	1		1		19	9

资料来源：广西壮族自治区大新县地质灾害调查与区划报告（广西地质环境监测总站，2003）

2）滑坡

区内共有滑坡灾害点 18 个，占地质灾害总数的 8%。滑坡灾害点分布极不均匀，主要分布于硕龙、下雷、榄圩和 20315 省道沿线边坡，还有少量分布于桃城、福隆两乡（镇）。

滑坡主要表现出受人类活动、构造地貌类型、岩性和气候等多种因素的综合影响。从人类活动影响上看，滑坡多位于人类工程活动频繁的地段，如削坡建房、公路边坡、人工采石场等；从地形地貌上看，滑坡主要分布在构造侵蚀山地，个别分布于构造溶蚀地貌岩溶山区；从地层上看，滑坡点多位于第四系坡残积含碎石黏土、碎石土，碎屑岩类粉砂岩、细砂岩夹泥岩风化层，薄～中厚层灰岩；从气候上看，主要发生在降水量较为集中的 5～9 月。

第五节　系统演变驱动力机制

一、地质构造作用奠定了大新县地貌、水文格局的基本框架

前人对研究区地质构造作用做过较为系统的调查研究（广西壮族自治区地质矿产局，1985；广西壮族自治区地方志编纂委员会，1994，2000）。在中国地质构造单元划分上，研究区属南华准地台右江地洼，西北部位于下雷-灵马拗陷，其余位于西大明山隆起（广西壮族自治区地质矿产局，1985）。在广西地貌区划中，属桂西南峰丛峰林石山丘陵州，北部属靖西石山山原区，南部属左江峰林石山台地区（广西壮族自治区地方志编纂委员会，1994）。

对该区地质、地貌、水文发展史分析结果表明（广西壮族自治区地质矿产局，1985；广西壮族自治区地方志编纂委员会，1994，2000），地貌的生成与演变，是在地壳构造运动基础上，岩石物理结构和化学性质在外生营力综合作用下不断塑造的结果。在漫长的地质历史时期，该区地壳主要经历了 3 次较强烈的地壳变动，从而奠定了该区地貌分布的基本框架。

寒武系末加里东运动，前期沉积的以砂页岩为主的地层发生强烈褶皱，并伴生东西向构造线，奠定了本区的构造基底；晚三叠纪早期印支运动使该区地层在原来基底构造的基础上，再次强烈褶皱隆起和断裂，生成一系列北西向、东西向和北东向的褶皱带、断裂带，构成该区北西向、东西向和北东向的构造线，形成了该区的基本构造格架。受此格架的控制，至今该区的河流、山脉、盆地走向基本呈北西向、东西向和北东向（广西壮族自治区地质矿产局，1985）。燕山运动使该区进一步褶皱隆起，遭受剥蚀，形成了该区石山与土山相间的地貌轮廓。第三纪以来，特别是第四纪以来喜马拉雅造山运动促使该区地貌进一步演化，区域地壳的差异性抬升使该区地势北高南低，地壳的间歇性抬升，在黑水河及其主要支流沿岸局部发育了 1～3 级河流阶地（广西壮族自治区地方志编纂委员会，1994，2000）。受区域构造和水文环境差异的影响，岩溶地貌产生较大的分异，最终形成了该区的地貌空间格局。

二、地貌展布格局主导着大新县生态环境的区域分异

由于地层岩性的差异，从东南部到西北部，石山与土山相间展布，石山和土山呈现出两类截然不同的生境。实地调查发现，石山和土山发育的生物群落有很大差异，植物和动物种类有很大不同，群落结构、景观格局也有明显的区别。石山区现存植被主要为石灰岩灌丛，土山区主要为次生常绿阔叶林、季节性雨林和人工针叶林，主要由岩性、土壤和持水性所控制。与土山比较，石山区生态环境比较恶劣。石山区地下洞穴纵横，水文动态变化大，旱涝交迭，地表水下渗严重。石山坡度大，水土流失十分明显，地质灾害频繁；石山风化后组分容易被水带走，土壤的生成速度慢，土层薄，被破坏以后很难恢复，生态

环境脆弱。

大新县水土流失的空间分布主要受地貌空间格局的制约。根据遥感调查和实地核证，大新全县水土流失面积为 1247km²，占土地面积的 45.27%，年土壤土流失量为 74.53×10⁴t，并且，每年产生新的水土流失面积达 4.7km²。水土流失导致了土地生产力降低，江河淤塞，洪水泛滥，生态环境恶化，已成为制约大新县经济社会可持续发展的主要因素之一。

与许多地方不同的是，大新县水土流失严重的区域并不是分布在人口密集的区域，而是主要分布在东北部和西北部的峰丛洼地区和中南部坡度较陡的峰林谷地区。这说明现阶段，大新县的水土流失贡献因子中，地形地貌影响最大，这是大新县岩溶地区生态环境脆弱性的突出表现。

三、地形地貌条件制约着大新县经济社会活动的空间分布

从生产条件上看，大新县是以岩溶地貌为主的区域，岩溶分布区约占全县面积的 85%。县域东北部和西北部为峰丛洼地，地形切割强烈，峰丛连绵，洼地发育，地表径流容易转入地下变成地下水，造成地表缺水而干旱，不利农业生产。可耕地贫乏，地下水埋藏较深，地表河流缺失或深切成峡谷，岸高水低，难以利用，对工农业生产造成较大的不利影响。南部为峰林谷地，地下水埋藏相对较浅，北西向大型谷地发育，沿谷地地表水系发达，地表有松散堆积物，农业生产条件相对较好。中部以峰林台地平原为主，地表水系发达，地下水埋藏浅，利于工农业生产，经济相对较发达。

从生产布局上看，全县山地以发展水源林和用材林为主。丘陵地区发展畜牧业和经济林。谷地耕作条件较好，用于发展粮食作物。桃城和雷平一带，由于地势平坦，水源条件好，是工农业比较发达的区域。

从城镇布局来看，大新县各城镇政府所在地多位于地势较低平的岩溶盆地和开阔的谷地中，呈近格子状分布，排列有一定的方向性。整体而言，大新县城镇空间格局与该区地貌有较好的关联性，主要受岩溶盆地和谷地控制，多位于北西向和北东向断裂的交汇处。

四、水文环境的地域差异严重制约着生产布局和人口分布

水文环境从两个方面强烈地影响着人类的生产和生活，进而制约着区域的生产布局和人口分布，一是水资源，在地表河流发育的区域，水资源丰富，便于人们生产和生活；二是河流流域，河流下游流域，往往水系发达，地势平坦，适于发展经济和人口聚集。河流上游流域水环境状况严重地影响着下游的水资源，对下游有十分明显的影响。

在黑水河下游流域，特别是在地表河系发育的桃城和雷平等区域，农业、工业较为发达。而在地表河系欠发育的东北部区域，农业以旱作粮食为主，土地产出率低。

五、湿热气候加快了本区生态经济复合系统的演变

湿热的气候，使得岩溶作用强烈。大新县早第三纪、晚第三纪、早更新世早期、中更新世早期和晚更新世的早期，皆处于湿热气候环境，岩溶作用强烈。

雨热同季，雨季长，自 4 月下旬开始，10 月上旬结束，持续 6 个月。雨量集中，5～9 月占全年降水量的 74%，且降水强度大，多大雨、暴雨，年暴雨日数平均为 5 天。在降水量高峰期内，沿河和低洼地区常发生涝灾，常出现山体崩塌、滑坡等地质灾害。

干湿季明显，冬天 10 月至次年 3 月，降水量显著减少，仅占全年降水量的 26%。每年春秋季节都有不同程度的干旱发生。

六、优势自然资源影响着不同区域的生态经济功能

自然资源是人类经济活动的基础，人类的经济活动空间和规模与自然资源的空间分布和规模密切相关。研究区的自然资源可分为两种：一种是一般性自然资源，如土地资源和水资源，其规模和质量主要与区域地貌、水文条件有关，地貌、水文条件相同的区域，其规模和质量的空间分布基本相似；另一种是地域优势资

源，其在特定的地域有大规模分布，如旅游资源、锰矿资源和生物资源。优势自然资源对所在区域的生态经济功能有较大的影响。

大新县旅游资源丰富。目前，已开发利用的景点 42 个，其中国家特级景点 1 个，国家一级景点 6 个，国家二级景点 15 个，国家三级景点 20 个。但县域旅游景点空间分布不均，其主要分布于硕龙镇和堪圩乡，受此影响，硕龙镇和堪圩乡旅游业相当发达，已发展成为当地的支柱产业。同样，大新县锰矿资源十分丰富，储量居全国首位，但主要分布于下雷镇，受此影响，采矿业和矿产加工业成为下雷镇主导产业。西大明山自然保护区（小明山片）、恩城自然保护区、下雷自然保护区 3 个自治区级自然保护区生物资源比较丰富，生物多样性保护、石漠化防治和水源涵养等生态功能是其主导功能。

七、人类经济社会活动促使区域生态环境进一步演化

在大新县域，人类活动对生态系统的影响主要体现在土地利用上，农业、水库、采矿、道路建设、城镇化、地下水开发和旅游业的发展对生态系统的影响非常显著。

资料统计分析表明，大新县森林覆盖率受人口密度，特别是农业人口密度的影响较大。用 SPSS 软件作相关分析显示，森林覆盖率与人口密度的相关系数为-0.622，在 0.05 的置信水平上负相关显著；与农业人口密度的相关系数为-0.867，在 0.01 置信水平上负相关显著。森林覆盖率是生态环境状态优劣的重要标志，显然，农业人口密度已经成为生态环境状态的主要制约因子。

实地调研显示，大新县各乡（镇）均有不同程度的石漠化现象，其中，最严重的乡（镇）是五山、堪圩、全茗、宝圩、下雷等。石漠化现象，主要由严重水土流失引起。大新县山多地少，农村经济落后，长期以来毁林开荒、坡地耕作、资源开发、石山地开垦等现象比较普遍。全县坡度大于 25° 的坡耕地面积有 2000 多公顷，在石缝里耕作的面积有近 2700hm² 。由此引发严重的水土流失问题，特别是在石山区。水土流失导致土地贫瘠、江河淤塞、洪水泛滥，并造成了不同程度的石漠化现象。大新县石漠化可分为三种类型：一是开垦耕作或乱采石料造成

的石漠化类型；二是乱砍滥伐或火灾造成的石漠化类型；三是过度放牧造成的石漠化类型，都与人类的经济社会活动密切相关。

实地调研还显示，矿山开采造成的局部区域生态环境问题十分突出。大新县西北部下雷镇矿产资源丰富，采矿业发达，并以露天开采开发为主。由于多年来的不合理开采，尤其是在非法民采活动猖獗、乱采滥挖活动严重的时期，矿山生态环境受到了较为严重的破坏，采洗选矿石产生的废石、废渣、污水乱排乱放现象极其普遍，矿区地表水体水质污染现象严重，部分矿区、矿点采空区未能及时开展土地复垦工作，矿山生态环境日趋恶劣。

第四章 大新县生态经济发展综合水平评价

第一节 大新县生态经济发展指标体系的构建

构建生态经济发展指标体系，需要遵循科学性、可操作性、独立性等原则，需要对研究区总体目标和阶段性目标进行总体把握。

根据第二章构建的区域生态经济发展指标体系基本框架，结合大新县实际情况，尝试建立大新县生态经济发展指标体系。

一、大新县生态经济发展的总体目标

许多生态经济区提出了不同的发展的总体目标，如海南省（王如松等，2004）、吉林省（贾广和，2006）、江苏省扬州市（王如松和徐洪喜，2005）、贵州省贵阳市（袁周和邹骥，2009）、湖南省绥宁县（葛大兵和陈小松，2005）等。

借鉴其他地区的思路，大新县生态经济发展的总体目标应是按照可持续发展的要求，遵循生态经济学原理，合理组织、积极推进大新县经济社会和环境保护的协调发展，建立良性循环的经济、社会和自然复合生态系统，确保在经济、社会发展，满足广大人民群众不断提高的物质文化生活需要的同时，实现自然资源的合理开发利用和生态环境的改善，把大新县建成人与自然和谐，社会、经济、生态协调和可持续发展的全面小康生态县。

二、阶段性规划目标

大新县生态经济发展的阶段性目标应包括以下几个方面。

通过 7 年的发展，到 2015 年，使大新县经济结构比较合理，资源综合利用率显著提高，体现核心竞争力的主导产业基本形成，生态农业、生态型工业体系初具规模，形成一批科技水平相对较高的生态型产业；生态旅游业得到快速发展；

城乡居民收入进一步增加；群众的生态环境意识明显提高，生态环境退化趋势得到有效控制，环境质量得到明显改善和提高，其中，工业废水处理率和外排废水达标率、工业固体废物综合利用率和处理率均达到国家标准，城镇生活污水得到有效治理，污染物排放总量控制在上级政府下达的指标以内；基本农田得到有效的保护，水资源基本能够满足工农业生产和人民生活的需求；人居环境得到改善；生态文化得到发展。到 2015 年，进入全面小康建设较高阶段中等水平。

在上述基础上，进一步明确生态经济发展思路，丰富发展内涵，提升发展水平和质量，到 2020 年，使大新县的生态环境得到恢复和改善，生态型产业体系初步建立，产业结构进一步得到调整和优化，并向着产业化、循环化、良性化的方向发展；建设一批知识和技术密集的高效的生态型产业化工程项目，形成更多的新兴产业基地及经济增长点，具有核心竞争优势的主导产业形成规模；生态环境质量得到根本好转，生态与经济趋向良性循环，环境与经济社会协调发展，初步建成清洁、优美、舒适、富裕、人与自然和谐的生态县，达到经济繁荣、科技发达、环境优美、法制健全、社会文明、人民富足的现代化目标。到 2020 年，进入全面小康建设高级阶段的水平。

三、大新县生态经济发展指标体系

根据第二章构建的区域生态经济发展指标体系基本框架，结合大新县生态经济特征以及今后的发展主要问题，依据区域生态经济发展指标体系，通过专家咨询，同时考虑数据可获得性和可靠性，最终选取了经济发展、社会进步、资源节约、生态安全和环境改善五大方面的 27 个指标。然后根据全面建设小康社会要求以及大新县的经济社会发展现状及预测，参考其国民经济和社会发展"十二五"规划和到 2020 年长远规划目标及其他各项专项规划，设计各项指标的规划值。并根据目前较具权威性的国家有关部门确定的全面小康的基本标准，参照中国科学院可持续发展战略研究组（2004）的研究成果（附录 2），个别指标参考国家环境保护总局颁布的国家级生态县建设指标（修改稿）标准（附录 3），确定指标的小康标准。建立大新县生态经济发展指标体系见表 4-1。

表 4-1 大新县生态经济发展指标体系

一级指标	二级指标	单位	2003 年指标值	2008 年指标值	2015 年规划值	2020 年规划值	全面小康标准值
经济发展	人均 GDP	美元/人	324	608	1 500	2 800	3 500
	人均财政收入	元/人	419	950	1 450	2 700	3 800
	城镇居民人均可支配收入	元/人	5 147	10 604	14 000	18 000	18 000
	农民年人均纯收入	元/人	1 796	3 097	5 500	8 000	8 000
	第一产业占 GDP 比重	%	41.2	26.29	16	8	5
	第三产业占 GDP 比重	%	26.2	27	31	35	50
	城镇失业率	%	4.4	3.4	3.2	3	2
社会进步	城镇化水平	%	12.4	12.99	32	42	55
	人口自然增长率	‰	符合当地政策	符合当地政策	符合当地政策	符合当地政策	符合当地政策
	每千人拥有医生数	个/千人	0.88	1.05	1.23	1.38	3
	九年义务教育普及率	%	91.1	99.98	100	100	100
资源节约	单位 GDP 能耗	t/万元	1.45	1.37	0.9	0.85	0.3
	单位 GDP 水耗	m³/万元	678	478	200	150	100
	水分生产率	kg/m³	1.01	1.09	1.2	1.5	1.8
	单位土地面积 GDP	万元/hm²	0.35	0.59	1.78	3.48	3.6
生态安全	森林覆盖率	%	29.01	29	33	36	45
	受保护陆地面积	%	26.42	26.42	28	30	20
	退化土地恢复治理率	%	47.16	85.85	91	95	95
	沼气占农户比例	%	60.9	67	78	82	80
	城镇人均公共绿地面积	m²	11	11	12	13	10
环境改善	化肥使用强度（折纯）	kg/hm²	391	315.5	270	245	250
	城镇生活垃圾无害化处理率	%	50	100	100	100	100
	城镇生活污水集中处理率	%	0	0	50	80	80
	秸秆综合利用率	%	80.3	88.59	93	95	95
	村镇饮用水卫生合格率	%	65	70	95	100	100
	环保投资占 GDP 比例	%	0.92	1.04	2.3	3.0	3.5
	农村卫生厕所普及率	%	57.6	64.53	90	95	95

注：经济数据采用 2000 年可比价

第二节 大新县生态经济发展综合水平评价

一、关联系数计算

根据第二章湿热岩溶区生态经济发展综合水平评价方法的研究成果，尝试对大新县生态经济发展水平进行综合评价。首先，采用改进了的三标度层次分析法（IAHP）和专家经验估算法相结合的方法（Takashi，1994）确定各级指标之间的权重。然后，选取现状年和每个规划目标年的指标序列作为比较序列，以对应的小康标准值序列构成目标序列，采取均值化方法（式 2-1）对原始数据进行无量纲化处理。最后，根据式（2-2）计算比较序列对目标序列在各个指标上的关联系数，结果见表 4-2。

表 4-2　关联系数计算数据表

准则层	一级权重	指标层	二级权重	总权重	2003 年 量化值	2003 年 关联系数	2008 年 量化值	2008 年 关联系数	2015 年 量化值	2015 年 关联系数	2020 年 量化值	2020 年 关联系数	小康 量化值
经济发展	0.389	人均 GDP	0.0271	0.0105	0.19	0.34	0.35	0.37	0.86	0.45	1.60	0.70	2.00
		人均财政收入	0.1531	0.0595	0.22	0.34	0.51	0.38	0.78	0.43	1.45	0.62	2.04
		城镇居民人均可支配收入	0.3603	0.1401	0.39	0.49	0.81	0.63	1.06	0.76	1.37	1.00	1.37
		农民年人均纯收入	0.0271	0.0105	0.34	0.45	0.59	0.51	1.04	0.67	1.52	1.00	1.52
		第一产业占 GDP 比重	0.0068	0.0026	2.13	0.34	1.36	0.46	0.83	0.63	0.41	0.86	0.26
		第三产业占 GDP 比重	0.3603	0.1401	0.77	0.58	0.80	0.58	0.92	0.63	1.03	0.68	1.48
		城镇失业率	0.0655	0.0255	1.38	0.56	1.06	0.69	1.00	0.72	0.94	0.75	0.63
社会进步	0.1322	城镇化水平	0.3064	0.0405	0.40	0.41	0.42	0.41	1.04	0.56	1.36	0.69	1.78
		人口自然增长率	0.4558	0.0603	1.00	1.00	1.00	1.00	1.00	1.00	1.00	1.00	1.00
		每千人拥有医生数	0.0956	0.0126	0.58	0.40	0.70	0.42	0.82	0.45	0.92	0.47	1.99
		九年义务教育普及率	0.1422	0.0188	0.93	0.91	1.02	1.00	1.02	1.00	1.02	1.00	1.02
资源节约	0.0449	单位 GDP 能耗	0.2379	0.0107	1.49	0.45	1.41	0.46	0.92	0.61	0.87	0.63	0.31
		单位 GDP 水耗	0.1358	0.0061	2.11	0.35	1.49	0.45	0.62	0.75	0.47	0.86	0.31
		水分生产率	0.0912	0.0041	0.77	0.61	0.83	0.64	0.91	0.68	1.14	0.81	1.36
		单位土地面积 GDP	0.5351	0.0240	0.18	0.36	0.30	0.38	0.91	0.51	1.78	0.94	1.84
生态安全	0.389	森林覆盖率	0.4501	0.1751	0.84	0.67	0.84	0.67	0.96	0.73	1.05	0.78	1.31
		受保护陆地面积	0.3030	0.1178	1.00	1.00	1.00	1.00	1.00	1.00	1.00	1.00	1.00
		退化土地恢复治理率	0.0642	0.0250	0.57	0.62	1.04	0.90	1.10	0.95	1.15	1.00	1.15
		沼气占农户比例	0.1395	0.0543	0.83	0.78	0.92	0.84	1.07	0.97	1.09	1.00	1.09
		城镇人均公共绿地面积	0.0432	0.0168	1.00	1.00	1.00	1.00	1.00	1.00	1.00	1.00	1.00

准则层	一级权重	指标层	二级权重	总权重	2003 年		2008 年		2015 年		2020 年		小康
					量化值	关联系数	量化值	关联系数	量化值	关联系数	量化值	关联系数	量化值
环境改善	0.0449	化肥使用强度（折纯）	0.0073	0.0003	1.32	0.67	1.07	0.81	0.91	0.93	0.85	1.00	0.85
		城镇生活垃圾无害化处理率	0.1034	0.0046	0.56	0.63	1.11	1.00	1.11	1.00	1.11	1.00	1.11
		城镇生活污水集中处理率	0.0073	0.0003	0.00	0.33	0.00	0.33	1.19	0.57	1.90	1.00	1.90
		秸秆综合利用率	0.0253	0.0011	0.89	0.85	0.98	0.93	1.03	0.98	1.05	1.00	1.05
		村镇饮用水卫生合格率	0.0517	0.0023	0.76	0.70	0.81	0.73	1.10	0.94	1.16	1.00	1.16
		环保投资占 GDP 比例	0.7532	0.0338	0.43	0.44	0.48	0.45	1.07	0.63	1.39	0.80	1.63
		农村卫生厕所普及率	0.0517	0.0023	0.72	0.67	0.80	0.72	1.12	0.94	1.18	1.00	1.18

二、关联度的计算

根据式（2-3）计算出控制层及目标层的关联度见表 4-3。

表 4-3　大新县生态经济发展各级规划指标关联度

层	指标	2003 年	2008 年	2015 年	2020 年
控制层	经济发展	0.50	0.57	0.65	0.80
	社会进步	0.75	0.76	0.81	0.86
	资源节约	0.40	0.43	0.58	0.84
	生态安全	0.80	0.82	0.87	0.90
	环境改善	0.50	0.55	0.71	0.85
目标层	生态经济发展综合水平	0.64	0.69	0.76	0.85

三、结果分析

表 4-3 是发展指标评价结果。该表显示，随着生态经济建设的不断推进，大新县生态经济发展综合水平不断提高。从时间上看，由 2003 年到目标年 2020 年，与小康标准的关联度逐渐加大，说明大新县生态经济发展综合水平不断提高，逐年接近小康标准。2003 年的关联度和 2008 年的关联度分别为 0.64 和 0.69，

处于较高级早期和中期水平，2015 年为 0.76，达到较高级后期水平，2020 年为 0.85，进入高级水平。从发展速度上看，生态经济发展综合水平呈逐渐上升趋势。2008～2015 年基本延续 2003～2008 年的发展趋势，缓步发展，到 2015 年后快速递升（图 4-1）。这与广西实现全面小康经济社会目标的对策研究课题组将全区各县（市）分三个梯队奔小康的步骤安排基本一致，较合理地设计了该县生态经济建设的进程。

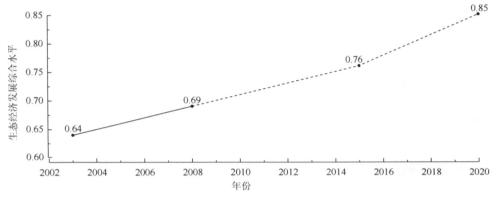

图 4-1　大新县生态经济建设综合水平发展趋势

从控制层来看，从 2003 年到目标年，经济发展、社会进步、资源节约、生态安全、环境改善这五大方面的发展水平逐年上升，到目标年，经济发展、社会进步、资源节约、生态安全、环境改善方面全都上升到高级水平。同时可以发现，在 2008 年，生态安全、社会进步处于高级水平和较高级水平，但经济发展、环境改善、资源节约这三大方面尚处于中级水平，说明大新县生态和社会基础较好，而在经济发展、环境改善和资源利用方面则相对薄弱，这不符合区域经济、社会和生态环境的全面、协调发展的可持续发展原则。大新县的生态经济发展，应在生态和社会进一步改善和发展的同时，把重点放在经济增长、环境改善和资源的节约利用上。这一思想在指标体系规划目标中得到了很好的体现，经济发展、环境改善、资源节约三方面的发展水平在规划期间分别提高了 40%、55% 和 95%，远大于生态安全、社会进步的 10%、13%。到目标年，五大方面的发展水平差距明显缩小（图 4-2）。

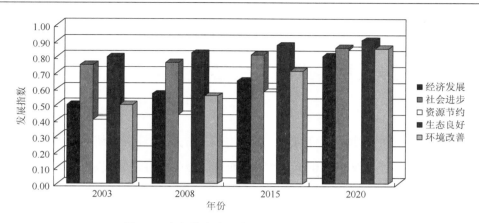

图 4-2　大新县生态经济发展水平柱状对比图

从具体指标看，在 2003 年和 2008 年，城镇生活污水集中处理率、人均 GDP、人均财政收入、单位土地面积 GDP 这 4 个指标与相应的小康水平关联系数较低，都小于 0.4，处于中等偏下水平，是影响区域可持续发展的主要因素，应作为生态经济建设优化提高的重点。这在指标体系规划目标中也得到了很好的体现：规划期间，上述 4 个指标与相应小康水平的关联系数平均提高了 124.77%，比其余指标平均 31.86%整整提高了 3 倍。

同时，可以发现，个别指标与总体发展水平差距较大，处理不好会变成制约生态经济发展的"瓶颈"，在今后建设中须加以优化。例如，直至目标年，每千人拥有医生数、人均财政收入、城镇化水平、第三产业占 GDP 比重、单位 GDP 能耗与相应小康水平的关联系数都低于 0.70。

第五章 大新县生态经济功能区划

生态经济功能区划是基于实现自然生态系统与人类经济系统功能协调演进的综合区划（高群和毛汉英，2003），是确定研究区域生态经济建设总体布局的依据，是生态经济建设的一项重要的基础性工作。区划依据生态学和生态经济学理论，根据地域分异规律和可持续发展的要求，通过对区域生态环境的特点、资源状况、经济社会结构、经济发展水平及发展规律等要素的空间状态及其内在联系的分析，结合研究的实际情况，将研究区域划分为不同生态经济功能单元，并针对不同生态经济功能区的生态环境特征和经济社会发展中存在的问题，确定相应的生态经济发展的方向、途径和对策，从而使每个功能区的生态经济功能和经济效益得到合理有效的发挥，满足区域社会、经济发展和生态环境保护的需要（卞有生，2003）。

第一节 大新县生态经济地域分异特点分析

第四章分析表明：①对大新县而言，宏观尺度上的自然环境区域分异在很大程度上奠定了经济社会活动区域分异的基础。在各个大的自然-经济社会区域内，由于自然因子的差异以及人为经济社会活动特点的不同，形成了许多性质和功能定位不同的生态经济功能区，这些区域具有不同的生态经济建设方向、目标和任务。②地质构造作用奠定了本区地貌、水文分布的基本框架，而地貌空间格局对本区生态经济功能的地域分异起着主导性的控制作用，生态环境的区域特征、经济社会空间分布特征都主要受地貌空间格局的制约。③水文条件的地域差异制约着区域的生产布局和人口分布。④优势自然资源大规模地分布在特定的区域，影响着区域的生态经济功能。⑤区域自然生态环境受到人类经济社会活动的强烈干扰，区域生态经济功能因此进一步分异。

第二节　大新县生态经济功能区划的原则和方法

一、岩溶山区县级小尺度生态经济功能区划的特殊性问题分析

（1）等级划分。地域差异是区划的基础。地域分异规律有不同的尺度之别，区划的尺度不同，所采用的等级系统也不同（邓度等，2008），区划等级体系问题关系到区划成果的科学性和客观性。县域具有一定地域分异空间，但空间范围相对较小。这就使得县域同时兼备生态经济功能地域差异性和差异的有限性两大特性。地域差异性是功能分区的前提；差异的有限性，则限制过多的等级划分。在县域，若只进行一级区划，与市级尺度下的二、三级区划结果相似，难以客观反映小尺度范围内生态经济功能的差异性，也就失去了区划的意义。若进行三级区划，由于生态经济功能地域差异的有限性，容易破坏生态经济系统的完整性（卢浩和王青，2011），违背了区划的整体性原则。为了保证地域系统生态经济功能的整体性和差异性，对县级尺度区划，生态经济功能等级划分以两个等级为宜，第一级为生态经济功能区，第二级为生态经济功能亚区。

（2）分区边界。目前，关于分区边界，从区划可操作性和资料可获得性出发，一般采取与行政边界一致的原则，这在一定程度上达成共识（邓度等，2008）。关键问题在于取哪一级的行政边界。这对县级尺度的区划来说，是相当重要和值得思考的问题。目前，由于考虑数据的可获得性，通常取乡（镇）级别边界为划分边界。但县级区划尺度较小，对规划单元的特征相对一致性要求较高。而在许多乡（镇）地域内，生态经济要素仍然差异较大，特别在岩溶山区，许多乡（镇）内部的地貌、水文、植被等自然要素差异较大，很难满足小尺度区划的质量要求。取行政村一级的边界作为划分边界，能更好地满足小尺度区划对区划单元的特征相对一致性的要求，区划结果也更为科学，更具实践指导意义。

（3）数据的可获得性。由于目前的统计和普查制度，对大中尺度的区划来说，统计资料一般是比较容易获得的。但对县级尺度区划，数据的可获得性有时会成为较大的难题。特别是行政村一级的资料，很难得到准确、全面的统计数据。这

就严重制约了定量分析方法在县级尺度区划的运用和质量。针对这一问题，改变已有区划方法的固有思维模式，在一些地域分异规律比较容易把握的县域，加强定性分析方法的应用研究，是相当必要和有意义的。

（4）区划的方法和途径。对大尺度的地域划分，通常采用主导标志法，运用自上而下顺序逐级划分的演绎法途径；而对小尺度的地域划分，多采用自下而上顺序逐级合并的归纳法途径（邓度等，2008）。但对岩溶山区县级小尺度区划，可尝试使用主导标志法，运用自上而下的划分途径，原因有三个：一是湿热岩溶山区生态经济复合系统演化是受地质条件制约的岩溶生态系统，地域分异规律较为明显，相关要素地理相关关系较为明确，主导因子比较容易确定（袁道先等，2002；曹建华等，2004）；二是运用自上而下的划分方法，能够客观把握和体现生态经济复合系统分异的总体规律，能更好地把握地理的相关性和贯彻发生同一性原则；三是运用自上而下的划分方法，能较好地避免定量分析方法受村级行政单元统计数据可获得性限制的问题。

二、大新县生态经济功能区划原则

生态经济功能区划是区域生态经济建设的重要前期工作，是实现生态经济分区指导的关键，是生态经济和区域发展的重要研究课题（刘雪婷等，2011；周彩霞等，2008）。许多学者对其开展了深入的研究，在区划原则上形成一些基本共识（卞有生，2003；杨建新，1992；王传胜等，2005；胡宝清等，2000；肖燕和钱乐祥，2006a，2006b）。

根据生态经济区划的特点和大新县生态经济功能地域分异特征，大新县生态经济功能区划应遵循以下原则。

（1）地域分异原则。

区域自然-社会-经济复合系统是由不同生态经济单元在空间上相互组合、连续分布的整体，是一个复杂的开放性系统。由于不同的区域，自然、人文等因素的作用方式和强度不同，导致系统内部的结构、功能和过程在空间上呈现出多层次的地域分化。地域分异规律的最大特点就是区内相似、区间差异，即同一地域的同类因素不但有量的差异，而且有质的区别（罗凯，2002）。地方不同，生态经济系统的功能就不同。显然，按不同的标志可以划分不同的生态经济区。

（2）区域共轭性原则。

即空间连续性原则，要求通过区划而得到的生态经济地域单元在空间上是连续的。同一生态经济地域单元在空间上不能重复，不能存在彼此间分离的部分，两个彼此分离的生态经济地域单元也不能划分到同一个地域单元中。

（3）综合分析与主导因素相结合的原则。

生态经济功能区划的对象是多要素组成的综合地域单元。这些要素相互作用、相互影响，共同决定了地域的特征与性质。因此，在区划时，要综合考虑这些因素及其相互作用的结果，特别是要找出主导性或关键性因素，在区划时给予重点考虑。

（4）相似性与差异性原则。

相似性是指同一生态经济单元在自然环境、经济社会与资源等方面的相似，即具有一定的共性，差异性则反之。对区域自然-社会-经济复合系统的区域划分主要是依据其内部子系统性质与功能的相似性和差异性。区划中最重要的是要对区域内自然生态亚系统、社会亚系统、经济亚系统的结构及功能的一致性、整体性进行系统诊断。同时，由于区域自然-社会-经济复合系统的功能不仅受系统内部组成要素性质的制约，而且与区域外部物质、能量、信息等的流动关系密切，因而还应尽可能地考虑区域自然-社会-经济复合系统外部联系的方式与强度。

（5）可持续发展原则。

生态经济功能区划的目的是促使区域经济社会发展的同时，保障和促进区域自然-社会-经济复合系统的可持续发展。因而生态经济区的经济建设、生态环境保护和社会发展要严格按照可持续发展战略的要求，区划的结果要有利于合理开发利用和有效保护自然资源、改善生态环境质量。要根据可持续发展的原则，合理确定生态经济地域单元发展的方向与定位，制定相应的政策、措施，前瞻性地指导区域自然、社会、经济的分区发展，促进区域可持续发展。

（6）行政区相对完整性原则。

由于人类的经济社会活动受到行政区划的强烈制约，生态经济区分区界线应尽量同行政区保持一定的协调关系，既可满足政府决策的需要，也便于区划的实施。同时，由于在区划过程中，除了依据野外考察中获取的直观认识外，还要依据各类统计资料进行整理和分析，而这些资料主要来源于各级行政单位，以行政区为划分单元便于各种资料的收集。鉴于大新县的实际情况，本书以村级单位作为区划的基本行政单元。

三、大新县生态经济功能区划的方法

基于对湿热岩溶山区县域小尺度生态功能区划特殊性的分析，遵照区划原则，依据生态经济地域分异规律，对大新县生态经济功能区划主要采用主导标志法，自上而下顺序逐级划分的演绎法途径，共分两级进行：第一级为生态经济功能区，第二级为生态经济功能亚区。在对大新县生态经济复合系统现状特征、时空演化过程和影响机制作深入研究的基础上，运用主导标志法自上而下划分生态经济功能区，在生态经济功能区框架下再运用主导标志法进一步划分生态经济功能亚区，并根据生态经济功能亚区的分区结果对生态经济功能区进行局部修订，以便使其更符合客观实际，使划分出的生态经济功能亚区的生态经济功能相对单一化，更具有可操作性。

一级分区以自然环境的相似性和差异性为依据，选取地貌、水文两个自然环境本底指标作为划分指标。主要基于以下考虑：一是县内各地域气候基本相同，水、热等气候因子已不足以作为大新县生态经济分区的主要指标；二是地貌、水文的空间格局对大新县生态经济功能的地域分异起着主导性的控制作用；三是水文因子作为主要分区指标，按流域进行划分，还能较好地体现按流域整体管理的科学思想（周慧杰等，2005）。

二级区是该区划最基本的单元，也是生态经济建设规划设计研究的最基本单元，必须充分地体现其基本的生态功能和经济功能。所以，二级分区以生态功能、经济功能的相似性和差异性为依据，考虑到优势自然资源和人类经济社会活动在局部区域生态经济功能的重要地位，选取优势自然资源、人类经济社会活动特点两个指标作为划分指标。同时，考虑到该区是岩溶山区，生态环境的脆弱性已成为该区可持续发展的主要制约因素，选取植被、水土流失两个指标作为划分参考指标。

同时，为了更好地体现综合性原则，在具体划分过程中，辅以空间叠置法与地理相关分析法进行。运用 GIS 手段，把大新县行政区划图、地质矿产分布图、地貌图、植被分布图、土地利用现状图等反映区域全貌和生态经济特征的图谱叠加，并参考农业综合区划图、林业综合区划图、林业生态经济区划图、旅游总体规划图，依据生态经济功能区划的原则，根据分区指标，对大新县复杂的自然生态要素与人文发展要素的时空变化进行了协同分析，揭示出不同地域的生态经济功能，最终确定生态经济功能区划方案。

第三节 大新县生态经济功能区划结果

根据上述区划的原则、依据和方法，可将大新县域划分为 6 个生态经济区和 10 个生态经济亚区（表 5-1 和图 5-1）。

表 5-1 大新县生态经济功能区划方案

生态经济功能区类型		范围	面积/km²
I 东部小明山水源头山地丘陵生态经济功能区	I -1 小明山山地丘陵水源涵养、林牧业生态经济功能亚区	福隆乡（平良、营旺、欧阳、良党、良泮）、昌明乡（东风）、龙门乡（龙门、苦丁、文明、三联）、榄圩乡（武姜、先力、先明、那遵）、桃城镇（德立）	334.24
II 东北部地下河域峰丛洼地生态经济功能区	II -1 东北部峰丛洼地水土保持、林牧果业生态经济功能亚区	福隆乡（中山、五兆、福隆）、五山乡（天水、文化、温新、文应、宾山、其山、盆山、联山、三合）、昌明乡（昌明、新民、仁化、奉备、五榕）、龙门乡（西宁、上育）、全茗镇（配偶）	353.27
III 中部黑水河下游流域峰林谷地平原生态经济功能区	III-1 全茗峰林谷地水土保持、粮糖果业生态经济功能亚区	龙门乡（武安、宝山）、全茗镇（全茗、顿周、上马、乔苗、灵熬、政教）	163.44
	III-2 中部峰林台地平原生物多样性保护、粮糖林果业、生态工业、生态城市生态经济功能亚区	桃城镇（新城、新振、桃源、北三、黎明、松洞、社隆、宝贤、爱国、新华、万礼、宝新、大岭）、恩城乡（恩城、维新、陆榜、和平、新合、新圩、如龙、护国）、雷平镇（后益、太平、公益、新益、车站、左安、安平）、那岭乡（那信、巴伏、那廉、那义、龙贺）	543.69
	III-3 那岭低山丘陵水土保持、林果业生态经济功能亚区	全茗镇（上湖）、那岭乡（那岭、好胜）	69.65

生态经济功能区类型		范围	面积/km²
III 中部黑水河下游流域峰林谷地平原生态经济功能区	III-4 雷平南部丘陵平原水土保持、粮林牧业生态经济功能亚区	雷平镇（共和、钦联、峒龙、中军、品现、三伦、新立、振兴、怀义、怀阳、怀仁、怀礼）	208.92
	III-5 堪圩-宝圩峰林谷地水土保持、粮糖林果渔业、生态旅游业生态经济功能亚区	雷平镇（安民、上利、那岸、新贵）、宝圩乡（宝圩、宝西、板价、板六、尚艺、景阳）、堪圩乡（堪圩、民六、芦山、拔浪、民智、明仕、谨汤）	309.52
IV 东南部揽圩河流域峰林谷地生态经济功能区	IV-1 东南部峰林谷地水土保持、粮糖林果业生态经济功能亚区	榄圩乡（榄圩、康谭、岜光、新排、正隆、新吉、新球、上吉、荣圩、仁合、康合）	272.56
V 西北部黑水河上游流域峰丛洼地生态经济功能区	V-1 硕龙峰丛洼地水源涵养、生态旅游业、边贸业生态经济功能亚区	硕龙镇（硕龙、巷口、义显、义宁、门村、岩应、念典、隘江、礼贤、德天）、那岭乡（巴兰、陇玉、五一）	237.37
	V-2 西北部峰丛洼地水源涵养、锰工业生态经济功能亚区	下雷镇（下雷、信隆、吉门、仁惠、仁益、志兴、新风、仁爱）、土湖乡（新育、信孚、土湖、志刚、三湖、新湖）	249.46

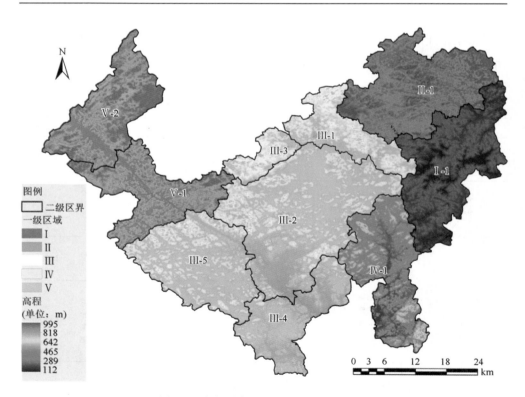

图 5-1 大新县生态经济功能区划示意图

第四节 各分区人口承载力估算

人口承载力是指在不打破区域生态系统自我维持、自我调节的平衡能力的前提下，资源与环境子系统可承受的经济社会活动强度和具有一定生活水平的人口数量（高吉喜，2001）。人口是可持续发展的核心要素之一，可持续发展的关键就是协调人地关系。一方面，人口作为人力资本，是增长的发动机（Lucas，1988；Stokey，1991）；另一方面，作为消费者，人口规模给自然资源环境带来压力。人口问题关系到经济社会的健康运行。

目前，对人口承载力的研究主要从土地、水资源、矿产、粮食、环境等不同方面切入，以不同的资源为限制因子，计算得出人口承载力（张耀军等，2008）。考虑到研究区的特殊性，这里根据岩溶区地貌类型对人类活动和生态发展的限制，结合地形起伏度，估算各区人口承载力。

一、研究区地形起伏

地形起伏度表征区域地势和地形特征，用区域平均海拔和相对高差的坡地比例贡献项综合表示，前者体现区域地势背景，后者表征坡地的地形起伏贡献。平均地势越高，区域人口承载力受到的制约越强；坡地占的面积越大且起伏越大，区域人口承载力受到的限制越大（匡耀求等，2008；王德辉等，2008，2010；许连忠等，2008），其计算公式（国家人口和计划生育委员会发展规划司，2009）为

$$RDLS=ALT/1000+\{[\max(H)-\min(H)]\times[1-P(A)/A]\}/500 \qquad (5\text{-}1)$$

式中，ALT 为某区域的平均海拔高程（m）；$\max(H)$ 和 $\min(H)$ 分别为该区域内的最高与最低海拔（m）；$P(A)$ 为区域内的平地面积（km^2）；A 为区域总面积（km^2）。

本节用 30m×30m 分辨率的数字化地形图，按 90m×90m 网格提取每个网格的海拔高程最大值和最小值，将海拔高程最大值和最小值相差小于 10m 的网格标示为平地，作平地分布栅格图，然后，用生态经济功能分区界线矢量图分割平地分布栅格图，得出各分区单元的平地面积数，同时再用生态经济功能分区界线矢量图分割数字化地形图求得各研究分区单元的海拔高程最大值、最小值以及海拔

高程平均值。再根据上述地形起伏度指数计算公式计算出各区的地形起伏度指数，结果见表 5-2 和图 5-2。

表 5-2　大新县生态经济功能分区地形起伏度

分区	地形起伏度	主要地貌类型
I-1	2.003	中低山
II-1	1.519	峰丛洼地
III-1	1.283	峰林谷地
III-2	1.191	峰林谷地
III-3	1.355	低山
III-4	0.854	丘陵
III-5	1.335	峰林谷地
IV-1	1.160	峰林谷地
V-1	1.585	峰丛洼地
V-2	1.920	峰丛洼地

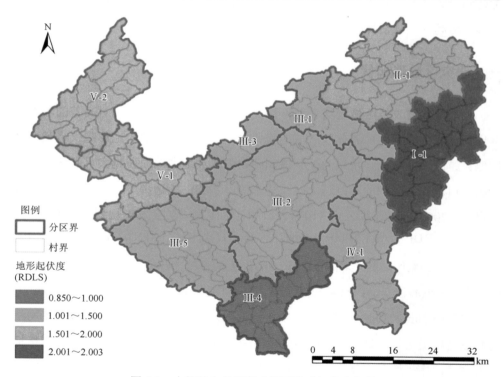

图 5-2　大新县生态经济功能区地形起伏度指数

从图 5-2 中可以看出，大新县生态经济功能区各分区地形起伏度分异度较好，地形起伏度最大的Ⅰ-1区，地形起伏度指数高达 2.003，为中低山地貌；而地形起伏度最小的Ⅲ-4区，地形起伏度指数仅为 0.854，为丘陵地貌，是全区地势最平坦的区域。Ⅱ-1 和Ⅴ1、Ⅴ2 分别位于研究区东北部和西北部，地形起伏度指数大于1.5，属峰丛洼地地貌，是全县海拔最高、地形起伏度最大的区域。以地形起伏度等于 1.0 为界，可以将峰林谷地区与丘陵区清楚地区分开来。分别以地形起伏度等于 1.5 和 1.0 为界，可以将生态经济功能区区分为中低山区-峰丛洼地区、低山-峰林谷地区、丘陵区-岩溶谷地三大类区域（表 5-2）。

二、人口承载力标准

不同的地貌形成了对人类活动和生态发展的限制，从而影响了人口的承载力。前人研究认为，岩溶山地、峰丛洼地区人口容量为≤50 人/km²，峰林谷地、岩溶槽谷区为≤100 人/km²，岩溶平原区为≤150 人/km²（蒋忠诚等，2011）。同时，部分学者的研究成果显示，岩溶中、低山区的人口密度应与常态山区的中山区一致，为 100 人/km²，岩溶谷地区的人口密度则与非可溶岩低山丘陵区一致，为 100～200 人/km²（周游游等，2004）。综合上述研究成果，根据研究区实际情况，本书设定研究区各种地貌类型对应人口承载力分别为中低山区-峰丛洼地区为50～100 人/km²、低山-峰林谷地区为 101～150 人/km²、丘陵区-岩溶谷地为 151～200 人/km²，对应地形起伏度分别为 1.5～2.0、1.0～1.5、1.0～0.5。

三、评价结果

基于地形起伏度人口承载力标准，综合考虑城镇对人口的聚集功能和自然保护区对人口的限制作用，得到大新县生态经济功能区各分区人口承载力评价结果见表 5-3 和图 5-3，结果表明：全县人口承载力富余 35 000 人，但各区情况差别较大，人口承载力富余区和人口超载区各占 5 个。人口超载区为Ⅰ-1、Ⅱ-1、Ⅲ-1、Ⅲ-5、Ⅴ-2，人口承载力富余区为Ⅲ-2、Ⅲ-3、Ⅲ-4、Ⅳ-1、Ⅴ-1。人口超载区主要处于海拔相对较高的区域，超载程度为 10%～32%，超载最大的为东北部峰丛洼地水土保持、林牧果业生态经济功能亚区（Ⅱ-1），为本区最典型的峰丛洼地区，属右江流域，地下水深埋；人口富余区主要处于海拔相对较低的区域，富余程度为 14%～40%，富余最多的为中部峰林台地平原生物多样性保护、粮糖林果业、生态工业、生态城市生态经济功能亚区（III-2），为县城所在地。

表 5-3　大新县生态经济功能区各分区人口承载力评价结果

分区	面积/km²	2008 年人口/人	人口承载力/人	人口富余状况/人	富余程度/%
I-1	334	30 051	27 153	−2 898	−9.64
II-1	353	51 452	34 658	−16 794	−32.64
III-1	163	27 911	24 835	−3 076	−11.02
III-2	544	117 083	161 998	44 915	38.36
III-3	70	6 297	7 977	1 680	26.67
III-4	209	24 549	34 390	9 841	40.09
III-5	310	44 024	36 054	−7 970	−18.10
IV-1	273	25 871	36 530	10 659	41.20
V-1	237	17 148	19 663	2 515	14.66
V-2	249	26 372	22 502	−3 870	−14.67
全县	2 742	370 758	405 759	35 001	9.44

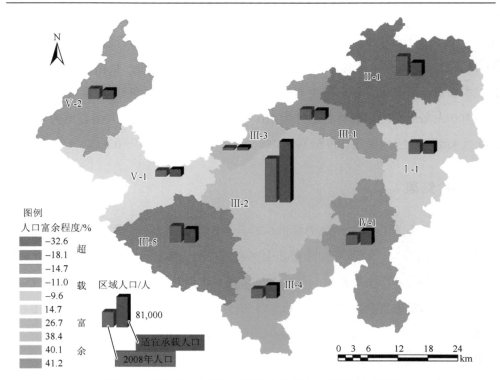

图 5-3　大新县生态经济功能区各分区人口承载力示意图

第五节　各区特点及发展方向

由于区域内部的地域差异而产生不同的生态经济功能区，不同的生态经济功能区，系统结构特点和功能各不相同，发展方向自然不同。根据各分区特点，制定大新县各生态经济功能分区发展方向。

一、东部小明山水源头山地丘陵生态经济功能区（Ⅰ）

本区位于大新县东部，地处西大明山西侧的小明山山系，主峰海拔为 973m，属江河源头区。小明山山脉从东向西和西南倾斜，地势北高南低，地貌以山地丘陵为主。地表水系以山涧溪流为主，是平良河、龙门河和揽圩河的主要源头。该区只划分为 1 个生态经济功能亚区，面积为 334.24km²。

小明山山地丘陵水源涵养、林牧业生态经济功能亚区（Ⅰ-1）包括小明山林场以及福隆乡的平良、营旺、欧阳、良党、良泮，昌明乡的东风，龙门乡的龙门、苦丁、文明、三联，桃城镇的德立，揽圩乡的武羌、先力、先明、那遵，共 1 个林场 15 个村级单位。

1. 主要特点

区内地形起伏度为 2.003，平均气温为 21.1℃，≥10℃年积温为 7238℃，年降水量为 1336.6mm。土壤海拔在 500m 以下为赤红壤，500m 以上为红壤。森林植被天然林以次生阔叶树为主，人工林有杉、松、桉等，林下灌木较多，经济林有八角、苦丁茶、龙眼、酸梅等。本亚区是大新县珍稀特产苦丁茶的主要产区，苦丁茶原产于龙门乡苦丁村；水草条件好，畜牧业已初具规模；农作物主要为水稻、玉米、甘蔗、木薯（大新县水利电力局，1993；广西大新县林业局，1999）。中部和北部为西大明山自然保护区小明山片，还保存有大片的北热带季节性雨林。本亚区森林覆盖率高，生态环境好。

2008 年全区人口为 30 051 人，人口密度为 90 人/km²。

2. 主要生态经济问题

本区天然阔叶林面积小，人工针叶林面积大，森林涵养水源功能有所下降；水土流失轻度侵蚀区，局部坡耕地面积大，草场植被遭破坏，水土流失较严重；人口超载 2898 人，超载率 9.64%。

3. 生态经济发展方向

本区是江河源头区，要搞好水源涵养，适度发展林牧业，并加强水土保持。

（1）发展苦丁茶产业。在龙门乡的苦丁村、文明村一带建立苦丁茶种植和加工基地。

（2）发展香料林。在小明山林场等地发展八角、玉桂等香料林。

（3）发展畜牧业。在丘陵地带建设优质高产的半人工、人工草地，建立草食动物饲养示范小区。

（4）发展水源涵养林。江河源头区，建设好保护区，保护现有水源林，扩大重点保护区面积。

（5）退耕还林。对坡度大于 25°的坡耕地实行退耕还林。

（6）合理调控人口。本区人口稍微超载，要采取有效措施，转移和控制人口。

二、东北部地下河域峰丛洼地生态经济功能区（Ⅱ）

本区位于大新县东北部，地貌主要为岩溶峰丛洼地，南部昌明乡一带为峰林谷地，西部全茗、五乡交界处为中山山地，海拔为 400～760m。河流以地下河为主，地表水系欠发育，地下河主要有更兆—留能地下河，属右江地下水补给河系。全区只划分为 1 个生态经济功能亚区，面积为 353.27km²。

东北部峰丛洼地水土保持、林牧果业生态经济功能亚区（Ⅱ-1），包括五山乡的全部，福隆乡的中山、五兆、福隆，昌明乡的昌明、新民、仁化、奉备、五榕，龙门乡的西宁、上育，全茗镇的配偶，共 20 个村级单位。

1. 主要特点

区内石山多平地少，全区地形起伏度为 1.519，年均气温为 21.1℃，≥10℃年积温为 7020℃，年降水量为 1336.6mm（大新县水利电力局，1993；广西大新县林业局，1999）。土壤主要为石灰土。现存植被主要为石山灌丛。农作物主要为旱粮作物，以玉米、甘蔗、豆类、木薯等为主。

2008 年全区人口为 51 452 人，人口密度为 146 人/km²

2. 主要生态经济问题

本区地表水资源少，部分人畜用水困难；耕地少，分布零星，多为旱地，农作物产量低；森林覆盖率低，石漠化土地大，水土流失严重；旱涝灾害严重；经济发展落后；人口严重超载，超载率 32.64%。

3. 生态经济发展方向

本区要搞好水土保持，发展石山区林牧果业。

（1）发展石山饲料林，圈养牛羊。在石山上大量种植肥牛树、任豆树、银合欢等饲料树种，采集叶子饲养牛羊；建立黄牛养殖基地和黑山羊养殖基地。

（2）发展苦丁茶生产。在昌明乡建立苦丁茶生产基地。

（3）发展水果。大力发展龙眼、酸梅等水果生产，形成规模。

（4）解决水源问题。加强保水措施和增加供水设施，首先解决人畜生活用水；其次在以旱粮作物为主的同时，发展灌溉农业，提高粮食单产。

（5）提高森林覆盖率。大力发展沼气，进行封山育林和人工造林，增加森林面积，提高森林覆盖率，保持水土，改善生态环境。

（6）转移部分人口。本区人口严重超载，要采取有效措施，鼓励人口转移，缓解人口压力。

三、中部黑水河下游流域峰林谷地平原生态经济功能区（Ⅲ）

本区位于大新县中部黑水河下游流域，河系发达，地表水系密度大，一级支流主要有桃城河和明仕河。地貌主要为岩溶峰林谷地。在桃城镇、雷平镇河谷阶地发育，平原面积较大。本区划分为 5 个生态经济功能亚区，总面积为 1295.22km²。

（一）全茗峰林谷地水土保持、粮糖果业生态经济功能亚区（Ⅲ-1）

本亚区包括龙门乡的武安、宝山，全茗镇的全茗、顿周、上马、乔苗、灵熬、政教，共 8 个村级单位，面积为 163.44km²。

1. 主要特点

全区地形起伏度为 1.283，2008 年人口为 27 911 人，人口密度为 171 人/km²。亚区内地貌主要为岩溶峰林谷地，局部边缘为丘陵地，海拔为 300～500m，年均气温为 21.6℃，≥10℃年积温为 7238℃，年降水量为 1410.9mm。主要河流有顿周河、龙门河，水库主要有乔苗水库、侬门水库和宝山水库，乔苗水库为目前大新县最大的水库。土壤主要为石灰土、赤红壤、水稻土。石山现存植被主要为灌丛，在丘陵主要为马尾松林和桉树林；在台地和谷地主要为龙眼、柑橙、沙梨等果林。农作物主要为水稻、甘蔗、玉米、花生、豆类和红薯（大新县水利电力局，1993；广西大新县林业局，1999）。

区内水源丰富，水利条件好，是县内稻谷、甘蔗的主要产地之一，尤其甘蔗产量较高。

2. 主要生态经济问题

本区石山森林覆盖率低，主要为灌木林，有林地少，局部水土流失严重；人口超载 3076 人，超载率为 11.02%。

3. 生态经济发展方向

本区以发展粮糖果业为主。

（1）发展粮糖业。发展优质水稻和优质玉米生产，种植高产甘蔗。

（2）发展名特优水果。发展石狭龙眼等名特优水果，建立无公害龙眼生产基地。

（3）提高石山森林覆盖率。大力发展沼气，对石山进行封山育林和人工造林，增加森林面积，提高森林覆盖率，顿周、乔苗一带要加强水土保持，改善生态环境。

（4）合理控制人口。本区人口超载，在做好人口内部合理调配的同时，鼓励人口向城镇转移。

（二）中部峰林台地平原生物多样性保护、粮糖林果业、生态工业、生态城市生
态经济功能亚区（III-2）

本亚区包括恩城乡、桃城镇除德立村外的全部，那岭乡的那信、巴伏、那廉、
那仪、龙贺，雷平镇的后益、太平、公益、新益、车站、左安、安平，共 33 个村
级单位，是研究区内面积最大的功能亚区，面积为 543.69km²。

1. 主要特点

全区地形起伏度为 1.191，2008 年人口为 117 083 人，人口密度为 215 人/km²。
区内地貌主要为岩溶峰林谷地和峰林平原，峰林平原主要分布在桃城镇、雷平镇，
海拔为 300～500m。资料显示（大新县水利电力局，1993；广西大新县林业局，
1999），年均气温为 21.6℃，≥10℃年积温为 7238℃，年降水量为 1410.9mm。主
要河流有黑水河及其支流桃城河、明仕河。主要水库有新华水库、派盘水库等。
在桃城河分布有逐克水电站、上禁水电站、通径水电站、新均水电站、格强水电
站，在黑水河分布有那岸水电站、上利水电站、中军潭水电站，其中那岸水电站
为本县最大的水电站。土壤主要为石灰土、赤红壤、水稻土。石山现存植被主要
为灌丛，在台地和谷地主要为龙眼、柑橙等果林。农作物主要为水稻、玉米、甘
蔗、蔬菜、木薯。

恩城自然保护区分布于本亚区，保护区内有白猴、黑叶喉、恒河猴、猕猴、
黑熊等国家级珍贵动物。

本区耕地面积大而且灌溉条件较好，是粮食、甘蔗的主要产区之一。果园，
特别是龙眼园面积大，是大新县龙眼主要产区。

县城位于本亚区，在县城周围有制糖工业、建材工业、锰加工业等企业；在
雷平有化工企业和制糖企业。

2. 主要生态经济问题

本区石山森林覆盖率低，石漠化土地面积较大；雷平工业区有环境污染现象；
城市化水平低，县城规模小。

3. 生态经济发展方向

本区要搞好水土保持、生物多样性保护，发展粮糖菜业、林果业、生态工业、生态城市。

（1）发展粮糖菜业。发展优质水稻和优质玉米生产，种植高产甘蔗，建立无公害蔬菜生产基地。

（2）发展优质水果。在原有龙眼园的基础上，继续扩大优质龙眼生产，建立无公害龙眼生产基地。

（3）发展生态工业。在桃城工业区发展制糖工业、建材工业、锰加工业、水果深加工工业，按照清洁生产要求进行生产，努力建成生态工业园；雷平工业区大新县化工厂和大新县雷平永鑫糖业有限公司需要实行清洁生产，彻底治理污染，保护周围环境。

（4）建设生态城市。扩大县城规模，把县城建设成为生态城市和旅游名城。

（5）提高森林覆盖率。大力发展沼气，对石山进行封山育林和人工造林，增加森林面积，提高森林覆盖率，保持水土，改善生态环境。

（6）保护生物多样性。建设好恩城自然保护区，要扩大核心保护区面积，保护好珍贵动植物。

（三）那岭低山丘陵水土保持、林果业生态经济功能亚区（III-3）

本区包括上湖林场以及全茗镇的上湖和那岭乡的那岭、好胜 3 个村级单位，面积为 69.65km²。

1. 主要特点

全区地形起伏度为 1.355，2008 年人口为 6279 人，人口密度为 90 人/km²。亚区内地貌以山地丘陵为主，东北部有少量峰丛谷地，海拔为 400～700m。年均气温为 20.6℃，≥10℃年积温为 7238℃，年降水量为 1410.9mm（大新县水利电力局，1993；广西大新县林业局，1999）。处于本亚区的河流有顿周河和那岭河的上游，水库主要有那当水库、那礼水库。土壤主要为赤红壤、红壤、石灰土、水稻土。森林植被天然林以次生阔叶树为主，人工林有杉、松等，是本县用材林基地之一，林下灌木较多，经济林有八角、玉桂、龙眼等，石山现存植被主要为灌丛。区内农作物主要为水稻、玉米、水果等。

2. 主要生态经济问题

本区森林覆盖率降低，水土流失明显。

3. 生态经济发展方向

本区要搞好水土保持，发展林果业。

（1）发展林果业。改造低产用材林和部分灌木林，重点发展杉木、马尾松等丰产用才林和八角、玉桂、龙眼等名特优经济林。

（2）发展粮食。发展优质水稻和优质玉米生产。

（3）提高森林覆盖率。大力发展沼气，对石山进行封山育林和人工造林，增加森林面积，提高森林覆盖率，保持水土，改善生态环境。

（四）雷平南部丘陵平原水土保持、粮林牧业生态经济功能亚区（Ⅲ-4）

本区包括雷平镇的共和、钦联、布龙、中军、品现、三伦、新立、振兴、怀义、怀阳、怀仁、怀礼，共 12 个村级单位，面积为 208.92km²。

1. 主要特点

全区地形起伏度为 0.854，2008 年人口为 24 549 人，人口密度为 118 人/km²。亚区内地貌主要为丘陵平原、台地，西北部峰林谷地，海拔为 200～400m。年均气温为 21.6℃，≥10℃年积温为 7238℃，年降水量为 1410.9mm（大新县水利电力局，1993；广西大新县林业局，1999）。河流主要有黑水河下游和怀阳河，在怀阳河分布有芭贴电站。水库主要有共和水库、芭贴水库、怀阳水库和布龙水库。土壤主要为赤红壤、石灰土、水稻土。石山现存植被主要为灌丛，在丘陵为马尾松林和桉树林，牧草资源丰富。农作物主要为水稻、玉米、甘蔗、龙眼等。

2. 主要生态经济问题

本区石山森林覆盖率低，水土流失严重；草场植被遭破坏，水土流失加剧。

3. 生态经济发展方向

本区要搞好水土保持，发展粮林牧业。

（1）发展畜牧业。在原有牧草地基础上种草改草，建设优质高产的半人工、人工草地，建立草食动物饲养示范小区。

（2）发展粮食。发展优质水稻和优质玉米生产。

（3）提高森林覆盖率。大力发展沼气，对石山进行封山育林和人工造林，增加森林面积，提高森林覆盖率，保持水土，改善生态环境。

（五）堪圩-宝圩峰林谷地水土保持、粮糖林果渔业、生态旅游业生态经济功能亚区（Ⅲ-5）

本亚区包括宝圩乡和堪圩乡的全部，雷平镇的安民、上利、那岸、新贵，共17 个村级单位，面积为 309.52km²。

1. 主要特点

全区地形起伏度为 1.335，2008 年人口为 44 024 人，人口密度为 142 人/km²。区内地貌主要为岩溶峰林谷地，北端为峰丛洼地，海拔为 300～60m。年均气温为 21.6℃，≥10℃年积温为 7238℃，年降水量为 1410.9mm（大新县水利电力局，1993；广西大新县林业局，1999）。河流主要有黑水河、明仕河。在怀阳河分布有稔通水电站。土壤主要为石灰土、赤红壤、水稻土。石山现存植被主要为灌丛，在台地和谷地主要为龙眼、柑橙等果林，在丘陵为马尾松林和桉树林。农作物主要为水稻、玉米、甘蔗、木薯。

区内耕地面积大而且灌溉条件较好，是大新县粮食、甘蔗的主要产区；山塘多，是大新县主要水产养殖产区；旅游资源丰富，有广西区内有名的明仕田园风景区和黑水河风景区。

2. 主要生态经济问题

石山森林覆盖率低，主要为灌木林，有林地少；明仕田园风景区的旅游基础设施较差；人口超载为 7970 人，超载率为 18.10%。

3. 生态经济发展方向

本区要搞好水土保持，发展粮糖业、林果业、养殖业、生态旅游业。

（1）发展生态旅游业。保护明仕田园风景区和黑水河风景区，加强旅游基础设施建设，开发旅游产品；在明仕田园风景区发展观光农业。

（2）发展粮糖菜业。发展优质水稻和优质玉米生产，种植高产甘蔗，建立无公害蔬菜生产基地。

（3）发展名特优水果。发展石狭龙眼等名特优水果，建立无公害龙眼生产基地。

（4）发展名特优养殖。德天青竹鱼、黑水河鱼等是本地特产鱼，肉质细嫩、鲜甜，要大力发展；珍珠鸭是堪圩乡的特产，体型小巧玲珑，色泽美丽，成年鸭每只重为 1.3～1.6kg（何忠林和欧绍毅，2008；梁善恒，2005），肉质细，口感好，有特殊香味，具有较高的观赏价值和食用价值，要建立珍珠鸭养殖基地。

（5）提高石山森林覆盖率。大力发展沼气，对石山进行封山育林和人工造林，增加森林面积，提高森林覆盖率，保持水土，改善生态环境。

（6）合理调控人口。本区人口超载较大，要采取有效措施，鼓励人口向城镇转移。

四、东南部揽圩河流域峰林谷地生态经济功能区（IV）

本区位于大新县东北部揽圩河流域，地貌以岩溶峰林谷地为主，中部和东北部为山地丘陵，小部分为峰丛洼地，海拔为 200～600m。本区只划分为 1 个生态经济功能亚区，面积为 272.56km^2。

东南部土峰林谷地水土保持、粮糖林果业生态经济功能亚区（IV-1），包括揽圩乡的揽圩、康谭、岜光、新排、正隆、新吉、新球、上吉、荣圩、仁合、康合，共 11 个村级单位。

1. 主要特点

全区地形起伏度为 1.160，2008 年人口为 25 871 人，人口密度为 95 人/km^2。

亚区年均气温为 21.6℃，≥10℃年积温为 7238℃，年降水量为 1410.9mm。河流主要有榄圩河。在榄圩河分布有上吉水电站、荣圩水电站。土壤主要为石灰土、赤红壤、水稻土。石山现存植被主要为灌丛，在台地和谷地主要为龙眼、柑橙等果林。农作物主要为水稻、玉米、甘蔗、木薯。

2. 主要生态经济问题

本区石山森林覆盖率低，有部分石漠化土地。

3. 生态经济发展方向

本区要搞好水土保持，发展粮糖业、林果业，具体如下。

（1）发展优质水果。在原有果园的基础上，继续扩大优质龙眼生产，建立无公害龙眼生产基地。

（2）大力发展粮糖业。发展优质水稻和优质玉米生产，种植高产甘蔗。

（3）提高森林覆盖率。大力发展沼气，对石山进行封山育林和人工造林，增加森林面积，提高森林覆盖率，保持水土，改善生态环境。

五、西北部黑水河上游流域峰丛洼地生态经济功能区（Ⅴ）

本区位于大新县西北部，为黑水河上游流域，水系较发育。地表河主要有黑水河及其支流归春河，地下河主要有伏茗-巴贺地下河、吞屯-下雷地下河及街屯-卜屯地下河。地貌主要为岩溶峰丛洼地，其次为中低山地。中低山地主要位于该区中部。本区总面积为 486.83km²。

（一）硕龙峰丛洼地水源涵养、生态旅游业、边贸业生态经济功能亚区（Ⅴ-1）

本亚区包括硕龙镇的全部，那岭乡的巴兰、陇玉、五一，共 13 个村级单位，面积为 237.37km²。

1. 主要特点

全区地形起伏度为 1.585，2008 年人口为 17 148 人，人口密度为 72 人/km²。

区内地貌主要为岩溶峰丛洼地，海拔为 400～700m，石山多平地少，局部为低山。年均气温为 20.9℃，≥10℃年积温为 6914℃，年降水量为 1509.7mm（大新县水利电力局，1993；广西大新县林业局，1999）。地表河主要有黑水河及其支流归春河，在归春河分布有溢江水电站、硕龙水电站、沙屯水电站，黑水河分布有歌盖水电站；地下河主要有街屯-卜屯地下河。土壤主要为石灰土、红壤、水稻土。石山现存植被主要为灌丛，山地主要为杉木林和马尾松林。农作物主要为水稻、玉米、甘蔗、木薯。

西部为国内外著名的德天瀑布风景名胜区。

2. 主要生态经济问题

本区石山森林覆盖率低，主要为灌木林，有林地少；德天瀑布风景区的旅游基础设施还较差。

3. 生态经济发展方向

本区要搞好水土保持，发展生态旅游业、边贸业、林牧果业。

（1）发展生态旅游业。充分发挥德天旅游品牌优势，把德天旅游业做强做大；保护德天瀑布风景资源和归春河风景资源，加强旅游基础设施建设，开发旅游产品，加大力度搞好宾馆服务业。

（2）发展边境贸易。硕龙镇与越南接壤，要与越南联合搞好边境贸易。

（3）发展观光农业。在硕龙村至德天公路两边发展观光农业，种植油菜、向日葵、水果等。

（4）发展名特优水果。发展石狭龙眼等名特优水果，建立无公害龙眼生产基地。

（5）提高石山森林覆盖率。大力发展沼气，对石山进行封山育林和人工造林，增加森林面积，提高森林覆盖率，保持水土，改善生态环境。

（二）西北部峰丛洼地水源涵养、锰工业生态经济功能亚区（Ⅴ-2）

本亚区包括下雷镇的全部，共 14 个村级单位，面积为 249.46km²。

1. 主要特点

区内地形起伏度为 1.920,2008 年人口为 26 372 人,人口密度为 106 人/km²。区内地貌,在东部和东南部为四城岭,主峰海拔为 1037m;西南部为低山,海拔为 600～800m;中部和西北部为岩溶峰丛洼地,海拔为 600～800m。年均气温为 20.9℃,≥10℃年积温为 6914℃,年降水量为 1509.7mm(大新县水利电力局,1993;广西大新县林业局,1999)。地表河流主要有下雷河和土湖河,在下雷河分布有下雷水电站;地下河主要有伏茗-巴贺地下河、吞屯-下雷地下河。土壤主要为山地红壤、山地黄壤、石灰土、水稻土。在土山分布有季节性雨林和山地季风常绿阔叶林,主要人工植被为杉木林、马尾松林、八角林、玉桂林;少数石山分布有石灰岩季节性雨林,多数石山为灌丛。农作物主要为水稻、玉米、甘蔗、木薯。

下雷自然保护区分布于本亚区,保护区内有大片的天然林面积,动植物资源丰富。

区内矿产资源丰富,是大新县矿产资源的主要产区。大新县锰矿资源最丰富,锰矿资源储量为 $1.35×10^8$t,占全国锰矿资源总储量的四分之一,主要分布于本亚区下雷、土湖两个矿区(大新县国土资源局,2004)。

区内下雷工业区是大新县最大的工业区,有 12 家锰加工企业。

2. 主要生态经济问题

本区石山森林覆盖率低,主要为灌木林,有林地少;矿山开发留下不少的矿山废弃地;下雷工业区环境污染较严重;人口超载为 3870 人,超载率为 14.67%。

3. 生态经济发展方向

本区要提高森林涵养水源功能,搞好水土保持,发展锰工业、林牧果业。

(1)发展锰工业。建设下雷锰谷生态工业园,合理开发锰矿资源,大力发展锰矿深加工。

(2)发展经济林。在四城岭一带发展八角、玉桂等香料林。

（3）发展名特优水果。发展大新名特优水果——下雷腊月柑和石狭龙眼，建立无公害下雷腊月柑和石狭龙眼生产基地。

（4）搞好矿山生态恢复和污染治理。复垦下雷矿区和土糊矿区的矿山废弃地；实行清洁生产，治理工业污染。

（5）发展水源涵养林，提高石山森林覆盖率。建设好保护区，保护现有水源林，扩大重点保护区面积。大力发展沼气，进行封山育林和人工造林，增加森林面积，提高森林覆盖率，提高森林涵养水源的功能，保持水土，改善生态环境。

（6）合理调控人口。本区人口超载，要采取有效措施，严格控制人口。同时，鼓励人口向城镇、产业带有序转移。

第六章 大新县生态经济发展模式研究

第一节 大新县生态经济发展优势分析

一、关于区域生态经济发展优势的一般性理论

关于生态经济发展优势的一般性理论，前人做过不少研究。时正新（1986）认为，不同的区域由于自然生态条件、资源开发利用、经济发展和科技现状等方面不可能处在相同水平和节律上，由于生态、经济、社会、科技这四大要素之间的组合配置、相互作用及其效果不同，因而所制定的区域生态经济规划、生态经济发展战略是不尽相同的，在战略目标、战略重点、战略步骤和措施等方面都会呈现出区域差异。

程必定（1989）和韦伟等（1992）认为，区域优势是指一个地域客观存在的比较有利的自然、经济、技术和社会条件，从而有利于区域自身在总体或在某一方面的发展；邓伟根（1993）认为，区域优势是一个综合概念，是多种有利条件的综合，或说某些有利条件能克服或消除不利条件，才能形成区域优势。

何天祥（2006）认为，区域优势是一个区域在竞争和发展中与其他区域相比较自身所拥有的优势资源，以及对区内外资源吸引、争夺、控制和利用，以促进区域经济社会环境持续发展，使经济社会系统走向有序的能力。同时指出，要站在区域自身角度，用系统论观点看待区域的综合优势（包括经济优势、社会优势和生态优势），从注重静态的条件（资源）优势转向探讨动态的能力优势。

上述论述认可区域优势是相对其他区域相比较而言，自身所拥有的优势资源或能促进自身持续发展的能力，是多种有利条件的综合。其实，区域优势应包括两种，一种是如上所述的相对其他区域而言的自身优势；另一种是区域自身不同条件之间相比而言，某种显示出来的更优越的条件。这很重要，因为即使一个区域跟别的区域比，没有任何优势条件，但还是可以利用自身相比较而言的优势条

件，使自身得到更好的发展。

因此，区域优势是一个相比较的概念，是与相关区域或自身不同条件间相比较而言，在某些方面所拥有的更优越的，能促进自身更快、更好地持续发展的机会和能力，其具体体现在自然环境条件、自然资源条件、经济社会条件等方面。培育和发挥区域优势，形成自身特色产业，参与区域外市场分工与协作是区域快速、持续发展的最佳途径，所以，比较优势和制约因素分析是区域发展定位的基础，是生态经济发展研究的一个基本的环节。生态经济建设的一个最基本的原则就是因地制宜，这里的"地"，不单单是通常所说的地理环境，而是指研究区域的自然和人文环境，即自然、社会、经济条件。区域优势从研究区域的自然、社会和经济条件出发，准确地把握研究区域生态经济发展的比较优势和制约因素，是生态经济建设的一项较为基础和重要的工作。

二、大新县生态经济发展的比较优势分析

（一）政策

1999 年，国家正式提出"加快西部地区发展的条件已经基本具备，时机已经成熟"，要把西部大开发"作为党和国家一项重大的战略任务，摆到更加突出的位置"。广西作为西部开发的一个省，又是少数民族地区，享有国家给予西部大开发和少数民族地区的优惠政策和特殊福利，在资金、税收、能源、户籍、教育等方面都较非少数民族地区有一定的优先权。

大新县为边境、少数民族地区，国家在其发展上给予的各项优惠政策相对要比一般地区多，尤其是目前国际形势平稳，中越双方有着积极的贸易合作意向，大新县可在努力提高自身经济实力的基础上，积极发展边境贸易。

（二）区位

大新县地处中越两国交界处，是中国-东盟自由贸易区的前沿辐射区，是贸易区内便捷的陆路通道。大新县能够充分利用越南的矿产资源、农产品资源，建立两者之间的互补型经济。中国-东盟自由贸易区的建设和发展，把大新县推到沿边

开放的前沿，为大新县推进县域经济大开发、大建设、大发展，带来千载难逢的重大发展机遇。优越的区位条件，可为生态县建设提供更多的可利用因素。

（三）资源

大新县地处北回归线以南，属亚热带季风气候区，光照、降水、热量充沛，雨热同季，水热条件结合良好，植物终年生长，蔗糖、水果等农业资源丰富，是全国六大龙眼生产基地县之一，其龙眼的产量和质量均居崇左市之首。水电资源比较丰富，地表水资源总量达 $13.08\times10^8m^3$。地表水多属径流河，落差大，水电资源较为丰富。锰矿资源丰富，锰矿储量达到 1.3×10^8t，占全国的四分之一，广西的二分之一。旅游资源丰富，亚洲最大的跨国瀑布——德天瀑布，位于大新县的硕龙镇，是国家设定的特级景点，目前已经成为广西重点旅游景点中的“第三张名片”，是大新的形象代表和品牌。此外，有神秘幽静的黑水河、有“小桂林”之称的明仕山水田园，以及那榜奇景和门村枧木王等国家一级景点。

三、生态经济发展的制约因素

关于生态经济发展的制约因素，前人做了一定的研究（刘国焕，1996；蒋新红，2007；徐其楚，2009；何桃洋和潘彩芳，2011），但只是从经济或某个产业发展角度来研究，不够系统、深入。通过实地考察和分析，认为大新县生态经济发展存在如下制约因素。

（一）生态环境较为脆弱，土地生产力低

大新县是典型的岩溶地区，岩溶地貌面积为 $2358km^2$，约占土地总面积的85%。岩溶山区石山多平地少、土层薄、坡度大，容易造成水土流失，易旱易涝，农业生产条件差，是最难从事农业生产的生态脆弱区域，经济与生态的矛盾尤其容易尖锐化。森林资源总量不足，石漠化面积较大，土地生产力低。

（二）经济发展方式仍较粗放，环境压力较大

大新县经济发展方式较为粗放，资源型、初加工型、低端耗能产业仍然占主

导地位，现有锰业、制糖业属于高耗能产业，资源综合利用程度低，深加工水平低，行业集中度较低，产业链短，工艺技术水平还较为落后，资源利用效率不高，工业污染物排放总量大，结构性污染突出；农药、化肥等农业化学品使用强度较大，农业面源污染较严重；因长期受不合理开发活动的影响，局部地区自然生态系统受到破坏，天然林面积减少，森林质量下降，生态系统服务功能减弱，栖息地破碎化明显；土地退化问题突出，全县水土流失面积达 $12.47 \times 10^4 \mathrm{hm}^2$，占全县总面积的 45%，岩溶地区石漠化面积为 $4.24 \times 10^4 \mathrm{hm}^2$，占全县石漠化监测面积的16.71%。

（三）经济发展水平不高，城镇化发展水平低

由于多种因素的影响，大新县经济发展总体水平仍然较低，经济总量和人均收入水平与全国和广西其他地区相比仍有较大差距；经济结构不合理，农业基础薄弱，工业比重小，特色经济优势得不到很好的发挥；经济的整体素质不高，传统型粗放经济占有较大比重，市场竞争力不强；县域内部发展不平衡，农民收入增长缓慢。生活困难群众集中在山区，增加了生态环境压力；城镇化水平低，远低于广西和全国平均水平。大量农村富余劳动力未能转移到城镇，无法发挥联结生态农业—加工业—商贸立体经济的纽带作用。此外，交通欠发达，科技人才和地方财政实力不足，人口文化素质整体处于较低的水平。

四、生态经济发展面临的机遇

大新县生态经济发展的机遇包括宏观背景和当地群众的诉求两个方面。

（一）科学发展、生态文明成为时代的主旋律

中共十七大报告中提出，全国必须坚持科学发展观，实现全面协调可持续发展，要坚持生产发展、生活富裕、生态良好的文明发展道路。建设生态文明，形成节约能源资源和保护生态环境的产业结构、增长方式、消费模式，为可持续发展奠定良好的发展环境，为区域可持续发展指明方向。

在应对全球气候变化和低碳经济时代，中国十分重视以减少碳排放为核心内

容的国际气候谈判，积极参与全球提高能源效率、开发可再生能源，采用清洁发展机制等重要行动，并承诺降低碳排放强度、发展低碳经济。这与中央要求深入贯彻落实科学发展观、建设生态文明，进一步转变经济发展方式是一致的。

低碳经济将催生新的经济增长点，重塑经济版图，对区域发展来说是一次全新的发展机会。低碳经济也正在成为中国经济转型的支柱，引导未来走向。今后政府在决策目标上不能继续停留在迅速做大 GDP 上，而是进一步作出有利于生态文明的各种实质而具体的制度安排。生态文明的提出要求创新发展模式、破解发展难题，要求大新县在生态经济、生态家园、生态文化建设等各个领域有更大的作为。

（二）《广西北部湾经济区发展规划》的批准与实施

2008 年，国务院通过《广西北部湾经济区发展规划（2006-2020）》，标志着北部湾经济区的开发上升到国家战略。广西北部湾经济区，由南宁市、北海市、钦州市、防城港市所辖区域范围及玉林市、崇左市的交通和物流组成，崇左市是该经济区"4+2"城市之一。广西北部湾经济区发展规划的批准与实施，不仅仅是广西的历史机遇，也是崇左市发展的重大历史机遇，使崇左市参与的地域得到极大发展，从陆地扩大到海洋，从内地向沿海延伸，实现"边"、"海"优势互补。同时，使崇左市作为中国与东盟的交汇节点的这一战略地位更加突出。

特别是面对这一机遇，崇左市计划从多个方面对外开展产业合作对接。以锰加工业与沿海大钢铁相对接；以边境旅游与沿海旅游实现互动对接；大力发展速丰林和蔗渣造纸与沿海林浆纸项目对接；建立绿色农副产品基地与沿海城市配套对接；扩大职业教育与沿海工业大发展对接等。拥有丰富锰矿资源、旅游资源、边境贸易资源、特色农副产品资源的大新县，作为崇左市的一员，大新县无疑拥有着重大的发展机遇。

（三）居民对生活质量的要求越来越高

幸福指数是衡量幸福感受具体程度的主观指标，反映人们对社会和经济发展的满意程度。随着人民物质生活水平的不断提高，人们越来越关注自身的幸福。

但幸福与经济水平之间的联系非常复杂。影响幸福指数的因素很多，主要有家庭状况、健康状况、经济状况、社会状况、职业状况等。在经济快速发展的同时，怎样确保人民有较好的经济机会、社会机会、安全保障、生活环境等，使人民总体生活得较幸福，从而创造一个可持续的社会，是大新县必须面对的又一难题。社会和居民对环境质量的要求越来越强烈，给大新县的发展，带来严峻的挑战，同时也是发展的重要机遇。

第二节　大新县生态经济发展模式构建

一、大新县生态经济发展模式构建的思路

大新县属典型的湿热岩溶山区，生态脆弱、经济发展水平低，但自然资源丰富而独特。大新县的可持续发展，要充分利用自身资源优势，在保障生态安全的前提下大力发展地方经济，同时加强生态环境建设，不断改善脆弱的生态环境，走特色优势资源开发与环境保护一体化发展道路。据此，基于第二章湿热岩溶山区特色资源开发与环境保护一体化发展模式框架，构建大新县生态经济发展模式——泛旅游产业联动发展模式。

二、泛旅游规划研究进展

目前，我国旅游业正处于由传统的观光旅游一统天下的局面向多种产品并存的转变之中。经过近十多年的发展，中国旅游业已经从大众观光的"门票经济"时代向观光游览、商务旅游和休闲度假三驾马车并驾齐驱的"泛旅游时代"转变。

三、泛旅游产业联动发展模式构建

（一）泛旅游的特点

泛旅游是近几年旅游规划界提出来的一个新名词。对于泛旅游特点，已有少

数学者做了一定的研究（吴必虎，2012；殷永生，2011），并提出泛旅游具有旅游者的泛化、旅游活动的泛化、旅游活动空间的泛化、旅游产业的综合化四个特征。综合前人研究成果，与传统观光旅游相比，泛旅游具有如下特点。

（1）旅游资源的泛化。随着旅游日益多样化的需求，旅游资源不再局限于有形的名山大川、海滨沙滩、名胜古迹或娱乐设施等观光、度假、娱乐型资源，一切对旅游者具有吸引力的因素都可能构成潜在的旅游资源。这将为旅游发展提供一个更为广阔的拓展空间。

（2）旅游市场泛化。旅游市场泛化包括两个层次：第一，从空间概念上看，在考虑旅游规划和进行决策时，不能只考虑自己的一份资源和它所能产生的市场，应该利用充裕的区外资源和区外市场作为自己的开拓目标，在区域协作中拓展自身的旅游业，实现大区域的"资源共享"和"市场共享"。旅游发展理念已不是你死我活的竞争关系，更多的是寻求一种双赢的生存机制。第二，从旅游者概念上看，泛旅游时代，所有进入本地区域的人，包括本地居民，都视作潜在的游客，每个人都可以成为"泛旅游"中的游客。

（3）旅游活动形式的泛化。旅游活动变得更加丰富，除游览之外，更多的体现出娱乐和互动的特性，更加个性化，也进一步淡化了旅游和游憩的区别（吴必虎，2012；殷永生，2011）；

（4）旅游活动空间的泛化。游客在目的地的活动范围更为多样化，不再局限于景区大门之内的景点空间。目的地的整个空间都是旅游空间，即全景空间（吴必虎，2012；殷永生，2011）。

（5）旅游产业的多元化。产业多元化是大旅游理念的拓展。行、住、食、游、购、娱是旅游六要素，但不是大旅游的全部产业。现代大旅游产业是一个巨系统，由直接系统（旅游主体、旅游资源、服务业）、介入系统（电信、金融等）和支持系统（工业、房地产业等）三大系统构成。旅游业虽然属于第三产业，但它却是一个关联性最高的综合产业系统。电信业、农副产品及加工业、食品和旅游商品加工业等占很大的比重。有些产业自身将成为旅游产业（如观光农业），有些是与旅游业密不可分的关联产业。各种产业间形成的产业链，为发展旅游业营造一个大的产业环境。

（6）资源环境的一体化。随着人们对良好生态环境需求的愿望越来越高，旅游地区域环境的地位也越来越突出。良好的生态环境本身就是一种旅游资源，旅游业的发展，又可反哺生态环境建设。基于此，作者认为，与传统观光旅游相比，泛旅游还具有一个比较重要的特点——资源环境的一体化。

从以上可以看出，泛旅游是应新时期旅客多样化需求产生的一个全新的概念，是传统旅游在旅游资源、旅游市场、旅游活动形式、旅游活动空间、旅游产业和资源环境六个层面上的拓展。泛旅游在满足旅游者多样化需求的同时，大大地拓展了旅游业的发展空间。

（二）泛旅游产业联动发展模式的内涵

泛旅游产业联动发展模式是基于泛旅游的理念，以满足旅游者日益多样化的需求与区域可持续发展为目标，充分发挥旅游业综合性、包容性、生态性的特点，依托区域旅游资源优势，挖掘旅游资源和旅游市场潜力，以旅游业为核心，高效整合其他特色产业优势资源，延伸产业链，联动其他产业发展，形成旅游业和其他产业相互推动发展的格局。注重资源开发与环境保护一体化发展，最终实现经济效益、社会效益和生态效益的高效统一。

泛旅游产业联动发展模式打破了传统旅游产业的界限，把旅游业作为区域发展的核心动力，挖掘旅游业与第一、二、三产业及城乡建设的内在有机联系，强调产业之间的互动和整合。在泛旅游产业联动发展模式框架下，各产业与旅游业有很强的融合趋势，融合之后的产业结构，能产生较高的附加值和溢出效应，使得旅游经济的带动效应得到扩散和增强，具有明显的产业集聚优势和带动辐射效应。同时，生态环境建设得到进一步重视，较好地促进区域经济社会与资源环境的协调发展。

四、大新县实施泛旅游产业联动发展模式的必要性和可行性

（一）大新县实施泛旅游产业联动发展模式的必要性

1. 实施泛旅游产业联动发展模式是应旅游发展趋势的要求

随着旅游业日新月异的发展，单纯的就资源谈旅游的时代已经过去，一个旅

游地的成功开发，往往就可能产生一种崭新的发展理念。旅游业的指导思想，必须符合产业自身的发展规律。

随着人民生活水平的不断提高，旅游业得到快速发展。同时，旅游者对旅游产品的需求日益多样化。旅游是以旅游者为主体，旅游业的发展必须以旅游者需求为导向，适时发展和更新产品，以适应市场需求。

与大众观光旅游相比，泛旅游打破了传统旅游产业的界限，旅游业与其他行业之间的交叉融合日益普遍，使得旅游经济的带动效应得到扩散和增强（吴必虎，2012）。

大新县的旅游发展战略应当引入泛旅游的新理念。首先，依据旅游产业自身的特点要求，旅游业是一项综合性的产业。发展旅游不仅是旅游行业的事，而是涉及全社会的各个层面，发展旅游必须有高远的目光。其次，大新县政府作出创建"中国旅游强县"的决定，不仅对现在，而且对以后具有更长期的指导性。大新县旅游业上新台阶，应该摆脱"就资源论开发，就旅游讲发展"的传统模式。

2. 实施泛旅游产业联动发展模式是大新县实现区域可持续发展的要求

大新县在广西主体功能区划定位为省级限制开发区域（农产品主产区），不适于大规模开发。目前，大新县资源型、初加工型、低端耗能产业占主导地位，经济增长方式较为粗放。现有两大支柱产业锰矿业、制糖业皆属于高耗能产业，资源综合利用程度低，深加工程度不足，行业集中度不高，产业链短，资源环境形势不容乐观。

从"十二五"开始，国家实施扩大内需战略，从以投资、出口为主转变到内需消费为主，重点转到居民消费需求为主上来。大新县属欠发达地区，发展主要依靠投资拉动，内需消费严重不足，原有经济增长的方式受到严峻的挑战。寻找一种既能带动经济快速增长，又能友好于环境的发展模式，已成为大新县当务之急。

大新县传统农业发展效益难以有效提高，工矿业发展生态成本较高，脆弱的生态环境对传统产业发展的限制加大。相比之下，大新县旅游业发展优势较为突出，泛旅游产业联动发展模式是大新县实现可持续发展的最佳选择。首先，泛旅游产业联动发展模式的实施，可以大大地拓宽旅游的发展空间，利于做强做大当地旅游业。其次，通过旅游业和其他产业联动，能较好地发挥大新县自然资源优势，推动地方经济快速发展。最后，泛旅游产业联动发展模式注重区域经济社会与资源环境协调发展的理念，强调旅游目的地的全景空间、资源环境的一体性，注重地域文化资源的挖掘和开发。在倡导全社会参与的同时，特别强调地方居民的参与和利益，是一种经济效益、社会效益和生态效益相统一的模式。

（二）大新县实施泛旅游产业联动发展模式的可行性

1. 资源依托的可行性

大新县自然和人文旅游资源丰富。主要自然景观有德天瀑布、明仕田园风光、龙宫仙境、恩城山水和乔苗平湖等。人文景观有民族风情上甲短衣壮、银盘山古炮台、养利古城、龙门石刻、古代崖洞葬等。

大新县旅游资源品质高。全县拥有国家特级景区 1 个，国家一级景区 6 个，二级景区 15 个，三级景区 20 个。其中，国家 AAAA 级旅游景区德天瀑布是世界第二大、亚洲第一大跨国瀑布；明仕田园景区有"山水画廊"和"隐者之居"的美誉，入选国家邮政总局发行的《祖国边陲风光》特种邮票套票，并曾作为《酒是故乡醇》、《牛郎织女》、《本草药王》、《欢乐桑田》等香港电视剧的影视拍摄基地；硕龙镇至雷平镇沿线 50km 的地区，山水秀丽、风光旖旎，被专家学者称为"百里画廊"。同时，大新县位于中越边界，还拥丰富的土特农产品，这都是发展泛旅游很好的条件。

2. 经济可行性

1998 年 12 月，中央经济工作会议在北京召开，旅游业第一次被确定为国民经济新的增长点。全国各地纷纷将发展旅游业作为振兴经济的重要产业，旅游业的发展迎来了难得的机遇。随着经济的快速发展，居民收入不断提高，对生活质量的要求也越来越高，外出旅游的人数也越来越多。中国旅游业正处于高速发展阶段，越来越成为许多地区的产业支柱。

旅游业在第三产业甚至在整个产业结构中的比重及创造的财富，在旅游业开发的初期，更多地反映为产业的发展优势和联动效应、市场需要的巨大潜力等方面。随着旅游业的发展，通过其强大的关联作用，逐渐显化为成熟期的整体经济推动力并确立其主导地位。

2008 年，大新县三次产业所占比重分别为 26.3%、46.7%、27%，经济结构中第三产业所占比重仍然较低，具有很大的发展空间。第一、二、三产业对经济增长的贡献率分别为 32.8%、1.4%、65.8%（大新县统计局，2008），第三产业对经济增长的带动较大。

近十多年来，大新县旅游业发展迅速。2000 年，大新县旅游接待人数仅为 18 万人次，到 2008 年，全县共接待游客已达 103.58 万人次，突破 100 万人次，同比增长 35.93%。旅游综合收入达 4.08 亿元，同比增长 42.16%。旅游已逐渐成为拉动大新县经济增长的强势产业。

旅游业是辐射面广、产业链条长、成本低的产业。泛旅游驱动发展模式的实施，将大大拓展旅游开发空间，加大产业间的联动，推动大新县国民经济的发展。

3. 生态可行性

旅游业的基本特征是非生产性的，被称为无烟工业。泛旅游注重打造旅游目的地的全景空间，强调资源环境的一体化理念，泛旅游产业联动发展模式的实施，将进一步推进大新县生态环境建设。

4. 社会可行性

泛旅游时代，倡导全社会参与的同时，特别强调地方居民的参与和利益，泛旅游产业的发展，将使地方居民的就业率和经济收入得到较大的提升。

泛旅游十分重视地域文化资源的开发，地域文化与旅游联动，将会较大地促进大新县社会文化的发展。

5. 市场可行性

扩大内需、促进消费是我国未来相当长时期内促进国民经济发展的战略方针，旅游业是目前世界上发展最快的新兴产业之一，被誉为"朝阳产业"。随着我国经济持续快速增长，必将对旅游需求增长发挥基础性的支撑作用。

国家扩大内需的经济发展方略和加快推动服务业的发展，将为旅游业进一步发展创造新的机遇。中国对外开放的进一步扩大，将为我国旅游业在国际市场和世界舞台上更好地发挥作用，创造更为有利的条件。

2009 年，在全球金融危机的背景下，大新县旅游业依然保持良好的发展势头。全县年接待游客达到 123 万人次，同比增长 18.98%，旅游综合收入为 4.5 亿元，同比增长 10.39%，再创历史新高。

第三节　泛旅游产业联动发展模式下的大新县产业体系建设

一、旅游产业体系建设

（一）建设思路

坚持资源开发与环境保护一体化发展理念，紧紧围绕打造"中国旅游强县"的目标，充分发挥传统旅游产品和资源优势，延续历史文化、民间文化与宗教文化，体现自然、人文景观和城乡特色。以德天瀑布风景区为核心，打造广西旅游领头品牌；加大旅游产品开发力度，改善旅游产品结构；深度挖掘旅游资源和旅游市场潜力，丰富和完善旅游产品，以满足旅游者日益多样化的需求。强化旅游基础设施建设，注重景区生态环境建设，构建县域旅游的全景空间，打造具有浓厚壮族文化、生态特色的边境旅游名镇。

（二）旅游业布局

以德天瀑布景区为核心，完善硕龙、堪圩、恩城、那岭等乡（镇）沿线景区基础设施建设，构建硕龙—堪圩—恩城旅游产业带，重点加强德天瀑布风景区、黑水河游览区、明仕田园风光区等精品景区建设，合理开发乔苗平湖景区、恩城自然保护区、桃城养利古城区等景点，挖掘堪圩、宝圩农业景观及恩城桃城河湿地景观资源形成特色旅游产业格局。

（三）重点景区项目开发

1. 德天瀑布景区

1）景区发展方向

德天瀑布景区包括德天瀑布游览区、归春河边关风情区、硕龙接待服务中心区。

依托德天瀑布、越南板约瀑布及归春界河，开发跨国瀑布游览、归春界河竹排嬉水游、归春龙潭水上中越风情表演；依托53号界碑和银盘山炮台，开发中越边境异国风光揽胜游和战争古迹寻秘登山游；依托德天梯田及周边村屯开发边关民俗游。使本区的旅游资源开发得到深层、有效的科学利用，使跨国瀑布游成为旅游王牌精品。充分利用瀑布周边极高的空气负氧离子和优美的生态环境，培育和打造休闲度假和生态保健项目。

依托归春河作为中越国界和优美的溪河景观以及浓郁神秘的边关风情开展边关风情揽胜游；依托中越边境浓郁的边民生产生活方式，开展参与边关生活游等。

依托硕龙口岸开展中越口岸边境商务和边关风情跨国游；依托硕龙建有配套完备的各种旅游设施开展会议培训游、休闲娱乐游、中越民俗边关风情游、生态科普修学游等。按"国门要塞、旅游重镇"形象设计，把硕龙镇建成广西南国边关风情游线上重要的旅游服务网点。建筑风貌和城镇景观以园林式风景建筑为主，实现使用功能、旅游景观和生态环境一体化。

2）景区建设与环境保护

该景区建设的主要内容有跨国瀑布保护、跨国瀑布夜景建设、归春界河水上活动廊建设、中越友谊花园建设、银盘山炮台修缮、德天山庄环境整治、德天新村建设、入口大门及管理中心建设、空中观瀑建设、旅游文化艺术中心建设、生态科普园建设、生态护岸游道建设、边关民族风情园建设、边境旅游商品街建设、归春界河景廊建设、中越水利工程修饰、边关教育乐园建设、边关农家乐园建设、码头建设。

在硕龙接待服务中心区建设边贸集市中心、硕龙口岸、旅游接待中心、医疗救护中心、生态监控中心、文体娱乐城和旅游行政中心。

该景区生态环境保护建设的主要内容有森林"三防体系"建设、生物多样性保护、生态公益林体系建设、水土保持、河岸整治、垃圾处理、生活污水处理。

2. 明仕田园观光区

1）景区发展方向

依托素有"小桂林"之称的明仕田园风光和明仕风景河段，开发壮乡田园观光游和明仕河竹排游；依托浓郁的壮乡风情和丰富的沿河竹林开发家庭周末度假游、竹文化和壮乡民俗文化游、文人墨客艺术创作游等；把明仕河沿岸建成优美的风景长廊、形成良好的自然生态环境，以休闲度假为主，兼顾观光游览、漂流等；依托区内奇特的地形地貌景观和千年蚬木以及神秘的气象景观，开发生态科普游、地貌及古树考察游等。

2）景区建设与环境保护

该景区建设的主要内容有明仕观光农业走廊建设、明仕壮寨建设、明仕风光漂游、明仕田园诗画作坊建设、翠竹乐园建设、壮乡竹栈道建设、名人度假村建设、龙眼果园建设、门村观景塔建设、珍稀植物园建设等。

该景区生态环境保护建设的主要内容有景区绿色工程建设、农村生态能源建设、河岸整治、垃圾处理、生活污水处理、生态油船和生态竹排建设。

3. 黑水河水上游览区

1）景区发展方向

依托黑水河奇特的山峡水体景观、田园景色，开展沿河观光游览、水上体育文娱活动；依托那岸电站至安平段，开展休闲探奇游；依托丰富的自然资源，建设黑水河自然博物馆

2）景区建设与环境保护

该景区建设的主要内容有黑水河山峡游览设施建设、水上活动设施建设、黑水河自然博物馆建设。

该景区生态环境保护建设的主要内容有森林"三防体系"建设、生物多样性保护、生态公益林体系建设、水土保持、河岸整治、垃圾处理、生活污水处理等。

4. 恩城自然保护区生态旅游区

1）景区发展方向

在严格执行《自然保护区条例》有关规定，保护好自然景观和动植物资源的前提下，规划和适度开展群峰叠嶂观赏、溶洞探险、野生动植物科考观光游。依托恩城岛土司衙门遗址、九峰山壁画、元明字山石刻和造像等人文古迹、恩城河丰富的湿地资源，建设湿地公园，开发湿地生态旅游、生态文化旅游项目。

2）景区建设与环境保护

该景区建设的主要内容有烧烤区、娱乐区、水上竹排，民族居住房屋修缮，森林观光，健身房等体育设施建设。

该景区生态环境保护建设的主要内容有森林"三防体系"建设、生物多样性保护、生态公益林体系建设、水土保持、河岸整治、垃圾处理、生活污水处理等。

5. 乔苗平湖风景区

1）景区发展方向

依托乔苗平湖水平如镜、石峰玉立的迷人湖岛景观，开展以生态旅游为主题的生态观光、寻幽探险、水上体育文娱、疗养健身、休闲度假、科学考察科普教育等形式的旅游项目。

2）景区建设与环境保护

该景区建设的主要内容有入口大门建设、管理用房建设、停车场建设、凉亭建设、游览道建设、旅游餐馆建设、生态厕所建设、宣传与警示标志建设等。

该景区生态环境保护建设的主要内容有景区绿色工程建设、垃圾处理、生活污水处理等。

二、特色农业体系建设

（一）建设思路

特色农业是人们立足于区位优势、资源优势、环境优势和技术优势，根据市场需要和社会需要发展起来的具有一定规模的高效农业（吕火明，2002）。适度发挥特色农业资源的比较优势，科学协调农村脱贫致富与生态环境保护的关系，促进区域经济社会可持续发展，具有重要的战略意义（郭丽英等，2006）。特色农业是实现资源优势、产品优势和市场优势有机结合的最佳选择（杨祥禄等，2003）。特色农业的建设，要强调特色，突出重点（孔祥智和关付新，2003），将比较优势变成竞争优势，强调技术和观念创新，终极目标是实现特色农业产业化（刘志民等，2002）。

根据大新县区域特点和资源环境特征，基于泛旅游产业联动发展模式框架，作者认为，大新县特色农业体系要以特色农业开发与环境保护一体化为理念，充分发挥生物资源、气候资源和区位条件优势，突出地方产业特色，以农业结构合理化、生产技术标准化、农业生态环境良性化、农业资源利用高效化、农产品生态安全化为重点，围绕发展农村经济和保护环境并举，依靠科技，调整农业产业结构，面向和结合旅游市场和区内外市场需要，在确保生态安全和食品安全的基础上，重点发展具有优势的特色种植业，相对集中布局建设，形成特色产业带（区），并通过推广先进适用新技术，推进农业标准化、信息化、产业化进程，推动全县农业朝着高产、优质、高效、生态、安全方向实现跨越式发展。同时，加强区域农业生态治理和环境建设，最终在全县范围内实现农业生产与经济发展、生态环境保护融为一体的特色生态农业体系，实现农业可持续发展。

（二）特色农业与旅游业联动发展

1. 联动观光旅游，发展观光农业

充分利用大新县农业旅游资源优势，在保证粮食种植面积的基础上，调整农业种植业结构，调出部分土地发展休闲观光农业。结合旅游景点，在明仕风景区、德天风景区、龙公洞风景区、恩城风景区周边及公路沿线，种植具有观赏及经济价值的油菜、油葵等作物，建设精品旅游观光休闲现代农业园。

2. 依托旅游餐饮，发展特色种养业

根据旅游市场需求，发展特色蔬菜种植。按照优质、高产、高效、生态、安全的农产品生产总要求，在桃城镇的松洞村、榄圩乡的榄圩村、龙门乡的武安村、宝圩乡的宝圩村、雷平镇的中军村大力发展各种优质的时令蔬菜，在桃城镇、榄圩乡建立无公害瓜菜栽培示范基地，在榄圩乡建立小甜南瓜种植基地，在堪圩乡建立小番茄种植基地。同时，加大秋冬菜的开发力度。

调整水产畜牧业结构，加快特色养殖业发展，提高养殖业占农业的比重。畜牧养殖要以规模化、标准化养殖为重点，加快品种改良、科学饲养等技术的推广，提高畜产品质量。以桃城、雷平、榄圩、宝圩和堪圩等乡（镇）为重点，发展生猪生产。建立良种繁育体系，通过永俊、宝贤等龙头企业的带动作用，大力推广二元杂母猪和三元杂商品猪，发展优质瘦肉型猪，适应市场的需求，扩大规模饲养比重，实施标准化生产。以桃城、全茗、雷平、榄圩、恩城、五山、福隆、昌明、龙门等乡（镇）为重点，发展肉牛、肉羊生产。通过加大肉牛养殖小区的建设力度，大力推广品种改良工作，提高肉牛、肉羊养殖的经济效益。以桃城、雷平、榄圩、堪圩、宝圩等乡（镇）为重点，发展肉禽生产。完善肉禽"公司＋基地＋农户"的产业化生产模式；积极发展规模化饲养，推行标准化生产，提高肉禽生产能力；建立大型肉禽生产基地，重点开发生态果园鸡，打造"黎明生态果园鸡"品牌；实施堪圩珍珠鸭保种和养殖推广项目，做大做强珍珠鸭产业。

推广无公害标准化健康养殖，大力引进水产优良品种，发展水产业。充分利用全县现有的池塘开展池塘高产养殖；利用江河水库等大水面，开发网箱养殖；利用房前屋后和楼顶等进行庭院特色龟鳖养殖。以桃城、雷平、榄圩、恩城等乡（镇）为重点，发展池塘高产养殖，采用立体生态养殖模式，不断提高池塘单产，提高池塘生产经济效益；以桃城、雷平、堪圩、恩城、龙门等乡（镇）为重点，大力发展网箱养殖，着力打造桃城河、恩城河、格强库区、上利库区龙门河等网箱养殖基地，主要养殖品种以罗非鱼为主，草鱼、青竹鱼、斑点叉尾等为辅；以桃城、雷平、榄圩、全茗等乡（镇）为重点，以崇左市属全区庭院龟鳖特色养殖示范市为契机，在原来的基础上结合旅游开发，选择硕龙镇作为庭院龟鳖特色养殖和休闲渔业发展的重点镇。

3. 依托旅游商品开发，发展特色土特产品种植业

根据大新县自然资源条件和旅游市场需求，有条件地发展具有本地特色和市场优势的土特农产品。

（1）发展名、特、优水果。建设龙眼、香蕉、李果、柑橙等水果生产基地。在适度扩大种植面积的同时，保证水果生产品质，提高果品竞争力，努力把大新县由水果大县建设成为水果强县。

（2）发展名、特、优经济林。在保护、恢复和扩大森林植被，改善生态环境的基础上，合理开发森林资源，发展林业生态经济。依据大新县的林业资源优势，重点发展苦丁茶、用材林、八角、玉桂等名、特、优经济林。重点在龙门、昌明、福隆 3 个乡种植苦丁茶，并辐射带动其他乡（镇）苦丁茶业的发展。大力发展苦丁茶标准化生产，在昌明、龙门乡分别建立苦丁茶标准化栽培示范基地。同时，扶持 1～2 个苦丁茶龙头企业。在土湖、下雷、硕龙、全茗、五山、福隆、龙门、榄圩等乡（镇）建立八角、玉桂种植基地，发展香料产业。

4. 传统农业生态化，促进旅游景观建设

稳步发展糖蔗生产。以提高单产和糖分为主攻方向，加大甘蔗集约化、规模化种植，建设"三高"、"六化"糖料蔗生产基地。

巩固和发展甘蔗生产，把甘蔗产业做强做大。以"吨糖田"为载体，在全县范围内重点加强高产、高糖、高效示范基地建设，大力推广优良品种，提高单位面积产量和含糖量，尽快形成甘蔗种植产业化，重点培育和建设以雷平、榄圩、恩城、桃城、那岭、龙门、全茗、堪圩、宝圩、农场 10 个乡（镇）场为主的原料蔗生产基地。

发展特色蔬菜生产，打造大新县特色蔬菜品牌。遵循优质、高产、高效、生态、安全的农产品生产总原则，根据市场需求，发展无公害蔬菜、反季节蔬菜、

特色野菜等各种优质时令蔬菜；进一步扩大无公害生产规模，以企业、合作社为带动，由政府进行扶持，推进产业化经营，建设无公害农产品、绿色食品、有机食品生产基地。在现有基地的基础上，大力发展无公害农产品、绿色食品生产，将已经获得认证的无公害粮食、蔬菜、水果生产基地建设成为绿色食品生产基地，大力发展苦丁茶无公害生产基地。在绿色食品基地的基础上，稳步建设有机食品生产基地，争取建立有机食品生产基地。

5. 扩大生态农业产业化规模

建设农业优势产业基地。以市场为导向，以技术为支撑，以产业优势为依托，按照"突出重点，凸显特色"的原则，调整优化农业结构，围绕优势产业，加强特色农产品生产基地建设，形成糖料蔗、蔬菜、水果、苦丁茶、畜牧水产等优势农产品基地。

实施品牌战略。培育大新苦丁茶、大新龙眼、德天青竹鱼、黑水河鱼、明仕珍珠鸭等大新县地域品牌，争创知名品牌。通过招商引资、产品包装上市，大力开发旅游、出口系列产品，打出名牌，占领国际、国内市场，实现农产品出口创汇的新突破。

发展农业产业化龙头企业。坚持用现代工业理念狠抓农业产业化建设，以市场、加工、运销、储藏为重点，以特色和优势明显的"龙头"企业，带起一个产业（基地），连接一个农户（即龙头+基地+农户），鼓励龙头企业与农户通过合作制、股份制、股份合作制等形式，形成利益共享、风险共担、工农一体化的经济利益共同体。重点抓好甘蔗、水果、蔬菜、畜牧、水产等农业优势龙头企业的培育和发展。

6. 推广生态农业模式

大力推广适合大新县特点的生态农业发展模式，并综合采用农业措施、生物措施和工程措施，发展生态农业。

1）以沼气为中心的循环生态模式

以沼气为中心，上联养殖业，下联种植业，延伸农业产业链，重点发展"猪—沼—稻"、"猪—沼—果"、"猪—沼—稻—鱼"、"猪—沼—灯—稻"、"猪—沼—蔗—

灯—鱼（鳖）"等生态模式。

2）空间立体种植模式

空间立体种植模式配置原理是根据作物的不同生长特性和共生互惠的特点，充分利用空间，提高水、气、温、土等资源的利用率。主要模式有粮、粮结合，粮、经结合，粮、瓜、菜结合等，在大新县重点推广经济作物的立体种植，主要模式有"甘蔗+瓜类（花生）"、"木薯+瓜类（花生）"、"玉米+黄豆"、"稻＋稻＋免耕马铃薯"等。

3）空间立体种养型

立体种养生态模式可在耕地、果园实施，如稻田养鸭，果园养鸡，鱼、鸭（鹅）立体养殖，猪、鱼生态养殖，桑基鱼塘等生态农业模式。重点发展"稻、鸭、鱼、果"、"粮、草、牧"、"粮、菜、草、牧"、"果、鸭（鸡）、草、牧"、"鸭、鱼塘、塘泥、桑（香蕉、草）"等生态模式。

4）食物链循环利用型

通过食物链和加工链的合理配置，促使物质和能量的多级传递、多层次利用，形成种、养、加良性循环。主要有"作物—畜牧—沼气"、"作物—饲料—畜牧—沼气—肥料"、"作物—食用菌"、"作物—饲料—畜牧—食用菌—食用菌下脚料—还田作物"等循环生态农业模式，如雷平霞山屯已形成"蔗—牛—菇"循环模式，带动雷平乃至附近各乡（镇）发展循环经济。

5）绿色植保型

利用人工设施防治病虫害，减少农药使用量。重点发展"诱虫灯、黄板"、"灯、鱼"、"稻、灯、鸭"等生态模式。

6）休闲观光型

结合旅游景点，在各景区周边及公路沿线建立具有本县特色的无公害农产品生产基地，形成产业化，或建立精品旅游观光休闲现代农业园，可在堪圩乡明仕村、那岭乡公路沿线、硕龙等乡（镇）实施。

7. 发展高科技现代农业

1）设施农业

在县城周边生态农业圈内，利用县城的技术和资金优势，采用太阳能温室大棚技术、设施栽培技术、组织培养和快速繁殖技术，发展使用现代化技术装备的高效设施农业，实现农业产业化，促进农产品品牌建设，使之成为大新县农业现代化的示范基地、农业科技教育和实习基地、休闲观光农业旅游基地。

2）精细农业

采用现代农业技术，实施农场化经营的精细管理，降低成本，节约资源，提高效益。精细农业是未来农业的发展方向。

3）立体农业

根据生物群落生长的时空特点和演替规律，合理配置、充分利用农业资源，组织农业生产，使产业结构趋向合理，并保护好农业生态环境。空间上，可让农副业生产向空中或地下多层次发展；时间上，可采用间作方式，在同一土地上种植成熟期不同的作物，以充分利用资源。

4）节水农业

为解决农业生产耗水量大、季节性缺水和农田水土流失等问题，推广应用喷灌、滴灌等节水技术，发展节水农业。

三、生态工业体系建设

（一）建设思路

以建设特色资源开发与环境保护一体化发展的特色工业体系为理念，充分发挥大新县锰矿资源、糖业资源优势，巩固和提升制糖业，大力发展锰业生产，打造中国锰都。同时，联动旅游业，发展绿色食品加工业、旅游工艺品加工业。

走新型工业化道路，加强推行清洁生产，大力发展循环经济，优化工业发展布局，生态化改造传统产业。以推进项目建设为重点，以技术、体制和机制创新为动力，重点扶持一批骨干企业，提升产业整体竞争力，着力打造一批名牌产品。对锰系列产品进行开发，使产品结构向深层次加工及提高附加值方面转化，构建生态工业链。以工业园区建设为载体，通过优化布局，促进产业聚集。加强工业园区景观和生态化规划和建设，为大新县旅游业发展创造良好的环境。

（二）生态工业与旅游业联动发展

1. 三产联动，发展绿色食品加工业

充分利用大新县盛产龙眼、苦丁茶、三华李等优质农产品资源优势，通过政策扶持、扩大开放，鼓励和发展果蔬加工、茶叶加工、林产、酿酒、食品加工等特色农产品加工业，提高农产品附加值。积极扶持和培育一批经济实力较强的食品加工企业和企业集团做大做强，促进产业化发展，走出一条"企业规模化、生产标准化、产品品牌化、农民组织化和产业链条化"的农业产业化发展新路子。以创建品牌、原料基地建设科技体系为支撑，加强原料基地建设，加快食品新产品研究开发，延伸农副产品加工产业链。结合生态旅游，形成农副产品基地建设—农副产品科技研发—农副产品生产—市场营销—特色旅游为主要内容的产业链。

随着人们生活水平的提高，生态、时尚、健康成为人们生活的重要组成部分。苦丁茶降脂胶囊具有降压减肥、增强机体免疫、美容保健等独特功效。大新县是苦丁茶的原产地，目前栽培面积已达 2080hm^2，年产鲜茶为 $1.5 \times 10^4 \sim 2 \times 10^4$t，具有一定的生产规模。依托苦丁茶资源，开发大新县苦丁茶降脂胶囊等保健品深加工项目。

大新县拥有金花茶、骨龙花、半夏、金银花、金钱草、续断、柴胡、五加皮、何首乌、木通、淮山等丰富的中草药资源，其中，金花茶、骨龙花被称为药材物种植物活化石。充分利用大新县农业气候资源优势，发展各种中草药材育苗及种植基地，依托旅游市场，开发中药材精加工。

2. 三产联动，发展旅游工艺品加工业

大新县具有极其丰富的旅游资源，吸引了众多的国内外游客，具有当地民族特色的民族工艺品，很受各方游客的青睐。深度开发民族工艺品，发展旅游工艺品加工业。

利用县内丰富的竹、藤、棕、草资源，适度发展经济林，开发特色竹、木、藤、棕、草等系列旅游工艺品。开发过程中，注重传统工艺和民族特色，打造品牌，以提高附加值。

依托壮族纺织、印染和刺绣等传统手工艺，开发少数民族特色传统壮锦手工艺术品。壮锦织工细腻，质地厚重耐用，图案十分精巧，色彩绚丽。图案的花款多达百余种，有飞禽走兽、花草虫鱼、人物形象、山水名胜等，其中的揽子花、五彩花、吊钟花和水波纹等纹样，都是传统的图案。历史上壮锦只有 4 个品种，现已增至近百个。用壮锦制成的产品除民族服装外，还有被面、台布、背带、围巾、手提包、床毯、窗帘、坐垫、挂屏等，此外，瑶、苗、侗等族人民喜爱的花边、头巾、腰带、枕巾、猎袋等，也都是用壮锦制成的。新中国成立后，因壮锦被誉为富有民族风格的手工艺品而加以发展。现在的壮锦，除供应本区和全国各地外，还远销美国、法国、日本和非洲、东南亚等。为祖国和壮族人民赢得了声誉。

3. 优化工业发展布局，园区建设景区化

1）优化工业发展布局，构建"两区两带"发展布局

调整优化工业发展布局，加快工业集中区建设，重点发展桃城工业集中区、雷平工业集中区、316 省道沿线产业带、213 省道沿线产业带。考虑到下雷镇位于黑水河上游，不适于大规模发展工业，要逐步撤销以锰业加工为主的下雷工业集中区，把相关重化工业转移到平地多、大气环境容量大的黑水河下游雷平镇；同时，县城以行政、人居功能和第三产业为主，把桃城工业集中区相关锰业加工产业转移到下雷镇。

桃城工业集中区主要发展以建材、食品加工等产业为主的加工制造业，重点建设醋酸乙酯、页岩真空砖、剑麻加工等一批项目，带动相关服务业的发展；雷平工业集中区主要发展为锰业加工、制糖、化工为主的循环经济工业园区。以锰业为主的重化工业，由粗加工向深加工发展，延伸锰产业链，构建循环产业生态链，重点实施低硒高纯电解金属锰、微低碳铁合金、无汞优质电解二氧化锰、四氧化三锰、硫酸锰、软磁铁氧体、200 系列不锈钢等一批锰加工项目，提高锰品附加值和市场竞争力。

316 省道沿线产业带主要覆盖福隆、昌明、龙门等乡（镇），重点发展苦丁茶、龙眼等农副产品加工，带动观光农业和生态旅游的发展，形成生态农业、

观光农业和农副产品加工为一体的农业综合经济地带；213省道沿线产业带主要覆盖雷平、榄圩、恩城等乡（镇），合理发展化工、食品加工等产业，努力建成糖业生产加工基地。

2）生态化改造传统产业，园区建设景区化

大新县锰矿储量和产量占全国的四分之一，开发锰矿及其产品深加工，对推动地方经济发展具有重要意义。积极引导和扶持锰企业扩大生产，切实为锰企业解决电力、矿石供应、节能减排等相关问题；加强对矿产资源的保护和开发，大力推进锰业结构调整，引进和扶持技术含量和附加值高的精深加工及下游产品、关联产品项目，促进锰业集聚化发展。重点抓好锰矿深加工业等系列产品项目，构建循环经济产业链，夯实锰业发展基础，将大新县建设成中国的"锰都"。

充分发挥制糖企业的技术改造优势，提高制糖业产能，重点引导制糖企业把投入转向糖的深加工和综合利用，大力发展蔗渣造纸、酒精、有机复合肥等综合利用产品，构建生态产业链。以雷平糖厂和大新糖厂为龙头，带动糖业产业的稳步发展。

加强工业园区景观和生态化规划和建设，打造高标准、高水平生态工业园区，为大新县旅游发展创造良好的环境。挖掘工业园旅游资源潜力，培育和发展工业园区旅游，促进工业旅游与常规旅游的互动效应，最终实现常规旅游带动工业旅游、工业旅游提升常规旅游的良性循环。

（三）发展适合大新县资源特点的工业循环经济模式

构建生态工业链、发展循环经济是缓解资源约束的根本出路，根据大新县资源特点及目前工业发展水平，重点在制糖产业、锰产业、木薯产业等工业领域大力推行循环经济发展模式。

1）甘蔗产业循环经济模式

甘蔗和制糖生产是大新县的优势之一，甘蔗产业是现阶段大新县农民和县财政收入的重要来源之一。大新县甘蔗产业循环经济应考虑构建甘蔗—制糖、浆、纸、酒精产业链，以甘蔗种植业为源头，除了白糖深加工项目外，要充分利用蔗渣、废糖蜜、滤泥发展造纸、酒精、肥料等产业。制糖业产品结构应多元化，蔗糖产品除了传统的白砂糖、赤砂糖外，还要拓展原糖、精制糖、绵糖、低聚糖等新领域。以制糖为核心，把糖业产业链逐步拉长，一是蔗渣利用，合理利用蔗渣，以生产浆纸、餐饮具、糠醛、木糖、活性饲料、水泥、建筑材料为终端产品。二是糖蜜综合利用，以生物技术处理废糖果蜜，主要生产酒精、酵母、有机酸（味精、柠檬酸）等。三是滤泥利用，以滤泥生产生物肥料（图6-1）。

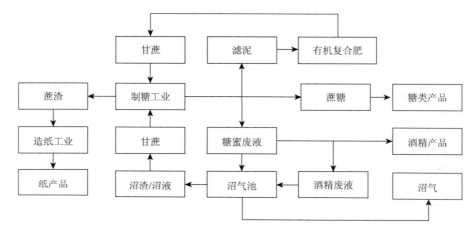

图6-1 甘蔗产业循环经济系统示意图

大新县制糖产业具有较大优势，但未成为广西糖业巨头，应以雷平永鑫糖业有限公司、桂丰制糖有限公司为龙头，加快企业的重组和改制，做大做强甘蔗产业；并向区内先进糖业集团如贵糖集团学习，加快构建甘蔗生态产业链，发展循环经济。

2）锰铁合金冶炼业循环经济模式

锰铁合金冶炼业是大新县的重点产业之一。锰矿冶炼后制成锰铁合金，冶炼废渣二氧化硅、硫酸钙等可作为制造水泥、生产免烧砖等的原料，可以循环利用，提高资源利用率（图6-2）。

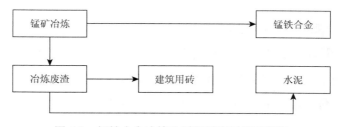

图6-2 锰铁合金冶炼业循环经济系统示意图

3）电解金属锰行业循环经济模式

电解金属锰行业是大新县的重点产业之一，电解金属锰行业具有高投入、高排放的特点。发展循环经济的总体思路是企业内部推行清洁生产，努力提高废物资源化程度，构建循环型的产业链（图6-3）。

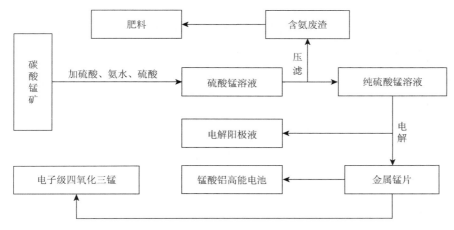

图 6-3　电解金属锰行业循环经济系统示意图

4）木薯产业循环经济模式

生物质能源燃料酒精作为可再生能源之一，已列入我国能源发展规划。大新县木薯种植与生产的发展空间比较大，通过开发木薯产品深加工，扩大木薯的加工转化途径并延伸产业链条，提高木薯的附加值。在规划建设期内，应加大对木薯深加工企业的扶持与培育，形成木薯产业群，促进大新生物质产业的发展（图6-4）。

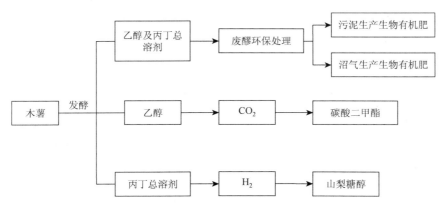

图 6-4　木薯产业循环经济系统示意图

四、文化产业与旅游业联动发展

开发大新县丰富的特色文化资源，发展旅游业。旅游业的发展，又进一步促进文化产业的发展，从而形成文化产业与旅游业互动的良性循环。充分挖掘浓郁的壮民族风情和人文景观旅游资源，结合本地历史文物资源，融合淳朴的乡土民风，依托中国崇左（德天）边关国际文化旅游节等节庆活动，发展特色文化生态旅游。以民族村寨为依托，发展民族、民俗以及乡土文化体验游。重点开发宝圩板价屯短衣壮民俗村、隘江边关风情民俗村等生态文化旅游项目，打造以壮族文化、山水文化和边关文化为重点的民族特色文化旅游品牌，开发适应现代人观赏口味的壮乡歌舞，开辟文化市场，构建自然景观与人文景观相互交融的特色旅游体系。积极扶持景区周边乡村开展民间传统节庆活动，并与游客互动，推进民族民间传统文化特色旅游的发展。

五、配套产业与旅游业联动发展

加强旅游交通建设。改造和完善通往各主要景区道路交通，完善景区内各景点之间的交通设施。加快建设县城—恩城—堪圩—德天旅游公路，将景区连成旅游产业带。

抓好旅游环境。加强城镇市容、市貌综合整治，提升城镇品位。整治旅游客运市场、购物市场和景区、景点及周边的治安环境，规范旅游市场秩序。在重点景区周边乡村实行退耕还林，种植特色花果，促进旅游景区及其周边美化和生态化，提升景区观光及休闲美感。

提高旅游接待、服务能力。加强星级饭店和农家乐建设，整合优化宾馆、饭店、餐饮、旅游购物、旅游娱乐等设施。重点加强硕龙游客服务中心、德天•丽水边城、明仕田园汽车旅游营地、明仕壮族民居博物园、恩城山水休闲旅游度假区等项目的建设。积极开发民俗文化旅游产品，打造民俗文化旅游特色。挖掘、开发有鲜明地方民族特色的旅游产品，建设旅游产品交易市场，完善旅游服务体系。

第四节 泛旅游产业联动发展模式下的生态人居体系建设

按照统筹规划、合理布局、完善功能、以大带小的原则，围绕大新县的旅游业发展，加快城镇化建设，积极推进城乡一体化进程，逐步形成以县城为依托，雷平、硕龙、下雷镇为骨干，其余乡（镇）所在地为纽带，特色农村为示范点的功能互补、特色鲜明的城乡发展格局，引导产业和人口集聚，促进城乡协调发展。

一、县城建设

县城是全县的政治、经济、文化中心，功能定位以行政、人居和第三产业为主，按照现代化城市的建设要求，坚持以人为本、生态环境保护和建设、可持续发展的原则，加强县城规划建设管理，高标准、高水平修编县城建设规划，科学引领县城发展。合理规划县城功能分区，完善服务功能，充实文化内涵，突出生态、边城、民族特色，提升辐射带动能力，把大新县城建设成广西著名的壮族文化与山水文化旅游休闲城市。

1）城市形态与结构布局

围绕原旧城中心呈集中式发展，形成"城在山中，水因山活"，山、水、城相依共存的县城形态结构。保持良好的生态环境和自然景观，形成山、水、城一体的县城格局特色，继承与发展县城的传统肌理，建设舒适高效的县城基础设施，形成与自然融合的生态型的现代化小城市。规划以沿东西向主干路—伦理路—德天大道和南北向主干路—养利路而成的两条空间轴线分别作为县城发展的主轴和次轴，串联中心组团、城北组团、城南组团、宝贤组团、华侨城组团和新历工业区，形成"两心两轴六组团"的空间发展结构。两心：县城东部行政商业综合中心和县城西部商业休闲娱乐中心。两轴：伦理路—德天大道县城发展主轴和养利路县城发展次轴。六组团：中心组团、城北组团、城南组团、华侨城组团、宝贤组团、新历工业区。县城功能分区分为综合片区、居住社区、仓储物流园、旅游服务片区、工业园、教育园六类功能区域，便于按功能及地域实施对应的政策分区引导与空间管制措施。

2）城市绿地景观建设

规划在城区形成以城市公园为主，包括城市防护绿地、生产绿地、道路绿地和街头绿地的城市绿地系统。规划建设武羊山公园、滨江公园、湿地公园、十八洞公园、观音山公园、那林公园、独山公园、童子山公园、新振体育公园、花果山体育公园。其中，武羊山公园是一个具有喀斯特山形特色、壮族文化特色的综合性大型公园，是举办大新县龙眼节的重要场所，是地标性公园。加快城市道路、街道、生活小区、宅区等环境的绿化、美化建设。

3）城市水系景观建设

充分利用山水资源优势，建立"一江、两湖、三环"的水体系统结构，将大新县城各片区通过滨江景观带串联起来。

一江：即利江河。两湖：一是利江河下游筑坝，提升河道水面，形成较为开阔的湖面水景，提高宝贤组团的环境水平，并使上游有较好的亲水景观平台；二是拓宽华侨城组团西南侧湖面，利用现有泉水和湿地景观，打造湿地主题公园。三环：一是围绕宝贤组团西部的水系环，二是围绕十八洞公园的水系环，三是城南组团内，联系利江河与龙门河两条水系的环状水体。

通过水系以及水系向内部地块的延伸、沿河的公共绿带向地块内部的延伸、各种绿化廊道以及其向地块内部的扩大和延伸来最大限度地加强自然生态基质与内部居住区等人工建成基质的联系。通过水系及道路两边绿化、公共绿带等生态廊道把核心斑块、次核心斑块以及在水系的交汇处形成的生态敏感点联系成紧密而稳定的生态系统。沿县城水系、道路设置休闲廊道，连接县城各个绿地公园。养利古城及江滨公园为县城的特级休闲节点，一类休闲节点主要沿利江河及湿地景观布置，其他为二类休闲节点。

4）污染治理

以保护水源、大气为重点，加强城市污染治理和建设，切实保护桃城河和龙门河水源和水质。加快建设县城污水处理厂，统一处理县城污水。

二、重点城镇建设

以"生态、壮族、东盟、现代"为主题，培育一批服务功能齐全、环境优美的边境民族特色小城镇群。硕龙镇重点搞好口岸、旅游基础设施建设，力争把硕龙打造成口岸、商贸、旅游、会议为一体的多功能边境特色小镇。雷平镇以完善的城镇基础设施和服务设施为重点，打造成为以商贸、粮食、重化、蔗糖加工为主的中心城镇。下雷镇重点加强供电、供水、排污等基础设施建设，拓展工业集中区，提高发展承载能力，打造成以锰加工产业为主的工业集中区。充分发挥堪圩、恩城、那岭的旅游资源优势，完善旅游设施，建成特色旅游城镇。其他乡（镇）按照全县的空间布局、产业布局，依托各自的区位优势、资源优势，发展各自的特色产业；加强基础设施建设和完善集镇功能，重点推进街道、交通、供排水、供电、电信、绿化、环保等基础设施和科教、医疗、文体等公益设施的完善和提升，完善与之配套的污水处理和垃圾无害化处理系统，努力打造宜业、宜居、宜游的特色城镇集群。

三、新农村建设

加强农村公共服务基础设施建设。继续推进农村电网改造，加快实施水、电、路、房、通信、广播电视、清洁人居环境工程，加快教育、公共卫生、基本医疗、文化体育等公共服务建设，努力改善农村生产生活条件。

实施城乡清洁工程和城乡风貌改造工程，加强村屯规划和环境整治。对居住相对集中、人口相对较多的村屯，统筹安排，量力而行，分步实施，帮助他们搞好新村规划，完善村内道路，搞好民居住房改造，完善环境卫生配套设施。

抓好新农村建设示范点。每年集中力量推进3～5个新农村示范村建设，以点带面带动整个新农村建设。积极推进二级公路旅游景区公路沿线以民居改造为重点的生态文化景观工程建设。通过城乡统筹和新农村建设风貌，在乡村大力发展以"农家乐"为特色的乡村旅游，开发绿色、有机食品，增加农民收入，提高生活水平。

第五节　泛旅游产业联动发展模式下的资源保障体系建设

坚持"在保护中开发、在开发中保护"的方针，对资源开发实行统筹规划、合理布局，加强自然资源的合理开发利用和保护，积极推进资源由粗放利用向集约和节约利用的转变，优化资源配置，提高资源利用效率和综合利用水平，增强资源对大新县经济社会可持续发展的保障能力。

一、水资源保护与合理利用

保护好饮用水源，综合整治饮用水源地周边环境；保护好水源涵养林，提高水源涵养林涵养水源的能力；保护好江河和水库水质，使之达到水环境质量要求；加强水利工程建设，提高耕地灌溉率。优化水资源的合理配置和利用，实现水量供需平衡，实现水资源和水生态系统的良性循环，保证水资源的永续利用。

（一）水源林保护

大新县的水源涵养林主要分布于西北部的下雷自然保护区、四城岭、东部的小明山。这些水源涵养林已划入生态公益林区域，实行严格保护。

加大宣传力度，提高对水源林保护的认识，每年到村屯开展水源林保护的宣传，电视台、报刊要抓住典型进行宣传，加强全民对保护水源涵养林的意识，自觉停止对水源林的破坏性开发。

加大执法力度，实施依法治林；在水源涵养林四界订立标志牌；制定大新县林地管理办法、森林生态效益补偿基金征收管理办法，做到有法可依；坚决制止乱砍盗伐林木，从重从快处理破坏水源林的违法案件。

加大对库区及河流两岸森林资源的保护力度，在水源林涵养林区应大力发展阔叶林，提高林地蓄水保水功能。

（二）主要河流水质保护及河道整治

大新县县内主要河流有黑水河、明仕河、桃城河、榄圩河、平良河。各条江河水质状况良好，均属"清洁"水平。要将江河水质的良好状况保持下去，必须严格控制江河沿途沿岸的工业废水排放，流域内的工厂企业废水的排放必须达到国家规定的标准甚至更高，按照产业生态和 ISO14000 的要求，对生产工艺进行改造，实行清洁生产，同时抓好老污染企业的治理。

控制江河沿途沿岸的生活废水排放，采用建污水处理厂的办法和运用生态工程技术来处理城镇和农村生活污水。加快建设县城污水处理厂，县城生活污水集中处理。农村抓好沼气池建设，农村生活污水通过沼气池处理。

控制江河沿途沿岸的面源污染，推广使用有机复合肥料，减少化肥和农药的施用量，提高肥料和农药施用技术，降低肥料和农药的流失量。广泛使用高效、低毒、低残留农药，有效地控制农田污染、水源污染和农产品污染。

水域保护按使用功能划分，归春河、明仕河为风景区，执行国家地面水环境质量Ⅱ类保护标准；龙门河为县城饮用水源，执行国家地面水环境质量Ⅱ类保护标准；下雷河、黑水河、桃城河、榄圩河、平良河为农业用水和工业用水区，执行国家地面水环境质量Ⅱ类保护标准。

加强对主要河道的综合整治，对河道清淤，疏通河道，确保河道安全。

（三）饮用水源保护

全县饮用水源保护面积为 438hm²，其中，桃城镇饮水水源布局在龙门河、乔苗水库，水源保护面积为 210hm²；雷平镇饮水水源布局在黑水河旁和中军地下水、水源保护面积为 50hm²；硕龙镇饮水水源布局在归春河，水源保护面积为 60hm²；下雷镇饮水水源布局在下雷镇后山泉水，水源保护面积为 1hm²；堪圩乡饮水水源保护区布局在堪圩中学周边地下水，水源保护面积为 1hm²；宝圩乡饮水水源布局在叫昆泉水，水源保护面积为 1hm²；那岭乡饮水水源布局在那仪村江洞屯江洞地下水，水源保护面积为 1hm²；五山乡饮水水源布局在乡附近的地下水水源，保护面积为 1hm²；榄圩乡饮水水源布局在榄圩河，水源保护面积为 50hm²；恩城乡饮水水源布局在响水河，水源保护面积为 50hm²；昌明乡饮水水源布局在内甲点地下水，水源保护面积为 1hm²；福隆乡饮水水源布局在野马河的四达水坝，水源保护面积为 10hm²；龙门乡饮水水源布局在汰咘（地下水），水源保护面积为 1hm²；全茗镇饮水水源布局在往天等公路方向 200m 处泉水，水源保护面积为 1hm²。

要按照《地表水环境质量标准》（GB3838—2002）的要求严格执行饮用水源的水质控制标准。饮用水源一级保护区内订立显著标志牌，禁止设立排污口、倾倒垃圾及其他废弃物、运输有毒有害物质、使用高残留农药、滥施化肥、水产养殖、水上游览等对水质产生影响的经济活动。关、停、改造对饮用水源有污染威胁的企事业单位，严格控制保护区内土地利用、植被破坏等开发活动，加强对农村饮用水源地污染防治监管。

建立健全大新县饮用水源水质安全预警制度，定期向政府报告饮用水源地水质监测信息。高度重视饮用水源地有毒、有害污染物的控制，集中式饮用水源地每年至少进行 1 次水质安全分析监测。实施城镇水源地保护工程，保证饮用水安全。

（四）农村饮水安全

大新县农村饮水不安全人口为 13.17 万，占全县农村人口的 40.5%。要加大投入，推进农村人畜饮水工程建设，逐步改善农村人畜饮水条件，提高饮用水安全。农村人饮安全工程的建设主要分布在福隆、五山、昌明、全茗、那岭、宝圩、堪圩等乡（镇），不断提高农村合格自来水普及率，保障农村饮水安全。

（五）为生态农业提供服务的水利工程建设

大新县水利灌溉工程实行以"引"为主，"引、蓄、提"相结合和大、中、小并举的方针，能正常运行的各类水利工程有 1020 处，有效灌溉面积为 14 586.7hm^2。其中引水工程有 519 处，引水流量为 26.77m^3/s，有效灌溉面积为 9013.3hm^2；蓄水工程有 209 处，有效库容为 4300.76m^3，有效灌溉面积为 3480hm^2；提水工程有 197 处，装机容量为 3888kW·h，有效灌溉面积为 2200hm^2。

要坚持全面规划、统筹兼顾、综合治理、兴利与除害相结合，开源节流，防洪抗旱并举。大力发展民营水利，多渠道、多元化增加水利建设投入，提高全县农业灌溉水有效利用系数，扩大全县实际有效灌溉面积。

通过水利工程建设，提高水资源供给和综合利用能力。重点抓好病险水库除险加固、渠道硬化、旱地节水灌溉工程、乡镇供水工程、农田水利基础设施等工程的建设，加强水资源的综合利用和管理，提高水的利用率。

（六）节水型社会建设

加强节水制度建设，全面实施工业节水、农业节水、城镇生活节水，大力推动水资源循环利用，节约水资源利用，将社会需水量控制在水资源可利用的限度内。

工业用水方面，提高工业生产用水过程中的循环利用率和回用率，并注重排污处理；农业用水方面，根据区域水资源条件进行农作物布局和种植结构调整，加大灌溉区水利工程设施配套建设和改造工程，推广高科技节水灌溉措施，发展节水、高产、高效生态农业；在生活用水尤其是城市生活用水方面，除需要大力加强水文化宣传工作外，还需要推广节水型生活器具。

二、土地资源保护与合理利用

贯彻"十分珍惜、合理利用土地和切实保护耕地"的基本国策，确保耕地保有量的数量和质量，把优质高产的良田，以及为满足人民生产、社会需求的粮、糖、油、菜生产的耕地，划定为基本农田加以特殊保护，实行特殊的保护政策，提高利用率，提高耕地质量和生产水平。

（一）基本农田保护

重点保护高产、稳产农田和有良好水利灌溉设施的水田；具有水利设施，可以改造的中低产田（地）；原料蔗生产基地。

加大耕地整治力度，改造劣质耕地，提高耕地质量及其生产能力。积极引导农民向保护区内土地增加投入，提倡增施有机肥料，合理使用农药，减少土壤污染，发展有机农业。全力建设农田水利，做好维修库渠、水利设施建设，防止水土流失，使基本农田保护区内的水田达到能灌能排。

（二）防止耕地污染

加强土壤监察工作，对有污水排灌的周边农田，要经常化验、及时监测预报，便于及早采取措施。整改"三废"排放企业，禁止排出的污水污染农田；已造成农田污染的，通过工程与生物措施尽可能恢复或改善原有土地属性。矿产开发与土地整治要同时进行，防止环境污染，全面改善土壤生态环境状况。

（三）土地整理

土地整理即对连片耕地进行整理。对分布零散、田埂繁多、大块地少的地块，通过零散地归并，充分利用边角土地，减少田（土）坎用地；进行土地平整、地块规整、土壤改良、灌排水设施配套、田间道路和防护林建设；增加耕地数量，提高耕地质量。通过土地整理和标准农田建设，使田成方、路成网、林成行，地块平整，路渠配套，提高了耕地质量，增加了耕地面积，促使土地可以集约利用，为农业机械化奠定了基础，也为农民改造出更多的"高产田"和"致富田"。

三、森林资源保护与合理利用

在全县建立起完备的生态林业体系，为全面治理石漠化与水土流失，加强生物多样性保护、生态旅游和经济发展提供基础条件。调整林种结构和树种结构，建设高产、高效、优质林业，构建"点、线、面"结合的全县森林生态网络体系。建成比较完善的以发挥水源涵养和水土保持为主体功能的生态公益林体系和以发挥经济效益为主体功能的商品林体系，使区域生态环境明显提高，抵抗各种自然灾害的能力明显增强。

（一）扩大森林面积，提高森林覆盖率

通过人工造林和封山育林，不断新增森林（包括有林地和灌木林）面积，提高森林覆盖率。

（二）保护生态公益林，发展商品林

加强生态公益林保护，发展商品林。将林业战略重点逐步转移到生态公益林建设上来，为涵养水源、保持水土、净化空气等环保事业发挥更加重要的作用，以改善大新县的生态环境。

1）生态公益林建设

生态公益林区主要采取全面封山育林，通过落实界线、设立标牌、制定措施、建立制度，将生态公益林区内的森林管护起来，只准进行抚育或更新性质的采伐。重点建设德天瀑布旅游风景区、国防林生态区、岩溶石山区和东北部水土保持生态区、恩城自然保护区、下雷自然保护区等水源涵养林、风景林、生态脆弱区、生态廊道区林带等公益林地，特别是生态廊道区内应保证一定宽度、面积的林带，必要时实施退耕还林，保证生态廊道的畅通。生态公益林用地的利用目标是逐步恢复为地带性植被类型，即石山逐渐恢复为北热带石灰岩季节性雨林，土山逐渐恢复为北热带季节性雨林，以提高其涵养水源、保持水土、保护生物多样性、净化环境等生态功能。

2）商品林建设

在商品林地内大力发展用材林、油料林、香料林、果林、饮料林、药用林等，以提高林业经济效益。充分发挥大新县得天独厚的自然条件，以及市场对林产品的需求，培育周期短、见效快、效益好的短轮伐期工业原料林，积极扶持群众自营发展经济果木林，着重发展龙眼、苦丁茶等名优经济果木林，实行基地化、集约化、规模化经营。限制发展速丰桉，规划的速生桉种植面积以满足大新县造纸需要为限。

（三）推进退耕还林生态工程

突出抓好退耕还林工程，使坡耕地的水土流失得到遏制，主要对坡度为 25°以上坡耕地，生态脆弱、水土流失严重的江河源头地区及其他生态地位重要的区域的耕地，按国家政策，采用人工造林、封山育林等多种手段，实行生态退耕，重点抓好补植补造、抚育管护、技术服务、林权证发放、后续产业发展等工作，推进土地生态保护与整治工作。

（四）建设高效林业产业

积极调整林业产业结构，以商品林种植业、森林旅游业、花卉种苗业、木竹加工业、森林食品加工业、野生动物驯养繁殖业等为主导产业，建设龙眼、苦丁茶、玉桂、八角、木竹原料、花卉苗木、造纸原料等林产品生产基地。

（五）建设和完善森林资源保护体系

不断完善和建立资源管理法规体系，通过立法、完善法规，做到以法治林；建立林地林权、森林资源、退耕还林档案为主要内容的森林资源林政信息管理系统，加强资源监测；积极开展林政执法检查和林区综合治理工作，强化管理措施，坚决制止毁林开荒、乱砍滥伐、乱占林地的违法行为，确保森林资源安全；建立健全森林防火指挥扑救体系，推广森林火灾防治工程；建立健全森林病虫害预防监测体系和森林植物检疫管理体系，有效防治森林病虫害。

四、矿产资源保护与合理利用

加强矿产资源调查评价工作，提高资源保证程度，扩大矿产资源开发利用规模；推进矿业结构合理化，形成高新技术含量高、附加值丰富的锰系列产品精加工规模化生产格局，建设锰系列加工群，大规模高水平地开放锰深加工品，在发展上游产品的同时，运用高新技术改造和提升锰业加工制造技术，大力开发中下游产品，拉长产业链，做宽产业带，把大新县建设成为在国内外市场占据重要地位的锰深加工产品基地；建立健全"三率"考核目标，全面提高矿产资源利用水平；加强伴生矿产的综合利用，对目前尚不能利用的矿产、矿碴或尾矿，要妥善加以保护。

（一）调控方向

保持矿产资源开采总量与经济社会发展水平相适应，满足工业化、城镇化对矿产资源的需求。根据国家实行保护性采矿种、自治区总体规划实行开采总量调控矿产等国家、地方产业政策，对储量大的石灰石、具有相当储量并且有一定市场潜力的岜光大理石和易选易采的土湖锰矿区实行允许开采政策，以满足经济发展需要；对保有储量不多的下雷矿区氧化锰资源、面临枯竭的铅锌矿和重晶石资源实行限制性开采，以求持续稳定发展。

（二）结构调整

在开采规模结构调整方面，矿山开采规模与矿区储量规模相适应，同时兼顾资源及国家有关政策和地质环境保护的原则，结合当前各矿种开采技术条件和开发技术现状，根据国家政策，在确保产生良好经济效益和社会效益的前提下确定矿山最低开采规模。在产品结构调整方面，提高矿产深加工产品出口的比重，提高优质产品的比重，提高高新技术产品产值比重，重点建设锰系列加工群，组建铅锌矿及石灰石、方解石系列加工群，推广利用深加工工艺，提高产品质量和效益。

（三）开发利用布局

大新县矿产资源的开采划分为允许开采区、限制开采区和禁止开采区。

1）允许开采区

允许开采区分布于下雷、宝圩、勘圩、那岭、全茗、五山、福隆、昌明、龙门、桃城、恩城、雷平等乡（镇），共有 21 片，包括土湖方解石允许开采区、下雷方解石-石灰石允许开采区、宝圩方解石允许开采区、堪圩石灰岩允许开采区、宝圩允许开采区、那岭石灰石-页岩允许开采区、全茗页岩-石灰石允许开采区、五山石灰石允许开采区、福隆方解石-石灰石允许开采区、昌明方解石-石灰石允许开采区、福隆乡叫章山石灰石允许开采区、龙门方解石-石灰石允许开采区、龙门乡武安石允许开采区、桃城石灰石允许开采区、市山-鼓岩山石灰石允许开采区、万礼石灰石-页岩允许开采区、恩城石灰石允许开采区、邑光允许开采区、雷平石灰石允许开采区、新坡铁允许开采区、振兴页岩允许开采区。

允许开采区内矿床储量丰富、具备开采条件和开采规模的地方可进行采矿生产；新建和扩建矿场严格执行"环境影响评价"和"三同时"制度，采矿行为必须符合国家及省、市有关法律、法规条例，符合相应的准入条件；严禁大矿矿区与外围新建小矿重复建设及争抢资源项目，禁止新建无矿产资源来源的独立选、冶项目；积极推行新技术、新工艺，减少环境污染和对生态的破坏；采用覆土还田、生物措施、工程措施等方式，及时治理矿业活动产生的生态损害。

2）限制开采区

限制开采区分布于下雷、全茗等乡（镇），共有 5 片，包括上湖锰矿限制开采区、下雷锰矿限制开采区、七〇一限制开采区、长屯铅锌矿限制开采区、先明锰矿限制开采区。限制开采区内，限制开办新矿山，新建矿山必须达到最低开采规模。已建矿山应规模化生产，限期达到最低生产规模，期限内达不到生产规模的，予以关闭。鼓励已建矿山通过合并、重组等方式扩大规模，减少限制开采区内的矿山企业数。

3）禁止开采区

禁止开采区分布于下雷、硕龙、恩城等乡（镇），共有 6 片，包括德天瀑布-归春河风景禁采区、明仕河风景名胜禁采区、龙宫岩风景旅游禁采区、十八洞风景区禁采区、恩城自然保护禁采区、乔苗水库风景禁采区。在禁止开采区内，严禁开办新矿山，在德天瀑布-归春河风景禁采区、恩城自然保护禁采区内已建矿山要限期关闭，造成的环境破坏要限期治理。

（四）合理利用矿产资源，提高资源利用率

新办矿山必须符合国家法律、法规及产业政策的规定和矿产资源总体规划的要求，申请采矿权，矿区范围要明确划定，要拥有矿山设计或开发利用方案，开采规模不低于规定的最低开采规模；设计的"三率"指标要达到矿产规划要求；开采设计中要有保证安全生产的条件及措施，并经安全生产监督部门审查同意，要有经环境保护部门审批的环境影响报告或意见，在地质灾害易发区的要有地质灾害危险性评价报告等。

矿山企业必须按照批准的开采设计或开发利用方案进行采矿，严禁采富弃贫、采易弃难、采厚弃薄的浪费资源的行为，矿山要建立"三率"考核制度，并认真执行。

利用新技术、新工艺，提高矿产资源的综合回收率，要加强矿产资源的综合利用，鼓励矿山企业综合利用伴生元素及尾矿资源。对矿产资源要优质优用；对一些矿产的尾矿、废渣、废石等开展二次回收与利用；对暂时无法回收，但今后有可能利用的矿产资源要做好保护，无法回收利用的矿石还可用作井下采空区的充填材料。

五、清洁能源的开发利用

能源按其与环境的关系可分为清洁能源和非清洁能源。清洁能源是不排放污染物的能源，如水力发电、风力发电、太阳能、生物能（沼气）、海潮能等。大力发展清洁能源，有利于优化能源结构，保护生态环境，特别是在我国的广大农村，充分利用沼气、太阳能、风能、水电，可解决农民生产和生活中的能源问题，从而保护森林资源,改善农村生态环境,对促进农村经济与生态环境的协调发展,建设社会主义新农村具有重大的意义。

按照可持续发展战略的要求,根据大新县的实际,加快发展清洁能源、可再生能源,大力发展水电、太阳能、生物质能,农村能源建设的重点是开发水电资源和进行电力建设,继续发展农村沼气能源,大力推广使用太阳能。

(一)沼气建设

大力发展沼气,是我国农村生态经济建设中生态能源建设的一项主要内容,并已有了比较成功的经验。以广西"恭城模式"为例,恭城县以大力发展沼气为纽带推动以养猪为主的畜牧业发展,促进以水果为主的种植业发展,走养殖—沼气—种植"三位一体"、发展生态农业的可持续发展道路,从而改善了以林业为主的生态环境,促进农村农业内部和农村经济与社会的良性循环发展。

大新县处于南亚热带季风气候区,常年平均气温为 12.9～27.6℃,沼气池基本可常年产气,在该地大力发展沼气前景广阔。沼气建设主要有农村户用沼气、规模化养殖场和养殖小区大中型沼气建设。在增加农村户用沼气池的同时,要增加农村能源专业服务队,维护沼气池,不断提高全县农村沼气池入户率,合理布局乡村沼气服务网点。同时,进一步加强规模化养殖场和养殖小区沼气工程建设。

(二)太阳能利用

太阳能是取之不竭的清洁能源,在世界能源紧缺,大气污染严重的今天,已成为了世界各国重点研究开发利用的对象。大新县处于南亚热带季风气候区,光照充足,热量丰富,太阳能资源丰富。大新县有 9.68 万户农户,太阳能使用率几乎为零,今后要在农村逐步推广应用太阳能热水器。

(三)水电建设

大新县水系发育,河流天然落差大,水电资源丰富,全县水力资源蕴藏量为 27.75 万 kW,可供开发装机 5.98 万 kW,年可提供电量 2.73 亿 kW·h,要充分调动资金兴建小水电,加快发展水电和深度开发利用水资源,满足工农业生产发展的用电需要，特别是矿业发展的需要。

（四）电力建设

为适应经济社会发展的需要，进一步完善农村电网和县城电网改造，不断改善供电质量，提高供电可靠性，扩大电网覆盖面。

（五）生物质能发展

充分利用大新县的木薯资源，大力发展大型燃料乙醇项目，引导企业生产生物质能源。

第六节　泛旅游产业联动发展模式下的生态环境建设

湿热岩溶山区生态系统功能较为脆弱，抗干扰能力差，自然灾害频繁，石漠化严重。面临严重的生态危机，保护自然生态系统，恢复森林植被，实现可持续发展，是岩溶区唯一的出路（李先琨和何成新，2002）。对于湿热岩溶山区的生态环境建设，许多学者进行了深入的研究（王世杰，2003；李阳兵等，2002；张殿发等，2001；李先琨等，2002，2003；唐健生和夏日元，2001；王克林和章春华，1999；彭晚霞等，2008；吴应科，1998；韦复才和周游游，2005），并基于不同角度提出了不同的建设思路和措施，取得了不少有意义的成果，为本书研究提供了有益的参考。

根据区域实际，大新县生态环境体系建设要以特色资源开发与环境保护一体化发展为核心，坚持预防为主、保护优先的方针，切实加强环境监管，强化从源头上防治污染和保护生态。综合防治工业污染、城镇污染和农业农村环境污染，改善环境质量，保障人民群众身体健康。优先保护天然植被，加大退化生态系统修复力度，恢复和提高自然生态系统服务功能，维护生物多样性。加强自然灾害防治，减灾防灾。努力维护全县生态环境安全。

一、水土保持

采取科学有效措施进行水土流失治理，通过采取工程措施、植物措施、蓄水、拦泥等方法措施进行综合治理，扩大水土流失治理面积。在全县水土流失区基本建立起水土保持预防监督体系和水土流失监测网络。通过治理，有效控制水土流失的发展趋势，生态环境趋于良性发展。

把控制水土流失、实施水土保持综合治理作为调整农业产业结构和脱贫致富的突破口，采取生物、工程和农业多种切实有效的措施，对各小流域内水土流失进行综合治理。以生态系统原理为指导，从崩岗侵蚀规律与植被逆向演替关系出发，对不同形态类型和不同活动状况崩岗分别采取不同的整治措施，采取"上拦、下堵"、"上拦、下堵、中间削"、"上拦、下堵、中间保"的治理方略，通过人工干预逆转其恶性演替的进程和方向，采取科学的整治手段，加快植被恢复进程，实现快速整治崩岗的目的。针对不同的地区特点，抓好现有 25°以上坡耕地的退耕还林，现有 25°以下的坡耕地有计划地改造成水平梯田（地）或设置沟埂结合的水平植物篱带；严禁在石灰岩地区砍伐森林、破坏植被。加大"四荒"治理力度，鼓励社会各种经济组织购买"四荒"使用权，对承包、租赁或股份合作等方式治理"四荒"的，允许继承、转让或转租。

大新县水土流失治理区域可分为重点治理区、重点监督区、预防保护区，针对治理区域，分别采取不同措施。

1）重点治理区

重点治理区主要是水土流失严重，对当地和下游造成较大危害的区域，包括硕龙、五山、那岭、榄圩西部等区域。在这些区域要做好水土流失的综合防治工作，应当积极种草、植树，增加植被覆盖率，并严格控制采矿、取土、挖砂、采伐树木以及烧窑、采石等生产、建设活动，以改善生产条件和生态环境为主，实行全面规划，综合治理，建立水土流失综合防治体系，在实施治理的同时，要做好水土保持预防监督和保护管理工作。

2）重点监督区

重点监督区主要是因为资源开发和基本建设活动比较频繁，人为大量地破坏原地貌和植被，水土流失比较严重的区域以及开挖排弃土、石、碴量较大的各类矿区（点），包括下雷西部、雷平、土湖北部、桃城等区域。该区的防治措施主要是加强监督管理开矿、采石、取土、修路、建厂以及城乡开发等经济活动，防止人为大量地破坏地貌植被而造成的水土流失；要采取水土保持措施，防止水土流失，改善生态环境，同时，要积极做好现有水土流失的治理工作。

3）预防保护区

预防保护区主要是目前自然植被较好、森林覆盖率较高、水土流失较轻的区域，主要包括福隆南部、榄圩北部、昌明东南部、龙门东部、土湖东南部、下雷中南部和东南部、小明山等区域。针对这些区域要采取严格的保护措施，禁止取土、挖砂、采石、采砂、采伐林木等破坏地形、地貌、植被的活动，保护自然植被；制定有关管护制度，监督矿山开采和开发建设项目；同时要有计划地对局部水土流失严重的地方开展水土保持综合治理。

二、石漠化治理

积极运用生物措施和工程措施，加快岩溶石山地区石漠化治理。通过植树造林、封山育林，恢复和增加森林植被。在石漠化地区及其周围，利用国家安排的各项治理项目，如林业重点工程项目进行治理，从林业的角度看能造林的造林，能封山育林的则采取封山育林治理，不断提高生态功能的作用。

（一）生物措施

石漠化土地的最大特点是石多土少，坡度大。坡度大于 35°的石漠化土地，土壤覆被率为 1%～10%，人工种植经济植物较难，应进行封山育林。坡度小于 35°的石漠化土地，土壤覆被率为 10%～20%，有些可达 20%～30%，较易人工种植经济植物，可建立各种经济植物群落。

（1）建立人工经济植物群落。经济植物要选择适于石山生长的植物。建立的人工经济植物群落可分为乔木或灌木经济植物群落类型、藤本经济植物群落类型、草本经济植物群落类型和肉质经济植物群落类型。若能建立乔、灌、草相结合的经济植物群落，那就最好。

（2）封山育林。石漠化土地上的植被很少，但还有稀疏的灌丛、灌草丛或草丛。大新县石山区的水热条件较丰，有利于植被的自然恢复。只要破坏作用停止，实行永久性的封山育林，稀疏的灌丛可逐渐恢复为茂密的灌丛，最后恢复为森林；

稀疏的草丛可逐渐恢复为灌草丛，然后到灌丛，最后到森林。在石山区，实行严格的封山育林，一般在封山1～2年后可见草坡，5年左右可见灌木，15～30年可形成石山森林植被。当然，封育不是放任自流，需要加强科学管理和政策管理，制订乡规民约，做到封一块成一块，封一片成一片。

（二）工程措施

石漠化土地的治理，以生物措施为主，但也必须与工程措施结合起来，才能获得良好的效果。

（1）砌墙保土，坡改梯工程。在坡度较缓的山坡和坡麓应利用石块砌墙保土，形成梯地，种植优质果树，果树下种植药用植物。梯地（田）等应等高建设，在必要的地方，应在梯田的后部挖排水渠道。在造田时表土应先移置到其他地方，然后再回复到畦沟内。同时结合建设地头水柜，砌墙保土，防止水土流失。

（2）蓄水工程。注意区域内水资源的平衡，在区域内部协调水资源的分配。石山区解决在旱季生产生活用水难问题上的重要途径是修建各种蓄水工程，储存雨水。一般以村屯为单位，修建生产生活兼用的大中型蓄水池，容量几百到几千立方米；也可修建饮水型家庭蓄水池，容量在 $100m^3$ 以下。

三、矿山生态环境治理

严格执行国家环境保护法及水土保持法，坚持矿产资源开发与生态环境保护并重，矿山地质环境保护和次生灾害控制以预防为主，加强对矿山"三废"治理以及矿山生态环境保护，防治结合，使矿业活动造成的环境破坏和水土流失降到最低，走"绿色矿业"之路。

（一）矿山生态环境恢复

加强对矿山生态环境的保护与恢复治理。大新县矿产资源开采规模较大的矿区主要有下雷锰矿区、土湖锰矿区、长屯铅锌矿区和石灰石采区，以露天采矿为主，对生态环境破坏较大，尤以锰、铅、锌、铀矿开采区为甚。规划期内，采取有力措施对土湖锰矿、下雷锰矿、长屯铅锌矿等对生态环境影响较大的矿区进行生态环境恢复治理,将矿山生态环境保护与恢复治理工作贯穿矿产开发活动的全过程,做到边开采、边治理、边恢复。

（二）勘查作业区的土地复垦和恢复

矿产资源勘查要求遵守相关环境保护和土地复垦的规定,勘查作业完毕后及时回填遗留的槽、井工程,恢复勘查作业区原貌。

（三）闭坑矿山的生态环境与治理

对申请闭坑的矿山,要严格闭坑工作的审查与管理,责令采矿权人制定矿山地质环境治理和恢复方案,做好矿坑废水的污染根治和固体废弃物的处理,做好以"复垦还绿"为主的矿山土地复垦、增加植被、恢复耕地、防止水土流失工作。

（四）建立生态恢复治理示范区

建立尾矿综合利用示范区和矿山环境治理与复垦示范区,推广矿区生态环境恢复治理的成功经验。同时制定优惠政策,鼓励单位、个人和当地农民对采矿废弃土地进行复垦,并按具体情况用于农、林、牧、渔生产。

四、生物多样性保护与自然保护区建设

（一）下雷自然保护区建设

下雷自然保护区是左江支流黑水河的主要水源头之一,保护区内有 8 座水电站、4 座水库和 29 处山塘,其中那岸水电站是大新县最大的电站;保护区内有国家重点保护的珍稀动植物。因此,保护区建设对黑水河的水源涵养、沿岸生产生活用水以及保护珍稀动植物都十分重要。要对下雷自然保护区进行综合科学考察和建设,争取升级为国家级保护区。加强核心区天然林保护;增加用于监督管理的仪器、车辆、通信工具和其他必需的设备;加强开展珍稀濒危物种保护研究。

（二）恩城自然保护区建设

恩城自然保护区拥有国家一级保护动物两种和二级保护动物十多种,此外,

有白变的动物，如全白的黑叶猴、全白的短尾猴等，是开展科学研究的重要基地之一。开展对恩城自然保护区进行综合科学考察和建设，争取升级为国家级自然保护区。加强核心区天然林保护；增加用于监督管理的仪器、车辆、通信工具和其他必需的设备；开展珍稀濒危物种保护研究。

（三）黑水河名贵鱼类保护

黑水河是本县最大的河流，流经本县境的河段长为 45.5km，河床多为石灰岩，滩多水急，不能通航，河中自然生长的青竹鱼、滩头鲮、桂华鲮等鱼种以其肉质鲜嫩、香甜而著称，应保护和改善黑水河流域名贵鱼种的生态环境。

五、环境污染防治

（一）工业污染防治

1）加强工业污染源治理

大新县污染企业共有 23 个，其中，桃城 8 个，下雷 11 个，雷平 4 个，主要污染流域为黑水河流域和桃城江流域，为确保黑水河和桃城江水质，生活饮用水水源地、下雷水源保护区严格禁止新增工业废水排放源，原有工业废水排放必须按要求达标排放，黑水河和桃城江及其支流水域按功能区水质标准控制，严格控制沿岸工业污染源废水排放，对各工矿企业废水污染物排放实行总量控制和浓度控制。此外，对各企业建设规范的排污口，对各企业逐步实行在线监测管理，杜绝企业废水偷排漏排，确保目前黑水河良好的水质得以保持。

基本建设和技术改造项目必须严格执行国家产业政策和环境保护法规，新建项目必须高技术低污染，采用物耗低、污染少的先进工艺和设备，通过以新带老，做到增产不增污。抓好冶炼行业烟尘治理工程，企业燃煤锅炉用煤必须使用低硫煤，锅炉必须配套有除尘脱硫设施，外排烟气必须达标。对各种工业固体废弃物进行综合利用，实现工业固体废弃物的"资源化"、"减量化"和"无害化"。

2）大力推进清洁生产，发展循环经济

以推行清洁生产为重要手段，带动工业结构调整，促进产业升级。鼓励发展环境标志产品和环境友好型产品，开展环境友好企业创建活动。以制糖行业、锰工业创建生态示范产业为重点，大力推进清洁生产和循环经济，走新型工业化、城市化道路，促进传统工业向生态型工业的转型。

3）深入推进节能减排工作

抓好重点污染源主要污染物减排，全面启动节能减排项目实施，启动污染源在线监控系统建设，采取强力措施，抓落实，推进节能减排，建立长效机制，实现减排目标。以工业节能为重点，突出抓好制糖、冶炼、化工等行业和重耗能企业节能，加快淘汰能耗高、效率低、污染重的工艺、技术和设备；推进工业节水、推广工业重复用水技术、高效冷却节水技术、热力和工艺系统节水技术以及重点节水工艺等。重点抓好冶炼、矿产品深加工等高耗能、高污染的落后生产能力和工艺设备的淘汰力度，确保环境质量持续稳步改善。

（二）县城污染治理

1）推进县城污水处理厂的建设

加快生活污水处理设施和配套管网建设，集中处理城市的生活污水，对新建生活小区、宾馆、饭店和旧城区改造工程要配套建设环保型的地埋式污水处理设施。

2）大气污染治理

严格控制污染物的排放。抓好冶炼行业烟尘治理工程，加强机动车污染排放的监督，改善辖区空气质量。工业企业全面推广洁净煤技术，逐步代替污染严重和落后的煤炭使用技术，提高能源利用率。指导居民积极利用天然气、太阳能、沼气等清洁能源，改变燃料结构，减少二氧化硫的排放量，减少酸雨产生。

3）固体废弃物处理

加快城镇生活垃圾处理及综合利用等环保基础设施建设。积极推进城镇生活垃圾分类、分类处置利用，加快城市生活垃圾综合处置工程，建成生活垃圾处理场，实现生活垃圾无害化处理。规范医疗垃圾的处置，实行医疗废弃物集中处理。

引导消费者绿色消费，节约资源和能源。倡导消费未被污染和有助于公众健康的绿色食品，提倡绿色消费时尚，减少一次性消费用品的数量，拒绝消费破坏生态、污染环境和有害于公众健康的产品,在消费过程中注重对废物的处置,减轻生态破坏和环境污染。

4)噪声污染治理

加强县城建筑噪声、娱乐服务业噪声、交通噪声和社会生活噪声的管理,治理重点中心城镇的噪声污染。

(三)农业污染治理

1)农业面源污染控制

在全县建设生态农业,积极推广生态农业模式及农业循环经济,发展效益型农业。限制农药、化肥的使用量,加强农药和化肥环境安全管理,推广使用生物农药、生物有机肥,控制重要和敏感生态区化肥农药施用强度;全面推广农作物秸秆直接和间接还田,发展专用冬季绿肥或兼用绿肥,降低化肥使用量,改善农田生态,提高耕地自我调节能力。

2)农村集约化养殖污染治理

制定大新县养殖规划和发展政策,加强对集约化养殖场环境污染治理工作。大力推行生物发酵床垫料养殖技术或沼气养殖技术。按生物发酵床垫料养殖技术方法、沼气池"养-种-养"循环发展模式的要求,对原有的猪舍进行整改,以逐步实行生态养殖,有效削减污染物,实现达标排放或零排放。

3)农村生活污染治理

农村生活垃圾实行集中堆放和统一收集处理,推广沼气池的建设,以农户为单位进行牲畜圈改造,以自然村为单位进行卫生改造,以减少降雨径流冲刷而造成的粪便污染物的流失。改造农村厕所化粪池,达到清洁卫生的目的。

4)农业废弃物综合利用

推广适时揭膜技术,增加塑料地膜回收率,提倡使用可降解地膜。多层次合理利用农业废弃物,包括农田和果园残留物(如秸秆、杂草、枯枝落叶、果壳果核等)、牲畜和家禽的排泄物及畜栏垫料、农产品加工的废弃物和污水、人粪尿和生活废弃物,使之成为重要的有机肥源,如饲草的过腹还田、鸡粪处理后用为部分猪饲料、利用作物秸秆和粪便制取沼气、沼渣养蚯蚓、渣液当作肥料等。

六、减灾与防灾

防灾减灾是区域可持续发展的重要内容（周慧杰等，2006），大新县洪涝灾害频繁、地质灾害频发，要采取有力措施，做好灾害防治工作。通过减灾与防灾建设，建立大新县比较完善的自然灾害防治体系，使水灾和旱灾严重的区域得到综合防治，使危险程度高、危害大、稳定性差、威胁人数较多、潜在经济损失较大的地质灾害隐患点得到防治，确保人民生命财产安全和生态环境安全，以促进区域可持续发展。大新县自然灾害主要有旱灾、水灾和地质灾害。

（一）洪灾防治

1）防洪工程建设

加快县城区防洪排涝工程建设，在黑水河、桃城河等河流的沿岸建防洪堤和种植护岸林，完成继建任务，县城区防洪标准达到 20 年一遇。在石山区的低洼地带尽量建设排涝设施，无法实施的可考虑将整个村庄或部分农户搬迁到较高地方居住。

2）病险水库除险加固工程

完成大中型和小型三类病险水库的除险加固任务。同时，对新出现的病险水库纳入除险加固工作，按照规定程序开展前期工作，限期加固除险。

3）建设防洪减灾非工程措施

以建设防汛指挥系统为主，建立和完善江河洪水预警预报系统、大型水库和重要中型水库水情自动测报系统，加强洪水风险管理研究。

（二）旱灾防治

加强农田水利建设，完善农业水利基础设施建设，提高农业水利综合保障水平，通过改善灌溉条件防治旱灾。着力进行供水水库建设，重点建设灌排工程、小型灌区、非灌区抗旱水源工程，硬化支渠、斗渠和农渠，加快干旱地区雨水集蓄利用工程建设，突出解决好缺水地区人畜饮水问题，实施农村饮水安全工程。推广节水灌溉新技术，创建节水型农业和节水型社会。

（三）地质灾害防治

大新县的地质灾害主要是崩塌、滑坡，其次是地面塌陷、地裂缝，危岩、不稳定斜坡作为地质灾害隐患点，在县内也有一定分布。造成潜在严重损失，存在严重威胁、危险的地质灾害及隐患点主要是城镇、公路两侧及居民点附近的崩塌、滑坡、危岩、不稳定斜坡、采空塌陷隐患点。

重点防治33处危险程度高、危害大、稳定性差、威胁人数较多、潜在经济损失较大的地质灾害隐患点：土湖乡新湖村百江屯岩石崩塌、下雷镇下雷村陇二岩石崩塌、硕龙镇德天景区德天宾馆土质崩塌、硕龙镇德天村德天屯土质崩塌、硕龙镇硕龙村硕龙街岩石崩塌、硕龙镇门村门屯岩石崩塌、桃城镇宝贤村新力内屯岩石崩塌、桃城镇宝贤村四林中屯岩石崩塌、桃城镇宝新村逐龙屯岩石崩塌、全茗镇政教村头农屯岩石崩塌、福隆乡福隆村九堪屯岩石崩塌、宝圩乡宝圩街岩石崩塌、堪圩乡芦山村排岭屯岩石崩塌、堪圩乡拨良村邑仅屯岩石崩塌、雷平镇后益村邑布屯岩石崩塌、雷平镇那岸村小学岩石崩塌、榄圩乡武姜村那布屯土质崩塌、五山乡温生村小学岩石崩塌、硕龙镇礼贤村下阳屯危岩、硕龙镇隘江村晚隆屯危岩、土湖乡土湖街危岩、土湖乡新育村那坡屯土质滑坡、下雷镇吉门村布江屯土质滑坡、下雷镇信隆村陇满屯土质滑坡、硕龙镇隘江村陇鉴屯岩石滑坡、硕龙镇隘江村隘屯土质滑坡、榄圩乡武姜村下姜屯土质滑坡、榄圩乡武姜村伏祥屯土质滑塌、硕龙镇德天景区不稳定斜坡、硕龙镇礼贤村育屯不稳定斜坡、全茗镇政教村那叫屯不稳定斜坡、土湖锰矿岭卡山采空塌陷、五山铅锌矿采空塌陷。

第七节　泛旅游产业联动发展模式实施的保障措施

保障措施是当前阶段我国生态经济建设的要求，也是生态经济建设能按规划进行的保证。在前人研究成果的基础上，本书认为，大新县生态经济建设需要遵循如下管理措施。

一、强化组织管理

建立健全生态经济建设的组织领导管理体系，加强领导，实行各级政府和部门的领导负责制，层层抓落实。加强生态经济建设的宏观调控和引导，强化环境保护工作，加强环保队伍建设与统一监督管理。

认真落实计划生育基本国策，加强计划生育工作，控制人口增长，提高人口素质，改善人口结构，强化社会调控。

二、多渠道筹集资金

拓宽资金渠道，增加环保资金投入，建设资金的组织实行国家、地方财税扶持及市场化、社会化、国际化的融资对策，通过国家支持、政策引导、地方配套、利用外资、民间捐款和国际援助等途径来多方筹集资金；利用流域生态补偿机制，争取下游补偿资金支持；利用清洁发展机制，积极申报 CDM（clean development mechanism）林业碳汇项目，争取国际资金支持。

三、促进科技创新

加大科技投入，加强科技推广创新体系建设，提高自主创新能力，加强科技进步和发展，提高科技进步对经济社会发展的贡献率。推进环境科技创新，加强循环经济技术、生态产品、生态工业产品的开发应用；推广应用农业新品种、新技术、新成果，构建和应用循环生态农业模式；应用高新技术和先进适用技术改造传统农业，开发、引进和推广高效、节能降耗、清洁生产的环境科学技术；推广一批生态农业、生态工业、环保科技项目示范工程。

加强自主创新，积极推动多种形式的产学研联合，支持企业建设研发机构和孵化基地；加快信息技术开发应用，构建科技服务信息平台，完善科技服务网络，加速广义的、虚拟的循环经济工业园区、农业园区的形成，建设完善的循环经济体系。

四、加强宣传教育

广泛宣传与生态经济建设有关的生态环境保护、生态文明的法律法规、政策，增强各级领导、干部和群众的生态环境保护意识和法制观念；培养一批具有生态意识的决策者、具有绿色生产经营与管理能力的企业家和一大批具有良好生态观念与行为的公民，保障生态经济建设顺利进行。

有计划地举办各类环境专业、生态专业培训班，开展对各级干部和技术骨干的生态专业技术培训，使各级领导干部、基层干部掌握必要的生态文化技术知识。将生态环境教育纳入整个教育规划，创建"绿色学校"。结合当地实际，组织编写好环境保护知识教材，在中小学和幼儿园开设环境保护课程，推广生态知识普及教育，组织学生开展各种保护生态环境的公益活动。

坚持对公民开展环境保护、生态知识和有关法律知识的普及教育，以提高全县人民的环境意识、环境道德修养以及建设生态经济建设的认识；利用生态旅游农业园区和工业园区等生态环境保护示范点，对旅游观光者进行生态知识教育；开展形式多样、丰富多彩的"世界环境日"、"世界水日"、"世界地球日"、"中国植树节"等环保纪念日活动，提高人们珍惜资源和保护环境的自觉性，树立绿色经济观、价值观、资源观、生产观、消费观；开展警示教育，引导企业和民众自觉保护环境。

第七章 结论与展望

第一节 研 究 结 论

当前人地关系中最直接的问题，就是环境问题与可持续发展问题，经济和环境协调发展是实现区域可持续发展战略的重要途径。党的十六大确立了到 2020 年全面建设小康社会的奋斗目标，全面小康社会目标，不仅仅是一个经济目标，而且是一个经济社会综合发展目标，它涵盖了经济、社会、资源、生态环境等诸多方面内容，为我国生态经济建设确立了总体目标。

湿热岩溶山区由于高温多雨、地处山区、碳酸盐连片分布等特点，成为我国岩溶发育最为强烈的地区，生态系统极端脆弱，是我国最为典型的生态脆弱区和经济贫困区。加强生态经济建设，促进经济社会、生态环境协调发展，是湿热岩溶山区全面建设小康社会的必由之路，也是西部大开发的必然要求。

近年来，我国在该区开展了大量的生态治理和反贫困研究工作，但是缺乏对湿热岩溶山区生态系统的系统研究而使效果欠佳。为了打破生态恶化与民众贫困恶性循环的关键环节，增强岩溶区的自我发展能力，有必要将生态经济学的理论和方法引入岩溶山区的生态建设研究中。从复合系统的角度出发，科学认识研究湿热岩溶山区复合生态系统的结构特征、演变过程及其成因机制，为这些区域的生态建设和经济发展决策提供科学依据，促进这些区域的可持续发展。探讨大新县生态经济发展模式，可为大新县进行生态经济建设提供理论支撑和决策参考，同时也可为其他石山区全面建设小康社会提供可资借鉴的模式，具有重要的理论意义和实践价值。

以湿热岩溶山区复合生态系统为研究对象，以大新县为例，在实地考察和收集原始资料的基础上，分析湿热岩溶山区复合生态系统的结构特征、演变及其动力机制，揭示主要限制因子对系统的作用机制，探讨区域生态经济功能分区和模式的选择；面向区域全面小康社会建设目标，运用系统层次分析法，建立区域生态经济发展指标体系，并应用于对研究区生态经济发展进程的评估和预测；基于大新县生态系统演变动力机制，分析大新县生态经济功能分异规律，运用主导标志法，辅以空间叠置法，自上而下划分生态经济功能区和生态经济功能亚区；基于资源环境一体化理念，在构建湿热岩溶山区生态经济发展模式框架的基础上，根据大新县资源环境特点和经济社会特征，确立其生态经济发展模式。

通过本书研究，取得如下主要认识和结论。

（1）湿热岩溶山区是一个特殊的复合生态系统，岩溶作用强烈，系统抵抗外界干扰的能力比较弱，自然资源丰富，经济文化落后，人类活动干扰强烈。该复合生态系统演化的动力学机制包括地质构造演变、气候动力学和人类活动干扰。其中，前者是内动力机制，后两者属外动力机制。

（2）对大新县生态经济复合系统的时空演变分析显示，地质构造作用奠定了大新县地貌、水文分布的基本框架，地貌空间格局主导着大新县生态环境的区域分异和经济社会空间分布特征，水文条件的地域差异制约着区域的生产布局和人口分布，湿润气候加快了该区生态经济复合系统的演变，优势自然资源影响着该区的产业布局，人类经济社会活动促使区域生态环境进一步演化。

（3）大新县位于广西西南部边陲，属湿热岩溶山区，矿产、旅游、水电、蔗糖、水果等资源丰富，但岩溶地貌面积大，石漠化现象明显，生态环境脆弱，地表水资源时空分布不均，导致森林覆盖率低、森林资源质量不佳；经济发展方式粗放，资源利用效率不高，工业污染物排放总量大，结构性污染突出；县域经济总量偏低，经济结构不够合理，农业基础薄弱，工业比重小，特色经济优势没有得到很好的发挥，农民人均收入低；城镇化水平较低，无法发挥联结生态农业—加工业—商贸立体经济的纽带作用；交通欠发达，科技人才和地方财政实力不足，人口文化素质整体处于较低的水平。

（4）基于构建的以经济发展、社会进步、资源节约、生态安全、环境改善为准则层的区域生态经济发展指标体系评价结果，大新县随着生态经济建设的不断推进，生态经济发展综合水平将不断提升。从时间上看，2003年和2008年分别处于较高级水平早期和中期水平，2015年将达到较高级水平后期水平，2020年将进入高级水平。从发展速度上看，生态经济建设综合水平呈逐渐上升趋势。2008～

2015 年基本延续了 2003～2008 年的发展趋势，缓步发展；2015 年后快速递升。大新县生态经济的发展，现阶段建设重点应放在经济增长、环境改善和资源节约等薄弱环节上。个别指标与总体发展水平差距较大，可能成为制约生态经济发展的"瓶颈"，需在今后建设中加以优化。

（5）大新县生态经济区划，以行政村级单位为基本划分单元，自上而下分两级进行划分：第一级为生态经济功能区，以区域自然环境的相似性和差异性为依据，选取地貌、水文两个自然环境本底指标作为分区指标；第二级为生态经济功能亚区，以生态功能、经济功能的相似性和差异性为依据，选取区域优势自然资源、人类社会活动特点两个指标作为分区指标，同时选取植被、水土流失两个指标作为参考指标。据此，将大新县划分为 5 个生态经济区、10 个生态经济亚区，各区具有其特定的发展方向。

（6）大新县的可持续发展扬长避短，突出自身资源优势，因地制宜地发展地方经济，同时加强生态环境建设，不断改善脆弱的生态环境，走特色优势资源开发与环境保护一体化发展道路。基于本书构建的湿热岩溶山区特色优势资源开发与环境保护一体化发展模式框架，提出大新县生态经济发展模式——泛旅游产业联动发展模式。

第二节　主要创新点

本书主要创新点包括以下 3 个方面。

（1）基于复合生态系统理论和湿热岩溶山区生态经济复合系统特征，建立以经济发展、社会进步、资源节约、生态安全、环境改善为准则层的区域生态经济发展指标体系，并应用于评估和预测大新县生态经济的发展进程，效果良好。

（2）剖析大新县生态经济复合系统的现状特征、时间演变过程、空间分异特征、动力机制，厘定地貌、水文、自然资源、人类经济社会活动在该区生态经济功能地域分异中的作用和地位，并辅以植被、水文两个参考指标，用于指导该区的生态经济功能分区，以行政村级单位为基本划分单元，把全县划分为 5 个生态经济功能区、10 个生态经济功能亚区。

（3）基于区域优势理论和系统协调理论，针对湿热岩溶山区自然资源丰富而独特，但生态环境脆弱的特点，提出湿热岩溶山区特色资源开发与环境保护一体化发展模式框架，并针对大新县的具体实际，提出泛旅游产业联动生态经济发展模式。

第三节　研 究 展 望

目前，我国区域生态经济建设研究正处在起步阶段，对生态经济建设的理解非常有限，特别是对湿热岩溶山区，有许多新问题需要我们去研究。生态经济建设如何兼顾自然与经济两方面，这在理论方法上是一个难题。生态经济建设首先要解决自然与经济社会相结合的问题，从典型地区入手，逐步建立生态经济建设支撑理论体系和方法体系。在进一步完善生态经济建设的支撑理论体系和方法体系的基础上，攻克生态经济发展中的一些难点，力求出高质量的成果。为此我国生态经济建设工作还必须进一步深入研究生态经济理论及其在区域经济可持续发展中的应用，以及在国家政策法规制定中的作用。例如，关于生态经济价值、自然资源价值和环境价值的内涵及核算方法，关于人类活动可能产生的影响及其反馈，关于生态经济再生产的问题，关于生态经济生产力的理论，关于生态效益和生态经济效益的核算方法，关于生态经济运行机制的理论，关于生态经济调控理论以及生态经济资源配置理论，关于典型区域与专题研究的遴选与确定，关于生态经济建设的宏观背景，关于生态经济建设研究成果的可视化与应用性等。

人与自然协调，生态环境、经济社会持续发展，是各国人民所追求的总体目标，为此，生态经济建设将是 21 世纪的主流趋势。只要我们坚持可持续发展信念，致力于生态经济建设，湿热岩溶山区一定能够跨入人类文明的新境界——生态文明社会。

参 考 文 献

安静赜. 2001. 优势·特色·出路——对西部大开发中我区产业结构调整问题的思考. 理论研究, (1)：16-19.

白晓永, 王世杰, 陈起伟, 等. 2010. 贵州碳酸盐岩岩性基底对土地石漠化时空演变的控制. 地球科学, (4)：691-696.

白占国, 万国江. 1998. 贵州碳酸盐区域的侵蚀速率及环境效应研究. 土壤侵蚀与水土保持学报, 4 (1)：1-7.

白占国, 万国江. 2002. 滇西和黔中表土中 ^{7}Be, ^{137}Cs 分布特征对比研究. 地理科学, 22 (1)：43-48.

包晓斌. 1997. 流域生态经济区划的应用研究. 自然资源, (5)：8-13.

卞有生. 2003. 生态农业中废弃物的处理与再生利用. 北京：化学工业出版社.

蔡佳亮, 殷贺, 黄艺. 2010. 生态功能区划理论研究进展. 生态学报, 30 (11)：3018-3027.

蔡运龙. 1996. 中国西南岩溶石山贫困地区的生态重建. 地球科学进展, 11 (6)：602-606.

蔡运龙. 1999. 中国西南喀斯特山区的生态重建与农林牧业发展：研究现状与趋势. 资源科学, 21 (5)：37-41.

曹凤中. 1996. 美国的可持续发展指标. 环境科学动态, (2)：5-8.

曹建华, 蒋忠诚, 杨德生, 等. 2008a. 我国西南岩溶区土壤侵蚀强度分级标准研究. 中国水土保持科学, 6 (6)：1-7.

曹建华, 袁道先, 童立强. 2008b. 中国西南岩溶生态系统特征与石漠化综合治理对策. 草业科学, 25 (9)：40-50.

曹建华, 袁道先, 潘根兴. 2003. 岩溶生态系统中的土壤. 地球科学进展, 18 (1)：37-44.

曹建华, 袁道先, 章程, 等. 2004. 受地质条件制约的中国西南岩溶生态系统. 地球与环境, 32 (1)：1-8.

曹建华, 袁道先, 章程, 等. 2005. 受地质条件约束的中国西南岩溶生态系统. 北京：地质出版社.

曹淑艳, 宋豫秦, 程必定, 等. 2002. 淮河流域可持续发展状态评价. 中国人口·资源与环境, 04：83-86.

曹玉书. 2003. 全面建设小康社会的定性分析. 经济研究参考, 15：11.

柴宗新. 1989. 试论广西岩溶区的土壤侵蚀. 山地研究, 7 (4)：255-260.

车秀珍. 2004. 河源市生态环境建设的思路与对策探讨. 热带地理, 24 (2)：182-186.

车用太. 1985. 中国的喀斯特. 北京：科学出版社.

陈从喜. 1999. 我国西南岩溶石山区地质——生态环境与治理. 中国地质, 263 (4)：11-13.

陈敬安, 万国江, 唐德贵, 等. 2000. 洱海近代气候变化的沉积物粒度与同位素记录. 自然科学进展，10（3）：253-259.

陈潇潇，朱传耿. 2006. 试论主体功能区对我国区域管理的影响. 经济问题探索，（12）：21-25.

陈云琳，黄勤. 2006. 四川省主体功能区划分探讨. 资源与人居环境，（10）：37-40.

程必定. 1989. 区域经济学. 合肥：安徽人民出版社.

程序，刘国彬，陈佑启，等. 2004. 黄土高原小流域生态-经济重建模式的尺度概念和方法. 应用
　　生态学报，（6）：1051-1055.

迟维韵. 1990. 生态经济理论与方法. 北京：中国环境出版社.

大新县国土资源管理局. 2004. 大新县矿产资源总体规划. 大新县国土资源管理局.

大新县年鉴编纂委员会. 2007. 大新年鉴. 大新县人民政府.

大新县水利电力局. 1993. 大新县水土保持规划. 大新县人民政府.

大新县统计局. 2008. 大新县统计年鉴. 大新县人民政府.

代根兴. 2006. 数字时代图书馆信息资源建设. 北京：北京图书馆出版社.

邓度，杨勤业，张时煌，等. 2008. 中国生态地理区域系统研究. 北京：商务出版社.

邓度. 1999. 自然地理综合研究的主要进展与前沿领域. 学会月刊，6：7-9.

邓伟根. 1993. 区域产业经济分析. 广州：暨南大学出版社.

董锁成，王海英. 2003. 西部生态经济发展模式研究. 中国软科学，（10）：114-119.

董锁成，吴玉萍，王海英. 2003. 黄土高原生态脆弱贫困区生态经济发展模式研究——以甘肃省
　　定西地区为例. 地理研究，22（5）：590-600.

董宪军. 2005. 长江三角洲地区资源开发与环境保护一体化构想与对策. 华东理工大学学报（社
　　会科学版），（1）：94-99.

杜怀静. 2011. 广西壮族自治区地图册. 修订版. 北京：中国地图出版社.

杜文渊，杨丽. 2004. 我国生态经济功能区划研究进展. 环境科学与技术，（6）：97-99，119.

杜鹰. 2011-08-10. 岩溶地区石漠化综合治理的探索与实践. 经济日报. 第七版.

杜毓超，李兆林，陈宏峰，等. 2006. 广西灌江流域岩溶生态环境敏感性分析. 中国岩溶，（3）：
　　220-227.

凡非得，王克林，宣勇，等. 2011. 西南喀斯特区域生态环境敏感性评价及其空间分布. 长江流
　　域资源与环境，（11）：1394-1399.

樊万选，戴其林，朱桂香. 2004. 生态经济与可持续性. 北京：中国环境科学出版社.

樊自立，叶茂，徐海量，等. 2010. 新疆玛纳斯河流域生态经济功能区划研究. 干旱区地理，（4）：
　　493-501.

冯利华，黄中伟，马跃纲. 2005. 金华市水资源承载力分析. 热带地理，25（2）：151-155.

傅伯杰，陈利顶，刘国华. 1999. 中国生态区划的目的、任务及特点. 生态学报，19（5）：591-595.

高慧，胡山鹰，陈定江. 2008. 生态经济功能区划开阳案例. 生态经济，（3）：32-35.

高吉喜. 2001. 可持续发展理论探索——生态承载力理论、方法与应用. 北京：中国环境科学出
　　版社.

高群，毛汉英. 2003. 基于 GIS 的三峡库区云阳县生态经济区划. 生态学报，01：74-81.

高淑媛，张颖. 2005. 北京市生态经济功能区划研究. 绿色中国，（18）：43-46.

葛大兵，陈小松. 2005. 县域生态示范区建设规划研究. 北京：中国环境科学出版社.

谷树忠. 1993. 持续发展思想及其对自然资源问题的含义. 中国人口·资源与环境，（1）：59-62.

顾朝林，张晓明，刘晋媛，等. 2007. 盐城开发空间区划及其思考. 地理学报，62（8）：787-798.

关淡珠. 2002. 生态省建设的指标体系研究——以福建省为例. 福建师范大学学报（自然科学版），18（4）：100-104.

广西大新县林业局. 1999. 广西壮族自治区大新县林业生态经济区划研究. 广西大新县林业局.

广西地质环境监测总站. 2003. 广西壮族自治区大新县地质灾害调查与区划报告. 广西大新县国土资源局.

广西林业勘测设计院. 2000. 广西壮族自治区大新县森林资源规划设计调查报告. 广西大新县林业局.

广西林业勘测设计院. 2001. 广西大新县德天瀑布景区旅游资源开发与自然生态环境保护规划. 广西大新县旅游局.

广西南宁地区环境科学研究所. 2001. 广西大新县德天瀑布景区旅游资源开发与环境影响报告书. 广西大新县旅游局.

广西壮族自治区大新县志编纂委员会. 1989. 大新县志. 上海：上海古籍出版社.

广西壮族自治区地方志编纂委员会. 1994. 广西通志·自然地理志. 南宁：广西人民出版社.

广西壮族自治区地方志编纂委员会. 1996. 广西通志·气象志. 南宁：广西人民出版社.

广西壮族自治区地方志编纂委员会. 2000. 广西通志·岩溶志. 南宁：广西人民出版社.

广西壮族自治区地质局区域地质测量队. 1976. 广西壮族自治区 1：50 万地质图及说明书（南宁幅）. 南宁：广西壮族自治区地质局.

广西壮族自治区地质矿产局. 1985. 广西壮族自治区区域地质志. 北京：地质出版社.

广西壮族自治区区域地质测量队一分队. 1969. 中华人民共和国 1：20 万区域地质图及测量报告书（大新幅、靖西幅）. 南宁：广西壮族自治区区域地质测量队.

广西壮族自治区水文工程地质队. 1978. 中华人民共和国 1：20 万区域水文地质普查报告·大新幅. 南宁：广西壮族自治区地质局.

广西壮族自治区水文工程地质队. 1978. 中华人民共和国 1：20 万区域水文地质图及普查报告（大新幅、靖西幅）. 南宁：广西壮族自治区地质局.

广西壮族自治区统计局. 1986-2009. 广西统计年鉴. 北京：中国统计出版社.

郭来喜，姜德华. 1995. 中国贫困地区环境类型研究. 地理研究，02：1-7.

郭丽英，任志远，靳晓燕. 2006. 西北地区特色农业发展潜力与定位分析. 人文地理，（1）：65-67.

国家环境保护总局. 2003. 生态县、生态市、生态省建设指标（试行）.

国家计划委员会，国家科学技术委员会. 1994. 中国 21 世纪议程. 北京：中国环境科学出版社.

国家人口和计划生育委员会发展规划司. 2009. 人口发展功能区研究. 北京：世界知识出版社.

国家统计局. 1992. 中国小康标准. 北京：中国统计出版社.

国务院西部地区开发领导小组办公室，国家环境保护总局. 2002. 生态功能区划技术暂行规程.

郝仕龙，李志萍. 2007. 半干旱黄土丘陵区生态建设与经济发展模式探讨——以固原上黄试区为例. 中国水土保持科学，（5）：11-15.

郝欣，秦书生. 2003. 复合生态系统的复杂性与可持续发展. 系统辩证学学报，11（4）：23-26.

何大伟，陈静生. 2000a. 我国实施流域水资源与水环境一体化管理构想. 中国人口·资源与环境，（2）：32-35.

何大伟，陈静生. 2000b. 三峡库区资源与环境一体化管理的机构、法律、制度初探. 长江流域资源与环境，（2）：182-188.

何师意，冉景丞，袁道先，等. 2001. 不同岩溶环境系统的水文和生态效应研究. 地球学报，（3）：265-270.

何桃洋，潘彩芳. 2011. 浅析大新县龙眼产业发展存在的问题及建议. 农村实用科技信息，（10）：24-25.

何天祥. 2006. 区域优势的理论分析与评价模型. 长沙：中南大学博士学位论文.

何泽中. 2011. 建设生态特色产业体系. 新湘评论，（3）：16-17.

何忠林，欧绍毅. 2008. 介绍一种优良地方鸭品种——大新珍珠鸭. 广西畜牧兽医，（1）：23-24.

贺秋华，张丹，陈朝猛，等. 2007. GIS 支持下的黔中地区生态环境敏感性评估. 生态学杂志，26（3）：413-417.

侯晓丽. 2007. 边缘地区区域过程与发展模式研究. 北京：中国市场出版社.

胡鞍钢. 2003. 中国如何全面建立小康社会. 经济研究参考，（7）：4-10.

胡宝清，陈振宇，饶映雪. 2008. 西南喀斯特地区农村特色生态经济模式探讨——以广西都安瑶族自治县为例. 山地学报，26（6）：684-691.

胡宝清，刘顺生，木土春，等. 2000. 山区生态经济综合区划的新方法探讨. 长江流域资源与环境，9（4）：430-436.

胡宝清，严志强，廖赤眉，等. 2005. 区域生态经济学理论、方法与实践. 北京：中国环境科学出版社.

胡宝清，严志强，廖赤眉. 2004. 喀斯特石漠化与地质——生态环境背景的空间相关性分析. 热带地理，24（3）：226-230.

胡宝清. 1999. "星座"聚类法在山区农业生态经济区划中的应用. 山地学报，（4）：380-384.

胡锦涛. 2007. 高举中国特色社会主义伟大旗帜 为夺取全面建设小康社会新胜利而奋斗——在中国共产党第十七次全国代表大会上的报告. 求是，21：3-22.

黄秉维. 1959. 中国综合自然区划草案. 科学通报，18：594-602.

黄秉维. 1962. 关于综合自然区划的若干问题//中国地理学会，中国科学院地学部. 1960 年全国地理学术会议论文选集（自然地理）. 北京：科学出版社：5-14.

黄贯虹，方刚. 2005. 系统工程方法与应用. 广州：暨南大学出版社.

黄雪松，周惠文，黄梅丽，等. 2005. 广西近 50 年来气温、降水气候变化. 广西气象，26（4）：9-11.

贾广和. 2006. 吉林省生态经济城市建设理论与实践. 长春：吉林大学出版社.

江泽民. 2002a. 全面建设小康社会，开创中国特色社会主义事业新局面. 十六大报告辅导读本. 北京：人民出版社.

江泽民. 2002b. 全面建设小康社会，开创中国特色社会主义事业新局面——在中国共产党第十六次全国代表大会上的报告. 党建，12：3-18.

蒋新红. 2007. 浅析大新县渔业目前存在问题及今后发展方向. 广西水产科技，（1）：39-41.

蒋忠诚，李先琨，胡宝清，等. 2011. 广西岩溶山区石漠化及其综合治理研究. 北京：科学出版社.

蒋忠诚，裴建国，夏日元，等. 2010. 我国"十一五"期间的岩溶研究进展与重要活动. 中国岩溶，29（4）：349-354.

金兆成. 2001. 一体化与可持续发展思辨——兼论在城市规划领域的应用. 淮阴工学院学报，10（1）：56-59.

卡逊. 1997. 寂静的春天. 吕瑞兰，李长生译. 长春：吉林人民出版社.

康瑾瑜，钱智光. 2000. 实施生态经济功能区划促进农村可持续发展. 中国环境管理，（5）：17-19.

孔祥智，关付新. 2003. 特色农业：西部农业的优势选择和发展对策. 农业技术经济，（3）：34-39.

匡耀求，黄宁生，胡振宇，等. 2003. 区域可持续发展研究若干问题的讨论. 热带地理，（1）：7-12.

匡耀求，黄宁生，王德辉. 2008. 地形起伏度对广东省县域经济发展的影响研究//中国可持续发展研究会. 2008. 中国可持续发展论坛论文集（1）. 中国可持续发展研究会，212-215.

匡耀求，乔玉楼. 2000. 区域可持续发展的评价方法与理论模型研究述评. 热带地理，（4）：326-330.

匡耀求，孙大中. 1998. 基于资源承载力的区域可持续发展评价模式探讨——对珠江三角洲经济区可持续发展的初步评价. 热带地理，（3）：249-255.

匡耀求. 1999. 资源、产业与可持续发展. 资源·产业，（4）：39.

李荣彪，洪汉烈，殷科，等. 2009. 喀斯特生态环境敏感性评价——以都匀市为例. 中国岩溶，（3）：300-307.

李文华. 2005. 生态农业的技术与模式. 北京：化学工业出版社.

李先琨，何成新，蒋忠诚. 2003. 岩溶脆弱生态区生态恢复、重建的原理与方法. 中国岩溶，（1）：12-17.

李先琨，何成新. 2002. 西部开发与热带亚热带岩溶脆弱生态系统恢复重建. 农业系统科学与综合研究，（1）：13-16.

李先荣，王永强. 2001. 调整产业结构 构建伊宁县特色产业体系. 实事求是，（2）：78-80.

李阳兵，侯建筠，谢德体. 2002. 中国西南岩溶生态研究进展. 地理科学，（3）：365-370.

李阳兵，王世杰，容丽. 2004a. 西南岩溶山区生态危机与反贫困的可持续发展文化反思. 地理科学，（2）：157-162.

李阳兵，王世杰，谢德体，等. 2004b. 西南岩溶山区景观生态特征与景观生态建设. 生态环境，13（4）：702-706.

李阳兵，王世杰，魏朝富，等. 2006a. 贵州省碳酸盐岩地区土壤允许流失量的空间分布. 地球与环境，34（4）：36-40.

李阳兵，王世杰，魏朝富，等. 2006b. 岩溶生态系统脆弱性剖析. 热带地理，（4）：303-307.

李英禹，毕波，于振伟. 2003. 国内外生态省建设理论和实践研究综述. 中国林业企业，（6）：5-7.

李玉田. 2003. 岩溶地区石漠化治理研究. 桂林：广西师范大学出版社.

梁彬，李兆林，朱远峰. 2002. 洛塔岩溶生态系统可持续发展模式. 中国岩溶，21（4）：290-298.

梁善恒. 2005. 大新水稻免耕抛秧稻鸭共育生态高效栽培技术初报. 广西农学报，（6）：4-6.

廖赤眉，严志强，胡宝清，等. 2003. 可持续发展导论. 南宁：广西人民出版社.

廖继武，周永章. 2012. 海南西部资源环境一体化研究. 资源开发与市场，（2）：151-154，190.

林幼平，张义周，胡绍华. 1997. 可持续发展研究综述. 经济评论，（6）：86-90.

刘传国. 2004. 生态规划指标体系及循环经济体系构建研究——以临沂生态市规划为例. 青岛：中国海洋大学硕士学位论文.

刘丛强. 2007. 生物地球化学过程与地表物质循环——西南喀斯特流域侵蚀与生源要素循环. 北京：科学出版社.

刘德生. 1986. 世界自然地理. 北京：高等教育出版社.

刘国华，傅伯杰. 1998. 生态区划的原则及其特征. 环境科学进展，6（6）：67-72.

刘国焕. 1996. 因地制宜发挥优势加速大新县经济发展. 计划与市场探索，（1）：20-22.

刘建忠，韩德军，顾再柯，等. 2007. 贵州喀斯特地区的资源优势与生态环境问题分析. 中国水土保持科学，5（6）：53-57.

刘康，欧阳志云，王效科，等. 2003. 甘肃省生态环境敏感性评价及其空间分布. 生态学报，23（12）：2711-2718.

刘伦才. 1999. 岩溶贫困山区生态建设要处理好五对关系. 中国贫困地区，（10）：35-39.

刘培哲. 1994. 可持续发展——通向未来的新发展观. 中国人口·资源与环境，4（3）：13.

刘培哲. 2001. 可持续发展理论与中国 21 世纪议程. 北京：气象出版社.

刘青松，邹欣庆，左平. 2003. 可持续发展简论. 北京：中国环境科学出版社.

刘思峰，郭天榜，党耀国，等. 1999. 灰色系统理论及其应用. 北京：科学出版社.

刘雪婷，张爱国，于亚军. 2011. 临汾市尧都区生态经济区划研究. 山西师范大学学报（自然科学版），25（1）：110-115.

刘彦随，邓旭升，胡业翠. 2006a. 广西喀斯特山区土地石漠化与扶贫开发探析. 山地学报，24（2）：228-233.

刘彦随，靳晓燕，胡业翠. 2006b. 黄土丘陵沟壑区农村特色生态经济模式探讨——以陕西绥德县为例. 自然资源学报,(5): 738-745.

刘燕华, 李秀彬. 2001. 脆弱生态与可持续发展. 北京: 商务印书馆.

刘雨林. 2007. 西藏主体功能区划研究. 生态经济,(6): 129-133.

刘玉龙, 马俊杰, 田萍萍, 等. 2010. 黄土高原区县域生态经济功能区划研究——以吴起县为例. 生态经济,(11): 29-31, 51.

刘再华. 2007. 岩溶作用动力学与环境. 北京: 地质出版社.

刘志民, 刘华周, 汤国辉. 2002. 特色农业发展的经济学理论研究. 中国农业大学学报(社会科学版),(1): 8-12.

卢浩, 王青. 2011. 川中丘陵区县域小尺度生态功能区划: 以盐亭县为例. 贵州农业科学,(12): 91-93, 96.

卢耀如. 2002. 岩溶. 北京: 清华大学出版社.

吕川美. 2006. 构建太原特色产业体系的思考. 中共太原市委党校学报,(3): 41-43.

吕火明. 2002. 论特色农业. 社会科学研究,(3): 27-30.

罗凯. 2002. 关于建设南亚热带农业示范区几个问题的认识——建设雷州半岛南亚热带农业示范区为例. 福建热作科技, 27(2): 38-40.

罗林, 周应书, 沈有信. 2009. 岩溶贫困山区人口、经济与生态的和谐性熵变及调控. 人口与经济,(5): 70-76.

罗上华, 马蔚纯, 王祥荣, 等. 2003. 城市环境保护规划与生态建设指标体系实证. 生态学报, 23(1): 45-55.

马传栋. 1986. 生态经济学. 济南: 山东人民出版社.

马凯. 2006. 中华人民共和国国民经济和社会发展第十一个五年规划纲要. 辅导读本. 北京: 科学技术出版社.

马世骏, 王如松. 1984. 社会-经济-自然复合生态系统. 生态学报, 4(1): 1-9.

马世骏. 1981. 生态规律在环境管理中的作用——略论现代环境管理的发展趋势. 环境科学学报,(1): 95-100.

马腾, 王焰新, 邓安利, 等. 2005. 岩溶水系统演化与全球变化研究——以山西为例. 武汉: 中国地质大学出版社.

毛汉英. 1996. 山东省可持续发展指标体系初步研究. 地理研究, 15(4): 16-23.

宁小莉, 秦树辉, 包玉海. 2005. 包头市城市生态支持系统可持续发展的限制因子探讨. 人文地理, 20(6): 102-105.

牛文元. 2004. 全面建设小康社会的科学发展观. 中国科学院院刊, 03: 194-198.

欧阳志云, 王如松. 2005. 区域生态规划理论与方法. 北京: 化学工业出版社.

欧阳志云, 王效科, 苗鸿. 2000. 中国生态环境敏感性及其区域差异规律研究. 生态学报, 20(2): 9-12.

欧阳志云. 2007. 中国生态功能区划. 中国勘察设计,(3): 70.

彭迪云. 2004. 区域发展模式的探索与"江西模式"的提出. 科技广场, (11): 92-93.

彭晚霞, 王克林, 宋同清, 等. 2008. 喀斯特脆弱生态系统复合退化控制与重建模式. 生态学报, (2): 811-820.

乔家君, 许萍, 王宣晓. 2002. 区域可持续发展指标体系研究综述. 河南大学学报(自然科学版), 32 (4): 71-75.

区智, 李先琨, 吕仕洪, 等. 2003. 桂西南岩溶植被演替过程中的植物多样性. 广西科学, 10 (1): 63-67.

任继周, 黄黔. 2008. 西南岩溶地区生态修复和草地畜牧业发展论坛——中国工程院第68场工程科技论坛专辑引言. 草业科学, (9): 129.

任建兰. 1999. 建设生态示范区——推动区域可持续发展的实践模式. 人文地理, 14 (2): 30-33.

任美锷, 刘振中. 1983. 岩溶学概论. 北京: 商务印书馆.

尚晓阳, 董文胜. 2005. 国家统计局人士: 25项指标监测全面小康进程. http://www.xinhuanet.com[2005-12-09].

沈镭, 成升魁. 2000. 青藏高原区域可持续发展指标体系研究初探. 资源科学, 04: 30-37.

沈满洪. 2003. 全国生态经济建设理论与实践研讨会综述. 经济学动态, 04: 45-46.

石山. 2005. 我国生态省建设的新形势及深远影响. 中国生态农业学报, 02: 4-6.

时正新. 1986. 区域生态经济战略与区域经济优势. 生态经济, (4): 1-2.

宋书巧, 周永章. 2003. 自然资源环境一体化体系刍议. 国土与自然资源研究, (2): 52-54.

宋书巧, 周永章. 2006. 矿山资源环境一体化思想框架及其应用研究. 矿业研究与开发, 26 (5): 1-4.

宋书巧. 2004. 矿山开发的环境响应与资源环境一体化研究——以广西刁江流域为例. 广州: 中山大学博士学位论文.

苏维词, 朱文孝, 熊康宁. 2002. 贵州喀斯特山区的石漠化及其生态经济治理模式. 中国岩溶, (1): 19-24.

苏维词, 朱文孝. 2000. 贵州喀斯特生态脆弱区的农业可持续发展. 农业现代化研究, 21 (4): 201-204.

苏维词. 1997. 岩溶地区生态环境敏感度评价研究——以乌江流域为例. 中国岩溶, 16 (1): 57-65.

孙承兴, 王世杰, 周德全, 等. 2002. 碳酸盐岩差异性风化成土特征及其对石漠化形成的影响. 矿物学报, 22 (4): 308-314.

孙克勤. 2009. 发展世界遗产旅游——以澳门历史中心为例. 资源与产业, 11 (2): 85-89.

孙艳丽, 况明生, 张远嘱, 等. 2003. 中国南方岩溶地区脆弱的生态环境及石漠化过程. 贵州师范大学学报(自然科学版), (2): 80-83.

谭克虎, 史铁成. 2006. "十一五"时期太原市特色产业体系构建初探. 山西大学学报(哲学社会科学版), (6): 86-93.

唐建荣. 2005. 生态经济学. 北京：化学工业出版社.

唐健生，夏日元. 2001. 南方岩溶石山区资源环境特征与生态环境治理对策探讨. 中国岩溶，
　　（2）：58-61，66.

滕建珍，苏维词，廖凤林. 2004. 贵州北盘江镇喀斯特峡谷石漠化地区生态经济治理模式及效益
　　分析. 中国水土保持科学，（3）：70-74.

滕藤. 2001. 概述我国生态经济学的产生过程与发展趋向. 当代生态农业，（Z1）：10-18.

童天湘. 1998. 高科技的社会意义. 北京：社会科学文献出版社.

屠玉麟. 1994. 贵州岩溶地区森林资现状及原因分析//中国地质学会岩溶地质专业委员会. 人类
　　活动与环境. 北京：北京科学技术出版社：40-46.

万国江，林文祝，黄荣贵. 1990. 红枫湖沉积物 ^{137}Cs 垂直剖面的计年特征及侵蚀示踪. 科学通
　　报，35（19）：1487-1490.

万军，蔡运龙. 2003. 喀斯特生态脆弱区的土地退化及生态重建. 中国人口·资源与环境，13（2）：
　　52-56.

万晔. 1998. 中国季风气候地貌研究——以中国东部湿热季风区为例. 热带地理，18（1）：80-84.

王传胜，范振军，董锁成，等. 2005. 生态经济区划研究——以西北 6 省为例. 生态学报，25（7）：
　　1804-1810.

王德辉，匡耀求，黄宁生，等. 2008. 广东省县域人居环境适宜性初步评价//中国可持续发展研
　　究会. 2008 可持续发展论坛论文集（2）. 中国人口·资源与环境，18：440-443.

王德辉，匡耀求，黄宁生，等. 2010. 基于人居环境适宜性的广州市人口承载力研究//科技部、
　　山东省人民政府、中国可持续发展研究会.2010 中国可持续发展论坛 2010 年专刊（二）. 中
　　国人口·资源与环境，20：23-26.

王恩涌，赵荣，张小林，等.2001. 人文地理学. 北京：高等教育出版社.

王关义. 2002. 可持续发展：六大学术观点. 新华文摘，（4）：193-194.

王海燕. 1996. 论世界银行衡量可持续发展的最新指标体系. 中国人口·资源与环境，6（1）：
　　39-43.

王慧敏. 2010. 文化创意旅游：城市特色化的转型之路. 学习与探索，（4）：122-126.

王建. 2001. 现代自然地理学. 北京：高等教育出版社.

王克林，章春华. 1999. 湘西喀斯特山区生态环境问题与综合整治战略. 山地学报，（2）：30-35.

王腊春，史运良，汪文富，等. 2000. 岩溶山区生态环境区划——以贵州普定县后寨河流域为例.
　　中国岩溶，19（1）：90-96.

王黎明. 1997. 面向 PRED 问题的人地关系系统构型理论与方法研究. 地理研究，16（2）：38-44.

王敏，熊丽君，黄沈发.2008. 上海市主体功能区划分技术方法研究. 环境科学研究，21（4）：
　　205-209.

王强，伍世代，李永实.2009. 福建省域主体功能区划分实践. 地理学报，64（6）：725-735.

王如松，林顺坤，欧阳志云.2004. 海南生态省建设的理论与实践. 北京：化学工业出版社.

王如松，徐洪喜. 2005. 扬州生态市建设规划方法研究. 北京：中国科学技术出版社.

王如松. 1988. 高效、和谐：城市生态学调控原理. 长沙：湖南教育出版社.

王如松. 2008. 复合生态系统理论与可持续发展模式示范研究. 中国科技奖励，（4）：21.

王世杰，李阳兵，李瑞玲. 2003. 喀斯特石漠化的形成背景演化与治理. 第四纪研究，23（6）：657-666.

王世杰，李阳兵. 2007. 喀斯特石漠化研究存在的问题与发展趋势. 地球科学进展，22（6）：573-582.

王世杰. 2002. 喀斯特石漠化概念演绎及其科学内涵的探讨. 中国岩溶，21（2）：101-105.

王世杰. 2003. 喀斯特石漠化——中国西南最严重的生态地质环境问题. 矿物岩石地球化学通报，（2）：120-126.

王树功，周永章. 2002. 大城市群（圈）资源环境一体化与区域可持续发展研究——以珠江三角洲城市群为例. 中国人口·资源与环境，12（3）：52-57.

王松霈，徐志辉. 1995. 中国生态经济学研究的发展与展望. 生态经济，（6）：19-23.

韦复才，周游游. 2005. 西南岩溶区生态地质环境特点及生态恢复重建策略. 中国岩溶，（4）：282-287.

韦伟，王健，郭万清. 1992. 中国区域比较优势分析. 北京：中国计划出版社.

闻大中. 1985. 国外生态农业概述. 农村生态环境，（2）：46-51.

吴必虎. 2012. 泛旅游需要更完善的旅游公共服务体系支持. 旅游学刊，（3）：3-4.

吴国兵. 2001. 国外人居环境建设的实践和经验. 城市开发，（1）：26-28.

吴良林，黄秋燕，周永章，等. 2007. 基于 GIS/RS 的喀斯特石漠化与人文活动空间相关性研究. 水土保持研究，14（4）：121-125.

吴良林，周永章，卢远. 2006. 喀斯特山区环境耗散结构演化与生态重建策略探讨. 中国人口·资源与环境，16（4）专刊：571-574.

吴良林. 2008. 广西桂西北喀斯特生态脆弱区资源环境安全与调控研究. 广州：中山大学博士学位论文.

吴林娣. 1995. 环境与社会、经济协调发展评价指标体系初探. 上海环境科学，14（7）：2-5.

吴秀芹，蔡运龙，蒙吉军. 2005. 喀斯特山区土壤侵蚀与土地利用关系研究——以贵州省关岭县石板桥流域为例. 水土保持研究，12（4）：46-48.

吴应科. 1998. 西南岩溶区岩溶基本特征与资源、环境、社会、经济综述. 中国岩溶杂志，（2）：141-150.

伍光和，田连恕，胡双熙，等. 2000. 自然地理学. 北京：高等教育出版社.

夏军，王中根. 1998. 生态环境质量评价指标体系及多级灰关联评价方法. 生态学研究，4（2）：8-11.

肖燕，钱乐祥. 2006a. 生态经济综合区划研究回顾与展望. 中国农业资源与区划，（6）：60-64.

肖燕，钱乐祥. 2006b. 豫西山地生态经济综合区划——以洛宁县为例. 经济地理，26（6）：

926-930.

谢清. 2000. 知识经济的兴起与广西产业结构的调整. 广西大学学报（哲学社会科学版），（1）：22-28.

谢映翔. 2010. 推进产业结构优化升级，构筑新型特色产业体系. 中国商界（上半月），（10）：108-109.

熊和生. 2001. 建立资源环境一体化新资源观——首席科学家赵振华访谈录. 国土资源通讯，（3）：34-35，40.

熊康宁，黎平，周忠发，等. 2002. 喀斯特石漠化的遥感-GIS 典型研究——以贵州省为例. 北京：地质出版社.

徐其楚. 2009. 大新县蔗糖产业发展现状及对策. 广西农学报，（6）：96-98.

徐颂，黄伟雄. 2002. 珠江三角洲城乡一体化区域差异的定量分析. 热带地理，22（4）：294-298.

徐勇，Sidle，景可. 2002. 黄土丘陵区生态适宜型农村经济发展模式探讨. 水土保持学报，16（5）：47-50，148.

徐中民，张志强，程国栋. 2000. 当代生态经济的综合研究综述. 地球科学进展，15（6）：689-694.

许涤新. 1987. 生态经济学. 杭州：浙江人民出版社.

许连忠，匡耀求，黄宁生，等. 2008. 基于人居环境适宜性的县域经济发展人口功能区划研究——以丰顺县人口功能区划为例//中国可持续发展研究会. 2008 中国可持续发展论坛论文集（1）. 中国可持续发展研究会：239-244.

严钦尚，曾昭魏. 1985. 地貌学. 北京：高等教育出版社.

燕乃玲. 2007. 生态功能区划与生态系统管理：理论与实证. 上海：上海社会科学院出版社.

杨桂华. 2000. 生态旅游. 北京：高等教育出版社.

杨国华. 2006. 区域可持续发展指标体系以及广东可持续发展实验区研究. 广州：中山大学博士学位论文.

杨建新. 1992. 生态经济区划几个基本理论问题初探. 生态经济，（6）：1-4.

杨景春，李有利. 2001. 地貌学原理. 北京：北京大学出版社.

杨景春，李有利. 2005. 地貌学原理. 修订版. 北京：北京大学出版社.

杨开忠. 1994. 一般持续发展论（上）. 中国人口·资源与环境，4（1）：12.

杨平恒，章程，高彦芳，等. 2007. 垂直地带性岩溶生态环境特征初探——以金佛山国家自然保护区为例. 地质与资源，（2）：124-129.

杨勤业，吴绍洪，郑度. 2002. 自然地域系统研究的回顾与展望. 地理研究，21（4）：407-411.

杨胜天，朱启疆. 2000. 贵州典型喀斯特环境退化与自然恢复速率. 地理学报，55（4）：460-466.

杨祥禄，陈彦，李华. 2003. 大力发展特色农业增强四川农产品市场竞争力. 中国农业资源与区划，（1）：15-19.

姚长宏，蒋忠诚，袁道先. 2001. 西南岩溶地区植被喀斯特效应. 地球学报，22（2）：159-164.

姚长宏，蒋忠诚. 2001. 西南岩溶地区植被喀斯特效应. 地球学报，22（2）：159-164.

叶文虎. 1997. 联合国可持续发展指标体系述评. 中国人口·资源与环境, 7（3）: 83-87.

殷永生. 2011. 基于泛旅游理念的山东省旅游业发展模式可行性分析. 江苏商论, （8）: 100-101, 143.

尹玉洁, 周静华. 2010. 我国全面建设小康社会奋斗目标的实现程度分析. 安徽农业科学, 38（13）: 7037-7038, 7045.

余凡, 刘金锤, 叶茂, 等. 2009. 玛纳斯河流域绿洲生态经济功能区划研究. 地域研究与开发, （6）: 106-109, 130.

喻劲松, 梁凯. 2005. 中国西南岩溶地区环境问题分析及其对策. 中国国土资源经济, （3）: 17-19, 46.

喻理飞, 朱守谦, 叶镜中, 等. 2000. 退化喀斯特森林自然恢复评价研究. 林业科学, 36（6）: 12-19.

喻理飞, 朱守谦, 叶镜中. 2002. 退化喀斯特森林自然恢复过程中群落动态研究. 林业科学, 38（1）: 1-7.

袁道先, 刘再华, 林玉石. 2002. 中国岩溶动力系统. 北京: 地质出版社.

袁道先. 1988. 岩溶环境学. 重庆: 重庆出版社.

袁道先. 1992. 中国西南部的岩溶及其与华北岩溶的对比. 第四纪研究, （4）: 352-361.

袁道先. 2001. 全球岩溶生态系统对比: 科学目标和执行计划. 地球科学进展, 16（4）: 461-466.

袁周, 邹骥. 2009. 贵阳生态经济市建设总体规划（2006-2020年）. 北京: 中国环境科学出版社.

曾馥平. 2008. 西南喀斯特脆弱生态系统退化原因与生态重建途径. 农业现代化研究, （6）: 672-675.

曾晓燕, 许顺国, 牟瑞芳. 2006. 岩溶生态脆弱性的成因. 地质灾害与环境保护, 17（1）: 5-8.

曾昭璇. 1982. 论我国南部喀斯特地形的特征. 中国岩溶, 1（1）: 27-32.

曾珍香, 顾培亮, 张闽. 1998. 可持续发展的概念及内涵的研究. 管理世界, （2）: 209-214.

张昌祥. 2001. 全国生态经济建设研讨会述要. 中国特色社会主义研究, 02: 57-58.

张殿发, 欧阳自远, 王世杰. 2001. 中国西南喀斯特地区人口、资源、环境与可持续发展. 中国人口·资源与环境, （1）: 78-82.

张殿发, 王世杰, 周德全, 等. 2002. 土地石漠化的生态地质环境背景及其驱动机制——以贵州省喀斯特山区为例. 农村生态环境, 18（1）: 6-10.

张广海, 李雪. 2007. 山东省主体功能区划分研究. 地理与地理信息科学, 23（4）: 57-61.

张惠远, 蔡运龙. 2000. 喀斯特贫困山地的生态重建: 区域范型. 资源科学, 05: 21-26.

张惠远, 赵昕奕, 蔡运龙, 等. 1999. 喀斯特山区土地利用变化的人类驱动机制研究——以贵州省为例. 地理研究, 18（2）: 136-142.

张坤民, 温宗国, 杜斌, 等. 2003. 生态城市评估与指标体系. 北京: 化学工业出版社.

张林英, 周永章, 杨国华. 2005. 可持续发展指标体系研究简评. 云南地理环境研究, 17（5）: 86-90.

张睿珍，张同保. 2010. 铜川市矿山旅游资源开发探讨. 矿产保护与利用，（5）：55-58.

张信宝，王世杰，曹建华. 2009. 西南喀斯特山地的土壤流失与土壤的硅酸盐矿物质平衡. 地球与环境，37（2）：97-102.

张耀军，张正峰，齐晓燕. 2008. 关于人口承载力的几个问题. 生态经济（学术版），（1）：388-390，406.

章波，黄贤金. 2005. 循环经济发展指标体系研究及实证评价. 中国人口·资源与环境，15（3）：22-25.

章程，袁道先. 2005a. IGCP448：岩溶生态系统全球对比研究发展. 中国岩溶，24（1）：83-88.

章程，袁道先. 2005b. IGCP448：岩溶生态系统全球对比研究进展. 中国岩溶，01：85-90.

赵秋平. 2011. 对新时期大新县防汛抗旱的探讨. 农村经济与科技，（8）：66，77.

赵荣雪. 2002. 山区县域农业可持续发展评价指标体系及方法. 经济地理，22（5）：534-539.

赵士洞，王礼茂. 1996. 可持续发展的概念和内涵. 自然资源学报，11（3）：288-292.

赵永江，董建国，张莉. 2007. 主体功能区规划指标体系研究——以河南省为例. 地域研究与开发，26（6）：39-42.

赵振华，乔玉楼，谭建军，等. 2002. 资源环境一体化对西部大开发的重要意义——参考广东区域可持续发展研究. 矿物岩石地球化学通报，（2）：82-85.

郑度，葛全胜，张雪芹，等. 2005. 中国区划工作的回顾与展望. 地理研究，24（3）：330-344.

郑重，于光，周永章，等. 2009. 区域可持续发展机制响应：资源环境一体化中的京津冀产业转移研究. 资源与产业，（2）：26-29.

中国科学院. 1992. 中国小康标准. 北京：中国统计出版社.

中国科学院. 2002. 生态功能区划暂行规程. 北京：国家环境保护总局.

中国科学院可持续发展战略研究组. 2004. 2004中国可持续发展战略报告. 北京：科学出版社.

周彩霞，叶茂，王晓峰，等. 2008. 区域生态经济功能区划研究回顾与展望. 太原师范学院学报（自然科学版），7（3）：103-105，131.

周成虎. 2006. 地貌学辞典. 北京：中国水利水电出版社.

周慧杰，匡耀求，黄宁生，等. 2010. 广西红水河流岩溶地区反贫困模式研究. 中国人口·资源与环境：2010中国可持续发展论坛专刊（二），20：45-48.

周慧杰，匡耀求，黄宁生，等. 2011. 广西红水河流域可持续发展模式探讨. 中国人口·资源与环境：2011中国可持续发展论坛专刊（一），21：310-313.

周慧杰，周兴，吴良林，等. 2005. 广西贵港市土地利用总体规划实施评价. 生态环境，14（5）：752-756.

周慧杰，周兴，吴良林，等. 2006. 珠江三角洲咸潮灾害及防灾减灾对策. 中国人口资源与环境：经济高速增长与中国的资源环境问题，专刊：264-268.

周慧杰，周兴，吴良林，等. 2007. 区域生态经济建设指标体系设计与实证. 安徽农业科技，35（26）：8386-8389.

周兴，童新华，华璀，等. 2006. 广西生态环境敏感性综合评价及其空间分布. 广西师范学院学报（自然科学版），23：1-8.

周兴. 2003. AHP 法在广西生态环境综合评价中的应用. 广西师范学院学报（自然科学版），20（3）：8-15.

周永章，邓国军，王树功. 2004. 东莞松山湖科技产业园区可持续发展理念的实证分析——兼论珠江三角洲发展模式的突破以及松山湖可持续发展模式. 中国人口·资源与环境，14（5）：103-107.

周永章，周春山，郭艳华，等. 2003. 区域发展能力建设. 香港：华夏文化出版社.

周永章. 2006-03-13. 经济与环境，冤家变亲家. 广州日报. 理论版.

周游游，覃小群，蒋忠诚，等. 2004. 中国西南岩溶生态系统及其生态环境建设. 桂林：广西师范大学出版社.

周忠发，黄路迦. 2003. 喀斯特地区石漠化与地层岩性关系分析. 水土保持通报，23（1）：19-22.

朱安国，林昌虎，杨宏敏，等. 1994. 贵州山区水土流失影响因素综合评价研究. 水土保持学报，8（4）：17-24.

朱传耿，仇方道，马晓冬. 2007. 地域主体功能区划理论与方法的初步研究. 地理科学，27（2）：136-141.

朱孔来. 1996. 省（市、区）社会经济综合实力测评指标体系与方法的研究. 农业系统科学与综合研究，12（4）：294-298.

朱启贵. 2000. 国内外可持续发展指标体系评论. 合肥联合大学学报，10（1）：11-23.

朱守谦. 2003. 喀斯特森林生态研究（III）. 贵阳：贵州科学技术出版社.

竺可桢. 1931. 中国气候区域论. 气象研究所集刊，（1）：124-129.

宗浩，陈施雨，欧阳玉荣，等. 2004. 我国生态建设进展及主要问题与对策. 四川环境，6（23）：12-15.

Ahmad Y J，Serafy S E，Lutz E，et al. 1989. Environmental Accounting For Sustainable Development. Washington：The World Bank.

Alfredo O R，Cerafina A M. 1999. Management plans for natural protected areas in Mexico：La Sierra de Laguna case study. International，Journal of Sustainable Development and World Ecology，（6）：68-75.

Angelsen A，Fjeldstad O，Sumaila U R. 1994. Project Appraisal and Sustainability in Less Developed Countries. Bergen. Norway：Chr. Michelsen Institute.

Barbier E B. 1985. Economic，Natural Resource Scarcity and Environment. London：Earthcan.

Barbier E B. 1994. Valuing environmental functions：Tropical wetlands. Land Economics，（70）：155-173.

Bartolomé A，Nico G，Iñaki V，et al. 2006. Karst groundwater protection：First application of a Pan-European approach to vulnerability，hazard and risk mapping in the Sierra de Líbar

（Southern Spain）. Science of The Total Environment，（357）：54-73.

Becker C，Manstetten R. Nature as a you. Novalis' philosophical thought and the modern ecological crisis. Environmental Values，（13）：101-118.

Bell S，Morse S. 2003. Measuring Sustainability：Learning by Doing. Sterling VA：Earth Scan Publications Ltd.

Boucher M，Girard J F，Legchenko A，et al. 2006. Using 2D inversion of magnetic resonance soundings to locate a water-filled karst conduit. Journal of Hydrology，（330）：413-421.

Brown L R. 1981. Building a Sustainable Society. New York：Norton W W.

Carpenter S R，Mooney H A，Agard J，et al. 2009. Science for managing ecosystem services：Beyond the millennium ecosystem assessment. Proc. Natl. Acad. Sci. USA，106：1305-1312.

Colding J，Folke C. 2001. Social taboos：Invisible systems of local resource management and biological conservation. Ecological Applications，11（2）：26-28.

Costanza R，Antunes P，et al. 1999. Ecological economics and sustainable governance of the oceans. Ecological Economics，（31）：171-187.

Costanza R，Farber S，Castaneda B，et al. 2001. Green national accounting：Goals and methods//Cleveland C J，Stem D I，Costanza R. The Economics of Nature and the Nature of Economics. Cheltenham：Edward Elgar，293：262-281.

Costanza R，Segura O，Martinez A J，et al. 1996. Getting Down to Earth：Practical Application of Ecological Economics. Washington DC：Island Press.

Costanza R. 1989. What is ecological economics? Ecological Economics，（1）：1-7.

Costanza R. 2000. Social goals and the valuation of ecosystem services. Ecosystems，（3）：4-10.

Dales. 1998. New Directions for Sustainable Development. New York：UNDP.

Daly H. 1993. Valuing the earth：economics，ecology，ethics. Massachusetts：The MIT Press.

Department of the Environment of U. K.（DEUK）. 1994. Indicators of Sustainable Development for the United Kinndom. London：HMSO.

DPCSD（United Nations Department for Policy Coordination and Sustainable Development）. 1997. Indicators of Sustainable Development：Framework and Methodologies. New York：United Nations.

ECPS. 1991. State of the Parks 1990 Report（Canada's Green Plan），Environment Canada Parks Service. Ottawa：Minister of Supply and Services Canada.

Edwards，Jones G，Davies B，et al. 2000. Ecological Economics：An Introduction. Oxford：Blackwell Science Ltd.

El-Hakim M，Bakalowicz M. 2007. Significance and origin of very large regulating power of some karst aquifers in the Middle East. Implication on karst aquifer classification. Journal of Hydrology，（33）：329-339.

Forman R T T. 1990. EcoLogically sustainable landscape: the role of spatial configuration//Zonneveld I S, Forman R T T. Changing Landscapes: An Ecological Perspectives. New York: Springer-Verlag.

Harris J M. 1999. Carrying capacity in agriculture: Globe and regional issue. Ecological Economics, 129 (3): 443-461.

Heady S A. 1995. Technology and future sustainability. Futures, (1): 1.

INCN, UNEP, WWF. 1991. Caring for the Earth——A Strategy Sustainable Living. Gland, Switzerland: IUCN.

Jackson T, Stymne S. 1996. Sustainable Economic Welfare in Sweden: A Pilot Index 1950-1992. Stockholm: Stockholm Environment Institute.

Jalal K F. 1993. Sustainable development, environment and poverty nexus//Asian Development Bank. Occasional Papers. Manila: 7.

Ji H B, Ouyang Z Y, Wang S J, et al. 2000. Element geochemistry of weathering profile of dolomite and its implications for the average chemical composition of the upper-continental crust. Science in China (Series D), 43 (1): 23-35.

Jukic D, Denic-Jukic V. A frequency domain approach to groundwater recharge estimation in karst. Journal of Hydrology, (289): 95-110.

Kamal M. 1999. Application of the AHP in project management. International Journal of Project Management, 19 (1): 19-27.

Kaplan E. 2000. Reconceptualizing Conservation in a Global Framework: Working with People and Parrots in Brazils Atlantic rainforest. MS thesis. Madison: University of Wisconsin-Madison, Madison, WI.

Katz B G, Chelette A R, Pratt T R. 2004. Use of chemical and isotopic tracers to assess nitrate contamination and ground-water age, Woodville Karst Plain, USA. Journal of Hydrology, (289): 36-61.

Lee E S, Krothe N C. 2001. A four-component mixing model for water in a karst terrain in South-central Indiana, USA.Using solute concentration and stable isotopic as tracers. Chemical Geology, (179): 129-143.

Leemans R, Asrar G, Busalacchi A, et al. 2009. Developing a common strategy for integrative global environmental change research and outreach: The Earth System Science Partnership (ESSP). Curr. Opin. Environ. Sus., (1): 4-13.

Lele S M. 1991. Sustainable development: A critical review. World Development, 19 (6): 607-621.

Lenton T M, Held H, Kriegler E, et al. 2008. Tipping elements in the earth's climate system. Proc. Natl. Acad. Sci. USA, 105: 1786-1793.

Lindeman R L. 1942. The trophic-dynamic aspect of ecology. Ecology, 23 (4): 399-417.

Lucas R E. 1988. On the mechanics of economic development. Journal of Monetary Economics，22（1）：3-42.

Ma H，Yulun A N. 2010. Assessments on ecological sensitivity and ecosystem service value in Karst area based on GIS——taking Bijie prefecture in Guizhou for example. Meteorological and Environmental Research，（6）：86-90.

Marfia A M，Krishnamurthy R V，Atekwana E A，et al. 2004. Isotopic and geochemical evolution of ground and surface waters in a karst dominated geological setting：A case study from Belize，Central America. Applied Geochemistry，19（6）：937-946.

Meadows D H，Meadows D L，Randers J，et al. 1972. The Limits to Growth：A Report for the Club of Rome's Project on the Predicament of Mankind. New York：Universe Books.

Meneghel M，Bondesan A. 1991. World inventory of karst researchers：Preliminary report//Sauro U，Bondesan A，Meneghel M. Proceedings of the International Conference on Environmental Changes in Karst Areas. Italy：Universita di Padova：241-247.

Millennium Ecosystem Assessment Board（MA）. 2003. Ecosystems and Human Well-being. Washington：Islanad Press.

Mohanty R P，Deshmukh S G. 1993. Use of analytical hierarchy process for evaluating sources of supply. International Journal of Physical Distribution & Logistics Management，23（3）：22-28.

Munasingha M，Mcmeely J. 1998. Key Concepts and Technology of Sustainable Development. New York：The Bio-geophysical Foundations.

Munasingha M，Sheerer W. 1996. An Introduction to the Defining and Measuring Sustainability. New York：The Bio-geophysical Foundations.

Pearce D W，Atkinson G D. 1992. Are National Economics Sustainable? Measuring Sustainable Development. London：CSERGE Working Paper.

Pearce D W，Barbier E B，Markandya A. 1990. Sustainable Development，Econmics and Environment in the Third World. Hants：Eduard Elgar Publising Ltd.

Pearce D W，Warford J J. 1993. World Without End. Oxford：Oxford University Press.

Piper J M. 2002. CEA and sustainable development evidence from UK case studies，environmental impact. Assessment Review，22（1）：17-36.

Pretty J N. 1995. Participatory learning for sustainable agriculture. World Development，23（8）：1247-1263.

Reid W V，Chen D，Goldfarb L，et al. 2010. Earth system science for global sustainability：The grand challenges. Science，330：916-917.

Roberts. 1993. Managing the strategic planning and development of regions：Lessons from a european perspective. Reg. Stud.，27（8）：759-768.

Robort C. 1991. Ecological Economics. The Science and Management of Sustainability. New York：

Columbia University Press.

Sarageldin. 1996. Sustainability and the wealth of nations: First steps in an ongoing journey. Ecological Economics, (3): 12.

Smith C S, Mcdonald G T. 1998. Assessing the sustainability at the planning stage. Journal of Environmental, (2): 15.

Solow, Robert M. 1993. "The Economics of Resources or the Resources of Economics". In Economics of the Environment: Selected Readings. 3rd ed. Edited by Dorfman R, Nancy S, Dorfman. New York: W. W. Norton & Company.

Speth J G. 1989. The environment: The greening of technology. Development, (2-3): 30-42.

Stockmann R. 1997. The sustainability of development projects: An impact assessment of German vocational-training projects in Latin America. World Development, 25 (11): 1767-1784.

Stokey N L. 1991. Human capital, product quality, and growth. The Quarterly Journal of Economics, 106 (2): 587-616.

Takashi O. 1994. A capacity approach for sustainable urban development: An empirical study. Regional Studies, 25 (1): 89-95.

Tansley A. 1947. The early history of modern plant ecology in Britain. Journal of Ecology, (35): 130-137.

The World Commission on Environment and Development (WCED). 1987.Our Common Future. Oxford: Oxford University Press.

Tisdell C. 1999. Conditions for sustainable development: Weak and strong // Dragun A K, Tisdell C. Sustainable Agriculture and Environment. Cheltenham: Edward Elgar Publishing Ltd.

United Nations Department for Policy Coordination and Sustainable Development (UNDPC). 1997. Indicators of Sustainable Development: Framework and Methodologies. New York: United Nations.

Uphoff N, Esman M J, Krishna A. 1998. Reasons for Success: Learning from Instructive Experiences in Rural Development. West Hartford: Kumarian Press.

Vesper D J, White W B. 2003. Metal transport to karst springs during storm flow: An example from Fort Campbell, Kentucky-Tennessee, USA. Journal of Hydrology, (276): 20-36.

Wang S J, Ji H B, Ouyang Z Y, et al. 1999. Preliminary study on carbonate rock weathering pedogenesis. Science in China (Series D), 42 (6): 572-581.

Wang S J, Li R L, Sun C X, et al. 2004. How types of carbonate rock assemblages constrain the distribution of karst rocky desertified land in Guizhou Province, P R China: Phenomena and mechanisms. Land Degradation & Development, (15): 123-131.

Wang S J, Zhang D F, Li R L, et al. 2002. Mechanism of rocky desertification in the karst mountain areas of Guizhou Province, Southwest China. International Review for Environmental Strategies, 3 (1): 123-135.

WCED. 1987. Our Common Future. Oxford: Oxford University Press.

White W B. 2002. Karst hydrology: Recent developments and open questions. Engineering Geology, (65): 85-105.

World Bank. 1995. The World Bank Public Information Center Annual Report FY95. Washington: World Bank.

World Resources Institute. 1993. World Resources 1992-1993. New York: Oxford University Press.

Young O R, Steffen W. 2009. The earth system: Sustaining planetary life-support systems//Folke C, Kofinas G P, Chapin I I I F S. Principles of Ecosystem Stewardship. New York: Springer.

Yuan D X. 1997. Rock desertification in the subtropical karst of south China. Z Geomorph N F, 108: 81-90.

Yuan D X. 2001. On the Karst ecosystem. Acta Geological Sinica, 75 (3): 336-338.

Zhou H J, Zhou S W, Wu L L. 2013. Study on sustainable utilization of resources of the damp-heat karst mountainous areas in China. Agricultural Science & Technology, 14 (2): 369-375.

附录1　国家统计局全面建设小康社会统计监测指标体系

国家统计局全面建设小康社会统计监测指标体系见附表 1-1。

附表 1-1　国家统计局全面建设小康社会统计监测指标体系

监测指标	单位	权重/%	标准值（2020 年）
一、经济发展		29	
1. 人均 GDP	元	12	≥31 400
2. R&D 经费支出占 GDP 比重	%	4	≥2.5
3. 第三产业增加值占 GDP 比重	%	4	≥50
4. 城镇人口比重	%	5	≥60
5. 失业率（城镇）	%	4	≤6
二、社会和谐		15	
6. 基尼系数	—	2	≤0.4
7. 城乡居民收入比	以农为 1	2	≤2.80
8. 地区经济发展差异系数	%	2	≤60
9. 基本社会保险覆盖率	%	6	≥90
10. 高中阶段毕业生性别差异系数	%	3	100
三、生活质量		19	
11. 居民人均可支配收入	元	6	≥15 000
12. 恩格尔系数	%	3	≤40
13. 人均住房使用面积	m^2	5	≥27
14. 5 岁以下儿童死亡率	‰	2	≤12
15. 平均预期寿命	岁	3	≥75
四、民主法制		11	
16. 公民自身民主权利满意度	%	5	≥90
17. 社会安全指数	%	6	≥100
五、文化教育		14	
18. 文化产业增加值占 GDP 比重	%	6	≥5
19. 居民文教娱乐服务支出占家庭消费支出比重	%	2	≥16

续表

监测指标	单位	权重/%	标准值（2020 年）
20. 平均受教育年限	年	6	≥10.5
六、资源环境		12	
21. 单位 GDP 能耗	吨标准煤/万元	4	≤0.84
22. 耕地面积指数	%	2	≥94
23. 环境质量指数	%	6	100

资料来源：国家统计局《全面建设小康社会统计监测方案》（国统字[2008]77 号）

附录 2 中国科学院可持续发展战略研究组
小康社会目标量化标准[*]

1. 2010 年实施目标

（1）经济目标：到 2010 年经济总量比 2000 年翻一番，达到 17 万亿元；人均 GDP 接近 1600 美元；城镇居民可支配收入达到 12 000 元；农村居民可支配收入达到 4000 元以上；第一产业产值占 GDP 的比例达到 10% 以下；经济竞争力得到较大幅度的提升，国际竞争力进入世界前 20 名之列。

（2）社会目标：到 2010 年，人口自然增长率下降到 5‰ 以下；平均预期寿命达到 75 岁；城市化率达到 46% 左右；城市居民恩格尔系数下降到 30% 左右；农村居民恩格尔系数下降到 40% 左右；城镇人均住房面积达到 25m^2；居民家庭计算机普及率达到 15%；大学入学率达到 20%；高中普及率达到 70% 左右；6 岁以上人口文盲率下降到 4% 以下；基尼系数下降到 0.35 左右；城乡居民收入差距控制在 2.5 倍左右；东西部人均 GDP 差距控制在 2.1 倍左右；城镇居民最低生活保障覆盖率达到 80%；每千人拥有医生数 2.5 人；城镇登记失业率控制在 4% 以内；第一产业就业人口比例达到 35% 左右；R&D 支出占 GDP 比例达到 2%，科技创新能力显著提高；人文发展指数达到 0.75 以上。

（3）生态环境目标：到 2010 年森林覆盖率达到 20%；自然保护区面积占国土面积的比例达到 15% 以上；固体废弃物综合利用率达到 60%；工业用水重复利用率达到 70%；工业废水排放达标率达到 85% 以上；万元产值能耗下降到 0.8t 以下；万元产值水资源消耗下降到 300m^3 以下；生态环境恶化趋势得以扭转。

2. 2015 年实施目标

（1）经济目标：到 2015 年经济总量达到 25 万亿元；人均 GDP 接近 2400 美元；城镇居民可支配收入达到 14 000 元；农村居民可支配收入接近 6000 元；第

---

[*] 中国科学院可持续发展战略研究组. 2004. 中国可持续发展战略报告. 北京：科学出版社

一产业产值占 GDP 的比例达到 8%以下；国际竞争力进入世界前 15 名之列。

（2）社会目标：到 2015 年，人口自然增长率下降到 2‰以下；平均预期寿命达到 78 岁；城市化率达到 50%左右；城市居民恩格尔系数下降到 27%左右；农村居民恩格尔系数下降到 36%左右；城镇人均住房面积达到 $28m^2$；居民家庭计算机普及率达到 18%左右；大学入学率达到 25%；高中普及率达到 80%以上；6 岁以上人口文盲率下降到 2%以下；基尼系数下降到 0.32 左右；城乡居民收入差距控制在 2 倍左右；东西部人均 GDP 差距控制在 2 倍左右；城镇居民最低生活保障覆盖率达到 85%以上；每千人拥有医生数 2.8 人；城镇登记失业率控制在 3.0%左右；第一产业就业人口比例达到 25%左右；R&D 支出占 GDP 比例达到 2.5%；人文发展指数达到 0.80 以上。

（3）生态环境目标：到 2015 年森林覆盖率达到 22%左右；自然保护区面积占国土面积的比例达到 18%以上；固体废弃物综合利用率达到 70%；工业用水重复利用率达到 75%左右；工业废水排放达标率达到 90%以上；万元产值能耗下降到 0.6t 以下；万元产值水资源消耗下降到 $200m^3$ 左右。

3. 2020 年实现目标

（1）经济目标：到 2020 年经济总量达到 35 万亿元；人均 GDP 达到或超过 3000 美元；城镇居民可支配收入达到 18 000 元；农村居民可支配收入接近 8000 元；第一产业产值占 GDP 的比例达到 5%左右；国际竞争力得到进一步的有效提升，进入世界前 10 名之列。

（2）社会目标：到 2020 年，人口自然增长率下降到 1‰以下；平均预期寿命达到 80 岁；城市化率达到 55%以上；城市居民恩格尔系数下降到 25%以下；农村居民恩格尔系数下降到 35%以下；城镇人均住房面积达到 $30m^2$；居民家庭计算机普及率达到 20%以上；大学入学率超过 30%；高中普及率达到 85%以上；6 岁以上人口文盲率基本消灭；基尼系数下降到 0.30 左右；城乡居民收入差距控制在 2 倍以内；东西部人均 GDP 差距控制在 2 倍以内；城镇居民最低生活保障覆盖率达到 95%以上；每千人拥有医生数达到 3 人以上；城镇登记失业率控制在 2%左右；第一产业就业人口比例达到 15%左右；R&D 支出占 GDP 比例达到 2.8%以上，科技自主创新能力大大增强；人文发展指数达到 0.85 以上。

（3）生态环境目标：到 2020 年森林覆盖率达到 23%以上；自然保护区面积占国土面积的比例达到 20%左右；固体废弃物综合利用率达到 80%；工业用水重复利用率达到 80%左右；工业废水排放达标率达到 95%以上；万元产值能耗下降到 0.3t 以下；万元产值水资源消耗下降到 100m³ 以下；国家可持续发展能力大大增强。

附录 3   国家级生态县建设指标（修订稿）

国家级生态县建设指标（修订稿）见附表 3-1。

附表 3-1   国家级生态县建设指标（修订稿）

	序号	名称	单位	指标	说明
经济发展	1	农民年人均纯收入 经济发达地区 　县级市（区） 　县 经济欠发达地区 　县级市（区） 　县	元/人	 ≥8000 ≥6000 ≥6000 ≥4500	约束性
	2	单位 GDP 能耗	吨标煤/万元	≤0.9	约束性
	3	单位工业增加值新鲜水耗 农业灌溉水有效利用系数	m³/万元	≤20 ≥0.55	约束性
	4	主要农产品中有机、绿色及无公害产品种植面积的比重	%	≥60	参考性
生态环境保护	5	森林覆盖率 　山区 　丘陵区 　平原地区 高寒区或草原区林草覆盖率	%	 ≥75 ≥45 ≥18 ≥90	约束性
	6	受保护地区占国土面积比例 　山区及丘陵区 　平原地区	%	 ≥20 ≥15	约束性
	7	空气环境质量	—	达到功能区标准	约束性
	8	水环境质量 近岸海域水环境质量	—	达到功能区标准，且省控以上断面过境河流水质不降低	约束性
	9	噪声环境质量	—	达到功能区标准	约束性
	10	主要污染物排放强度 　化学需氧量（COD） 　二氧化硫（SO₂）	kg/万元（GDP）	<3.5 <4.5 且不超过国家总量控制指标	约束性
	11	城镇污水集中处理率 工业用水重复率	%	≥80 ≥80	约束性

续表

序号	名称	单位	指标	说明
生态环境保护				
12	城镇生活垃圾无害化处理率	%	≥90	约束性
	工业固体废物处置利用率		≥90	
			且无危险废物排放	
13	城镇人均公共绿地面积	m²	≥12	约束性
14	农村生活用能中清洁能源所占比例	%	≥50	参考性
15	秸秆综合利用率	%	≥95	参考性
16	规模化畜禽养殖场粪便综合利用率	%	≥95	约束性
17	化肥施用强度（折纯）	kg/hm²	＜250	参考性
18	集中式饮用水源水质达标率	%	100	约束性
	村镇饮用水卫生合格率			
19	农村卫生厕所普及率	%	≥95	参考性
20	环境保护投资占 GDP 的比重	%	≥3.5	约束性
社会进步	21	人口自然增长率	‰	符合国家或当地政策	约束性
	22	公众对环境的满意率	%	＞95	参考性

资料来源：环境保护部《生态县、生态市、生态省建设指标（修订稿）》（环办[2007]195 号）